Teubner Studienbücher Wirtschaftswissenschaften

A. Joereßen/H.-J. Sebastian
Problemlösung mit Modellen und Algorithmen

# Teubner Studienbücher
# Wirtschaftswissenschaften

Herausgegeben von
Univ.-Prof. Dr. Ulrich Blum, Dresden
Univ.-Prof. Dr. Stephan Zelewski, Essen

Die Studienbücher der Reihe Wirtschaftswissenschaften behandeln wichtige Teilgebiete, Problembereiche und Instrumente der Wirtschaftswissenschaften, insbesondere der Betriebs- und der Volkswirtschaftslehre. Sie streben nicht die thematische Breite eines umfangreichen Lehrbuchs oder die inhaltliche Tiefe einer wissenschaftlichen Forschungsarbeit an. Vielmehr soll Studierenden ein kompetenter Überblick sowohl über grundlegende als auch über aktuelle ökonomische Fragestellungen gewährt werden. Darüber hinaus wenden sich die Studienbücher aufgrund ihrer Prägnanz ebenso an interessierte Praktiker.

Die Bände zielen darauf ab, wesentliche Grundzüge des jeweils relevanten wirtschaftswissenschaftlichen Wissens auf klare, einfach verständliche, aber dennoch präzise Weise zu vermitteln.

# Problemlösung mit Modellen und Algorithmen

Von Dipl.-Inform. Anton Joereßen
und Prof. Dr. Hans-Jürgen Sebastian
Rheinisch-Westfälische Technische Hochschule Aachen

B. G. Teubner Stuttgart · Leipzig 1998

Dipl.-Inform. Anton Joereßen M.O.R.

Geboren 1967 in Mönchengladbach. Studium der Informatik mit Vertiefung im Bereich Software Engineering sowie Zusatzstudium Operations Research an der Rheinisch-Westfälischen Technischen Hochschule Aachen. Zur Zeit wissenschaftlicher Mitarbeiter von Prof. Dr. Dr. h. c. mult. H.-J. Zimmermann am Lehrstuhl für Unternehmensforschung (Operations Research) an der RWTH Aachen mit Arbeitsschwerpunkten in den Bereichen Neural Network Engineering und angewandte Logistikplanung.
Lehrtätigkeiten: Vorlesungen Prognoseverfahren und Operations Research Modelle in Investition und Finanzierung, Übung zur Vorlesung Modellierung und Algorithmen.

Prof. Dr. Hans-Jürgen Sebastian

Geboren 1944 in Leipzig. Studium der Mathematik an der Friedrich-Schiller-Universität in Jena. Promotion 1971 und Habilitation 1975 an der Hochschule für Bauwesen in Leipzig zu Themen aus der Dynamischen Optimierung und der Optimalen Steuerung zeitdiskreter Systeme. Professor für Angewandte Mathematik von 1980 bis 1992 an der Technischen Hochschule Leipzig und Vertretung einer Professur für Angewandte Informatik an der Universität Oldenburg im akademischen Jahr 1991/1992. Seit 1992 Professor für Unternehmensforschung (Operations Research) an der RWTH Aachen. Vorlesungen zu Gebieten des Operations Research sowie Intelligenter Systeme.
Forschungsgebiete: Wissensbasierte Decision Support Systeme, Optimierung in der Transportlogistik und Fuzzy Sets bei Design und Konfigurationsproblemen. Ungefähr 100 wissenschaftliche Publikationen, darunter 8 Bücher.

Gedruckt auf chlorfrei gebleichtem Papier.


Die Deutsche Bibliothek – CIP-Einheitsaufnahme

**Joereßen, Anton:**
Problemlösung mit Modellen und Algorithmen /
von Anton Joereßen und Hans-Jürgen Sebastian. - Stuttgart ; Leipzig : Teubner, 1998
  (Teubner-Studienbücher : Wirtschaftswissenschaften)

ISBN 978-3-519-00211-6     ISBN 978-3-322-96638-4 (eBook)
DOI 10.1007/978-3-322-96638-4

# Vorwort

Dieses Lehrbuch basiert auf der Vorlesung "Modellierung und Algorithmen", die seit 1995 an der RWTH Aachen gehalten wird und deren Inhalte Bestandteil der Vordiplomprüfung in Wirtschaftsinformatik für Studierende im Studiengang Betriebswirtschaftslehre sind. Das Ziel ist es, eine Einführung in grundlegende Denkweisen und Methoden des Operations Research anhand von Problemstellungen aus Wirtschaft und Technik zu geben. Zielgruppe sind sowohl Studenten als auch Praktiker, insbesondere der Wirtschaftswissenschaften, der Ingenieurwissenschaften, der Informatik und der Mathematik.

Unser Buch setzt die anwendungsorientierte Tradition des Operations Research an der RWTH Aachen fort, die wesentlich durch Herrn Professor Hans-Jürgen Zimmermann geprägt wurde.

Wir sind Herrn Zimmermann insbesondere dafür dankbar, daß er uns die Fallbeispiele für das Kapitel 4 zur Verfügung gestellt hat, die von ihm in einer einführenden Vorlesung zum Operations Research benutzt wurden.

Außerdem danken wir Herrn T. Grünert für die inhaltliche Durchsicht des Manuskriptes und für zahlreiche wichtige Hinweise, die zur Verbesserung der Qualität des Buches beigetragen haben.

Herr A. Zeugner hat die technische Erstellung des Manuskriptes mit großer Sorgfalt durchgeführt, und Frau K. Palczynski trug wesentlich dazu bei, die Zahl der Fehler im Manuskript zu minimieren. Beiden sei an dieser Stelle ganz besonders gedankt.

Herr Professor St. Zelewski hat als Herausgeber dieser Buchreihe zahlreiche wertvolle Anregungen zur inhaltlichen und methodischen sowie zur redaktionellen Überarbeitung des Manuskripts gegeben, die wir dankbar aufgegriffen haben.

Dem Teubner-Verlag - insbesondere Herrn J. Weiß - sei für die angenehme und fruchtbare Zusammenarbeit gedankt.


Aachen, im Juli 1998
Anton Joereßen
Hans-Jürgen Sebastian

# Schlüsselbegriffe

Modellierung, Modellbildung, Modellierungsparadigmen, algorithmische Problemlösung, quantitative Methoden, Optimierung, Entscheidungstheorie, Computational
Intelligence, Operations Research, Künstliche Intelligenz, Algorithmen, rechnergestützte Verfahren, Informatik, Mathematik

# Zusammenfassung

Rechnergestützte Optimierung und Problemlösung mit quantitativen Methoden
erlangt unter beständig wachsendem Konkurrenzkampf der Unternehmen eine schnell
zunehmende Bedeutung bei der Erschließung von noch brach liegenden
Kostensenkungs- und Performancesteigerungspotentialen. Im Mittelpunkt der
Ausführungen in diesem Buch steht die rechnergestützte algorithmische Problemlö-
sung basierend auf quantitativen Modellen, wobei die Modellierungsparadigmen der
Künstlichen Intelligenz, der Entscheidungstheorie, des Operations Research und der
Computational Intelligence behandelt werden. Anhand von leicht verständlichen
Problemen und Anwendungsbeispielen aus den Gebieten Produktionsplanung,
Investition, Maschinenbelegung, Aktienprognose, Transportplanung und Ingenieur-
entwurf werden grundlegende Gedanken und Konzepte erklärt. Gemeinsamer Zweck
der vorgestellten Modelle und Methoden ist die (computerbasierte) Entscheidungs-
unterstützung und Optimierung.

# Inhaltsverzeichnis

# Einleitung

Dieses Buch behandelt Probleme und deren rechnergestützte Lösung mit Hilfe von Algorithmen. Im Mittelpunkt stehen dabei praxisrelevante Probleme aus der Wirtschaft und der Technik, wie z.B. Produktionsplanung, Investition, Maschinenbelegung, Aktienprognose, Transportplanung und Ingenieurentwurf. Dem einführenden Charakter des Buches entsprechend, werden leicht verständliche Probleme behandelt, um grundlegende Gedanken und Konzepte zu erklären, ohne auf Vorkenntnisse zurückgreifen zu müssen.

Warum sollten sich Wirtschaftswissenschaftler, Ingenieure, Mathematiker und Informatiker sowie vor allem Studierende dieser Wissenschaftsdisziplinen mit Modellierung und darauf beruhender algorithmischer Problemlösung beschäftigen? Einige Aspekte einer solchen Motivation seien nachfolgend erwähnt.

In den letzten Jahren hat der Einsatz rechnergestützter quantitativer Methoden zur Entscheidungsunterstützung in der Wirtschaft rasant an Bedeutung gewonnen. Ursächlich dafür ist das Zusammentreffen verschiedener Umstände: Das traditionelle „manuelle Problemlösen", welches nicht auf formalen Modellen, sondern ausschließlich auf Intuition und Expertise beruht, ist durch eine sehr lokale Betrachtung der Probleme charakterisiert und kann heute nur noch in unzureichendem Ausmaß neues Kostensenkungspotential oder Performancesteigerung erschließen. Gleichzeitig haben sich die Voraussetzungen für die Anwendung rechnergestützter Verfahren rapide verbessert: Immer mehr Unternehmen besitzen umfangreiches und qualitativ hochwertiges Datenmaterial in elektronisch verarbeitbarer Form; die verfügbare Rechenleistung ist zugleich stark angestiegen, während der Preis für diese Rechnerleistung beständig abnimmt. Um in ständigem Konkurrenzkampf auch in Zukunft erfolgreich zu sein, ist es für die Unternehmen ein Muß, durch extensive Nutzung von Daten und Rechenleistung die bislang ungenutzten Optimierungspotentiale auszuschöpfen. Dafür sind Personen gefragt, die über entsprechendes Wissen und auch über die notwendigen Fähigkeiten verfügen.

Problemlösung mit algorithmischen Hilfsmitteln setzt eine geeignete Modellierung des Problems (auch Modellbildung genannt) voraus. Die Art der Modellierung entscheidet über die Möglichkeiten und die Qualität des rechnergestützten Problemlösungsprozesses. Wir fokussieren in diesem Buch auf quantitative Modelle, in denen Modellierung mit mathematischen Konzepten im Mittelpunkt steht. Auch bei dieser Einschränkung ist es nicht möglich, Modellierung in der gesamten Breite zu behandeln.

Nachfolgend wird kurz erklärt, welche Gebiete wir schwerpunktmäßig behandeln werden und warum wir diese Auswahl getroffen haben. Wir konzentrieren uns auf die Darstellung verschiedenartiger Modellierungsparadigmen, die sich in unterschiedlichen Disziplinen wie der Mathematik, der Informatik, dem Operations Research und der Künstlichen Intelligenz herausgebildet haben. Insbesondere behandeln wir:

- den Ansatz der *Künstlichen Intelligenz* zur Repräsentation von Wissen und wissensbasierter Problemlösung,
- grundlegende Modelle und Verfahren zur rationalen Entscheidungsfindung im Rahmen der *Entscheidungstheorie*,
- mathematische Methoden des *Operations Research*, die u.a. die Entwicklung und Lösung sogenannter Simultanmodelle zum Gegenstand haben, sowie
- naturanaloge Modellierung und Problemlösung am Beispiel der Neuronalen Netze, der Evolutionary Computation und der Fuzzy Sets, die die Hauptsäulen der *Computational Intelligence* darstellen.

Es ist wichtig, diese Palette von Modellierungs- und Problemlösungs-Methoden zu kennen, weil bei einem gegebenen Problem aus der Praxis zunächst nicht klar ist, welche Form der Modellbildung besonders geeignet ist und welche nicht zum Ziel führt. Bei komplexen Problemstellungen kann es sein, daß eine Kombination der verschiedenen Modellierungsformen die günstigsten Voraussetzungen für eine anschließende algorithmische Problemlösung liefert. Häufig bedarf die Entscheidung darüber, wie man ein Problem „richtig" modelliert, fundierter Kenntnisse über die Algorithmen, die in der entsprechenden Problemklasse zur Verfügung stehen. Dadurch wird es möglich, die Chancen richtig einzuschätzen, eine Problemlösung in geforderter Zeit und Qualität mit angemessenem Aufwand auf dem Computer zu erreichen.

Dies macht deutlich, daß es wichtig ist, Kenntnisse über Algorithmen im allgemeinen zu haben und auch einige typische spezielle Algorithmen zu kennen. Wir haben deshalb eine Einführung in das Gebiet der Algorithmen an den Anfang des Buches, noch vor die Behandlung der oben erwähnten Modellierungsparadigmen, gestellt.

Dieses Buch ist mit der Intention geschrieben worden, leicht verständlich zu sein und - unterstützt durch vielfältige Anwendungsbeispiele - in die Modellierung und algorithmische Lösung praxisrelevanter Probleme einzuführen. Zu diesem Zweck wird ein breites Spektrum von Ansätzen aus der Künstlichen Intelligenz, dem Operations Research und der Computational Intelligence anschaulich erklärt. Die Breite erlaubt natürlich keine theoretisch tiefgehende Betrachtung der einzelnen Gebiete, so daß manchmal dort, wo es eigentlich erst richtig interessant wird, aus Umfangsgründen abgebrochen werden muß. Daraus ergibt sich aber für den „Einsteiger" der Vorteil, daß er sich mit verhältnismäßig geringem Aufwand einen guten Überblick zum Bereich der Modelle und Methoden zur computerbasierten Entscheidungsunterstützung und Optimierung verschaffen kann. Am Ende jedes Kapitels wird auf weiterführende Literatur verwiesen. Dabei beschränken wir uns bewußt auf sehr wenige Literaturquellen, um den Studierenden zu weiterführenden bzw. vertiefenden Darstellungen zu führen.

# 1 Algorithmen

THE NOTION OF AN *ALGORITHM* IS BASIC TO ALL OF COMPUTER PROGRAMMING, SO WE SHOULD BEGIN WITH A CAREFUL ANALYSIS OF THIS CONCEPT. Mit diesen Worten beginnt Donald E. Knuth das erste Kapitel seines mehrbändigen Werkes *The Art of Computer Programming*.

In diesem Kapitel werden einige grundlegende Aspekte von Algorithmen angesprochen. Das Ziel dabei ist es, dem Leser das nötige Rüstzeug im Umgang mit Algorithmen im Hinblick auf die Bearbeitung von Problemstellungen aus dem Bereich des Operations Research an die Hand zu geben. Getreu dieser pragmatischen Ausrichtung ist das Kapitel in vier Unterkapitel gegliedert. Am Beginn steht die Auseinandersetzung mit dem **Begriff** Algorithmus und seiner **Bedeutung**. Hieran schließt sich ein Überblick über **Darstellungsmöglichkeiten** an, von denen Flußdiagramme als sehr verbreitete Variante, Struktogramme als besonders übersichtliche Art und Modula-2 als Programmiersprache näher beleuchtet werden. Unter der Überschrift **Algorithmentheorie** sind Ausführungen zur Problemkomplexität, zur Komplexität von Algorithmen und zum Effizienzbegriff dargelegt. Schließlich werden im Unterkapitel **Algorithmenentwurf** Strategien zum Entwurf von Algorithmen vorgestellt; Stichworte, die in diesem Zusammenhang erklärt werden, sind Modularität, Information Hiding und Rekursion.

## 1.1 Begriffsursprung und Bedeutung

Über die Herkunft des Begriffs *Algorithmus* schreibt Knuth folgendes: Erst 1957 taucht in der englischsprachigen Literatur der Begriff *algorithm* (dt.: Algorithmus) erstmalig in *Webster's New World Dictionary* auf. Bis dato findet sich lediglich die ältere Form *algorism*, welche die Anwendung von Arithmetik auf arabische Zahlen bezeichnete. So unterschied man im Mittelalter die *abacists*, die mit dem Abakus rechneten, von den *algorists*, die Berechnungen mit Hilfe des *algorism* durchführten. Mathematikhistoriker fanden heraus, daß der Begriff *algorism* seinen Ursprung im Titel des um 825 von dem Perser Abu Ja'far Mohammed ibn Mûsâ al-Khowârizmî verfaßten Buches *Kitab al jabr w'al-muqabala* ("Regeln für die Nachbildung und Reduktion") hat. Übrigens läßt sich der Ursprung des Wortes *Algebra* ebenfalls auf den Titel dieses Buches zurückführen.

Der Begriff *Algorithmus* findet sich in der deutschsprachigen Literatur bereits in dem 1747 in Leipzig veröffentlichten Werk *Vollständiges Mathematisches Nachschlagewerk*. Dort ist er sinngemäß so definiert: UNTER DIESER BEZEICHNUNG SIND

DIE NOTATIONEN DER VIER TYPEN ARITHMETISCHER OPERATIONEN, NAMENTLICH ADDITION, MULTIPLIKATION, SUBTRAKTION UND DIVISION, ZUSAMMENGEFAßT.

In seiner modernen Bedeutung kann der Begriff *Algorithmus* nach Knuth dann definiert werden als:

> eine endliche Menge von Regeln, die eine Folge von Operationen zur Lösung eines speziellen Problemtyps beschreibt und über folgende fünf Eigenschaften verfügt:
>
> 1) **Endlichkeit.** Ein Algorithmus muß immer nach einer endlichen Anzahl von Schritten terminieren.
>
> 2) **Definitheit.** Jeder Schritt eines Algorithmus muß präzise definiert sein. Die Aktionen, die in jedem einzelnen Fall durchzuführen sind, müssen eindeutig spezifiziert sein.
>
> 3) **Eingabe.** Ein Algorithmus hat null oder mehr als null Eingaben. Ihre Anzahl wird vor der Ausführung des Algorithmus festgelegt. Die Eingaben müssen aus festgelegten Wertebereichen gewählt werden.
>
> 4) **Ausgabe.** Ein Algorithmus hat mindestens eine Ausgabe. Die Anzahl der Ausgaben steht in einer spezifischen Beziehung zu den Eingabedaten.
>
> 5) **Effektivität.** Alle Operationen, die der Algorithmus ausführen soll, müssen genügend elementar sein, als daß sie exakt und in endlicher Zeit ausgeführt werden können.

In der Literatur finden sich andere Definitionen des Begriffs *Algorithmus*. So ist beispielsweise in [Appelrath 95] definiert:

> Ein Algorithmus beschreibt eine Funktion (Abbildung) $f: E \to A$ von der Menge der zulässigen Eingabedaten E in die Menge der Ausgabedaten A mit folgenden fünf charakteristischen Eigenschaften:
>
> a) **Abstrahierung.** Ein Algorithmus löst i.allg. eine Klasse von Problemen. Die Wahl eines einzelnen aktuell zu lösenden Problems aus dieser Klasse erfolgt über Parameter.
>
> b) **Finitheit.** Die Beschreibung eines Algorithmus selbst besitzt eine endliche Länge (statische Finitheit). Ferner darf zu jedem Zeitpunkt, zu dem man die Abarbeitung des Algorithmus unterbricht, der Algorithmus nur endlich viel Platz belegen (dynamische Finitheit), d.h., die bei der Abarbeitung des Algorithmus entstehenden Datenstrukturen und Zwischenergebnisse sind endlich.

c) **Terminierung.** Algorithmen, die für jede Eingabe nach endlich vielen Schritten anhalten, heißen terminierend, sonst nichtterminierend.

d) **Determinismus.** Ein Algorithmus heißt deterministisch, wenn zu jedem Zeitpunkt seiner Ausführung höchstens eine Möglichkeit der Fortsetzung besteht. Sonst heißt er nichtdeterministisch. Kann man den Fortsetzungsmöglichkeiten Wahrscheinlichkeiten zuordnen, so spricht man von stochastischen Algorithmen.

e) **Determiniertheit.** Ein determinierter Algorithmus liefert mit den gleichen Eingabewerten und Startbedingungen bei Wiederholung stets das gleiche Ergebnis.

Vergleicht man die beiden Definitionen, so stellt man fest, daß Knuth die restriktivere Formulierung gewählt hat. Überprüft man beispielsweise ein Kochrezept daraufhin, ob es im Sinne obiger Definitionen als Algorithmus gelten kann, so trifft dies auf die Formulierung nach Appelrath zu, während man es in bezug auf die Formulierung nach Knuth verneinen müßte, sobald eine nichtexakte Formulierung (z.B. eine Prise Salz) im Rezept benutzt wird.

Da real existierende Probleme häufig zu komplex sind, als daß man alle möglichen Fälle erschöpfend bearbeiten könnte, benutzt man zur Lösung oft heuristische Verfahren. Bei diesen Verfahren gibt es keine Optimalitätsgarantie für die gefundene Lösung. Dafür wird aber eine Lösung in "erlebbarer" Zeit gefunden, während die Optimalitätsgarantie nur zu Lasten einer nicht erlebbaren Laufzeit des Algorithmus gegeben werden könnte. Im Sinne der Definition von Appelrath sind solche Heuristiken durch Algorithmen zu beschreiben, während aufgrund der strengeren Fassung nach Knuth dies in der Regel nicht der Fall ist. Wegen der größeren Nähe zu den im Rahmen dieses Buches betrachteten Problemen und Lösungsansätzen beziehen wir uns von nun an auf die Definition nach Appelrath, wenn die Rede von Algorithmen ist.


## 1.2 Darstellung

Für die Darstellung von Algorithmen gibt es eine Vielzahl von Möglichkeiten, die jeweils verschiedene Aspekte begünstigen. So ist beispielsweise die Darstellung durch eine exakt definierte (in der Regel virtuelle) Maschine von besonderem theoretischen Interesse. Von praktischem Interesse ist vor allem die Darstellung der Algorithmen in einer wohldefinierten Programmiersprache. Hierbei spricht man auch von Implementierung. Es handelt sich um eine unmittelbare Vorstufe zur rechnergesteuerten Durchführung der Algorithmen.

Als Vorstufe zur Implementierung der Algorithmen hat man für die Darstellung abstraktere Formen entwickelt. Will man einen Algorithmus ausschließlich textuell beschreiben, ohne auf alle Details - wie zum Beispiel Verwaltung des Laufzeitspeichers und ähnliches - einzugehen, kann man sich eines Pseudocodes bedienen. Das Verhalten bei Erreichen einer Verkehrsampel kann in Pseudocode etwa so beschrieben werden:

> falls Ampel in Betrieb, dann
>> falls Ampel zeigt grün, dann fahre weiter,
>> sonst halte an,
> sonst beachte Vorfahrt-Beschilderung

Für diese Stufe der Algorithmendarstellung sind auch graphische Notationen gebräuchlich. Die am weitesten verbreiteten Arten sind Flußdiagramme und Nassi-Shneiderman-Diagramme, auch Struktogramme genannt.

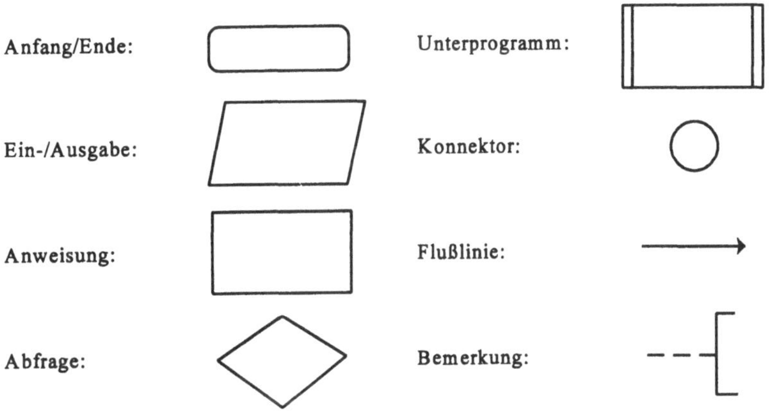

| Anfang/Ende: | | Unterprogramm: | |
| Ein-/Ausgabe: | | Konnektor: | |
| Anweisung: | | Flußlinie: | |
| Abfrage: | | Bemerkung: | |

*Abb. 1.1: Flußdiagrammkomponenten nach DIN 66001*

Flußdiagramme sind genormt (DIN 66001). Die Elemente, die nach DIN vorkommen können, sind in Abb. 1.1 mit Ihrer Bedeutung aufgeführt. Wird ein Algorithmus aufgrund eines Flußdiagramms implementiert, so führt dies häufig zu sogenannten *Spaghettiprogrammen*, was dieser Notation als Nachteil angelastet wird.

Da man jedoch häufig Algorithmen in Form von Flußdiagrammen notiert findet, wird diese Darstellungsform hier kurz am Beispiel eingeführt. Dazu wird das oben behandelte Ampelproblem als Flußdiagramm aufbereitet (siehe Abb. 1.2). Der

Algorithmus beginnt bei dem START-Symbol. Zunächst wird er mit Daten - nämlich dem Ampelbetriebszustand - versorgt. Im Ablauf des Algorithmus erreicht man dann eine Abfrage, die aufgrund der zuvor dem Algorithmus bereitgestellten Daten abgearbeitet wird: "Ampel in Betrieb?". Je nach Ergebnis der Auswertung dieser Abfrage verzweigt der Algorithmus zur Anweisung "Beachte Vorfahrt-Beschilderung" oder zur Abfrage "Ampel grün?". Im ersten Fall wird die Anweisung ausgeführt, und man erreicht den Konnektor. Im zweiten Fall wird die Abfrage analog zur ersten Abfrage ausgewertet und entsprechend des Ergebnisses verzweigt. Egal welcher Pfad aufgrund der Abfragen realisiert wird, man erreicht schließlich den Konnektor. Hier werden die verschiedenen Pfade wieder zusammengeführt. Der Algorithmus endet bei Erreichen des STOP-Symbols.

Bei Struktogrammen wird der Nachteil, daß bei der Implementierung häufig Spaghettiprogramme entstehen, weitgehend vermieden, da kein Konstrukt für die Modellierung von "beliebigen" Sprüngen (goto ...) existiert. Vielmehr werden nur solche Konstrukte angeboten, die auch in der strukturierten Programmierung Anwendung finden, nämlich Sequenz, Unterprogrammaufruf, bedingte Anweisung, Auswahlanweisung, Schleifen und der kontrollierte Sprung (s. Abb. 1.3). Da diese Darstellungsform im weiteren Verlauf des Buches benutzt wird, werden an dieser

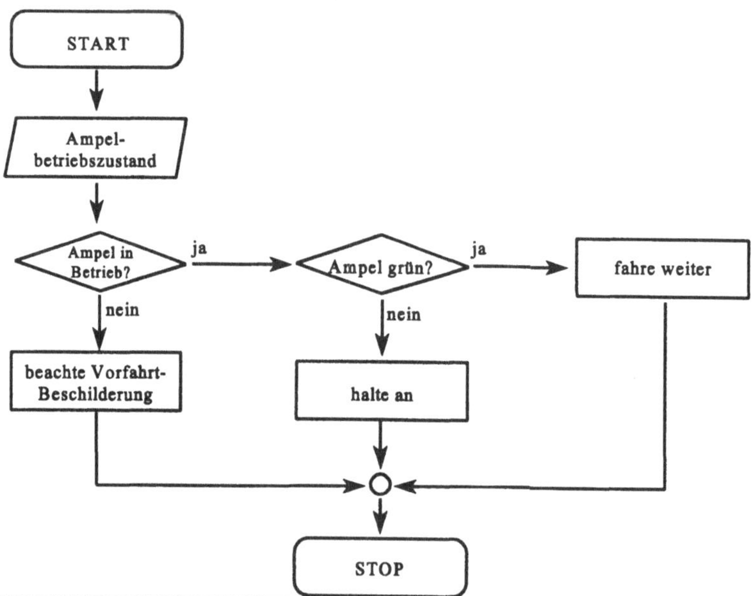


*Abb. 1.2: Verhalten bei Erreichen einer Verkehrsampel als Flußdiagramm*

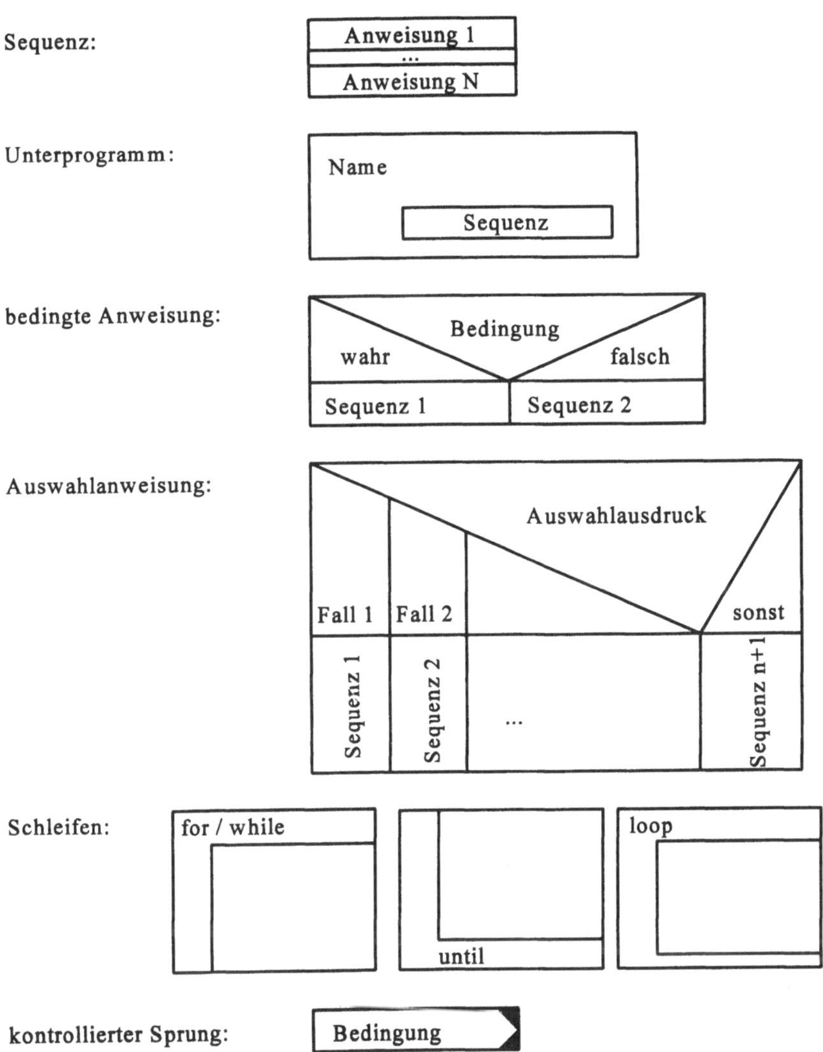


**Abb. 1.3:** *Konstrukte in Nassi-Shneiderman-Diagrammen (Struktogrammen)*

Stelle die einzelnen Konstrukte zunächst vorgestellt, bevor an dem Ampelbeispiel gezeigt wird, um wieviel übersichtlicher die Darstellung mit Struktogrammen im Vergleich zu Flußdiagrammen sein kann.

Die **Sequenz** ist als lineare Aneinanderreihung elementarer Anweisungen das einfachste Konstrukt, welches in Nassi-Shneiderman-Diagrammen zur Steuerung des Kontrollflusses im Algorithmus existiert. **Elementare Anweisungen** sind dabei entweder solche Anweisungen, die durch die ausführende Maschine bzw. den Interpreter unmittelbar verständlich sind, oder solche, die von den übrigen in Abb. 1.3 aufgeführten Konstrukten Gebrauch machen.

Ein **Unterprogramm** ist eine logische Einheit, die in der Regel eine gedankliche Abstraktion darstellt, in der eine Abfolge von Anweisungen zusammengefaßt ist, die auf einer höheren Abstraktionsebene an mehreren verschiedenen Stellen im Algorithmus als Einheit benutzt werden. Somit kann ein Unterprogramm durch ein separates Struktogramm beschrieben werden. Ein Unterprogramm kann dann durch Einsetzen seines Namens in eine Anweisung aufgerufen werden. Würde man beispielsweise obiges Ampelbeispiel eingebettet in ein System "Verhalten im Straßenverkehr" verstehen, so wäre es sinvoll, die Anweisung *beachte Vorfahrt-Beschilderung* in einem Unterprogramm zu explizieren, da sie an diversen Stellen in einem solchen System benötigt würde.

Die **bedingte Anweisung** dient dazu, in Abhängigkeit von einer Bedingung, die entweder erfüllt - also wahr - oder aber nicht erfüllt - also falsch - sein kann, genau eine von zwei möglichen Anweisungssequenzen für die Fortsetzung des Algorithmus auszuwählen. Am Bei-

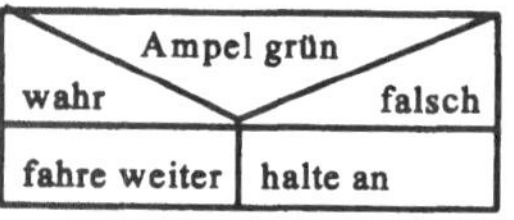


spiel: Wenn die Ampel grün ist, dann fahre weiter, sonst halte an. Entweder ist die Ampel grün, dann ist die Bedingung wahr und man führt die erste Sequenz (fahre weiter) aus, oder aber die Bedingung ist falsch. In diesem Fall - und nur in diesem Fall - führt man die zweite Sequenz aus, die hier lediglich aus der Anweisung halte an besteht.

Im Unterschied zur beding-ten Anweisung gestattet die **Auswahlanweisung** die Verzweigung in eine von $n+1$ möglichen Sequenzen. Der Auswahl-Ausdruck ist in der Regel von einem Aufzählungstyp oder ist

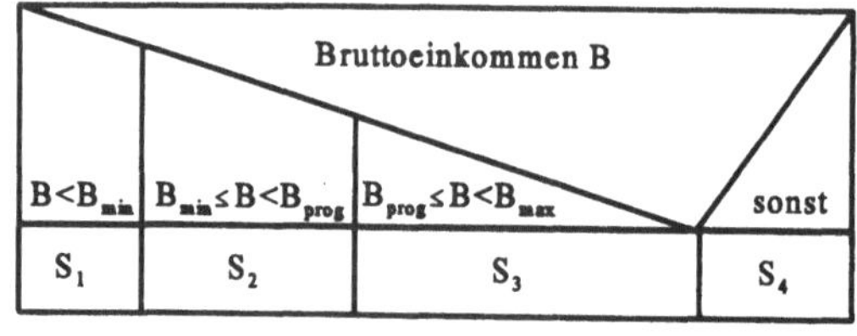


diskreter Art oder diskretisiert einen Definitionsbereich. Die Auswahlanweisung kann zum Beispiel benutzt werden, um die Einkommensteuer zu berechnen. Dabei ist das zu versteuernde Bruttoeinkommen B der Auswahl-Ausdruck. Fall 1 repräsentiert die Situation, daß dieses Einkommen unter dem steuerpflichtigen Mindesteinkommen $B_{min}$ liegt. Fall 2 tritt ein, wenn der Mindeststeuersatz Anwendung findet, also $B \geq B_{min}$

ist und kleiner als $B_{prog}$, dem Bruttoeinkommen, ab dem die Steuerprogression einsetzt. Fall 3 beschreibt den Bereich der Steuerprogression und gilt für $B_{prog} \leq B < B_{max}$. Der sonst-Fall deckt den Bereich des Höchststeuersatzes ab und gilt für $B \geq B_{max}$.

In Struktogrammen sind vier verschiede Konstrukte für Schleifen vorgesehen. Die **for-Schleife** ist eine Zählschleife, bei der ein Index, der bei Erreichen der Schleife initialisiert wird, nach

```
for i=1,..,N
    berechne Kapitalwert von P_i
```

jedem Schleifendurchlauf um eine vorgegebene Schrittweite entweder inkrementiert oder dekrementiert wird, bis eine vorzugebende Schranke erreicht ist. Als Beispiel stelle man sich vor, daß man N Investitionsprojekte $P_i$, $i=1,..,N$, zur Auswahl hat und für die Entscheidungsfindung zu jedem der N Projekte den Kapitalwert bestimmen muß. In diesem Fall kann man eine for-Schleife mit Laufindex i von 1 bis N benutzen, die in jeder Iteration ein Unterprogramm zur Kapitalwertbestimmung von Projekt i aufruft, wobei i automatisch bis zum Erreichen von N nach jeder Iteration um den Wert eins inkrementiert wird.

Die **while-Schleife** benutzt man, wenn eine Bedingung vor der erstmaligen und jeder weiteren Durchführung einer Sequenz erfüllt sein

```
while Dateiende nicht erreicht
    lese nächsten Wertpapierkurs aus der Datei
```

muß, aber im voraus nicht bekannt ist, wie oft das der Fall sein wird. Sollen beispielsweise aus einer sequentiellen Datei Wertpapierkurse ausgelesen werden, deren Anzahl nicht bekannt ist und auch Null sein kann, ist in der while-Bedingung abzuprüfen, ob das Dateiende noch nicht erreicht wurde. Ist die Bedingung wahr, also das Dateiende noch nicht erreicht, dann ist die Sequenz im Schleifenrumpf einmal zu durchlaufen. Dabei ist grundsätzlich eine Variable, welche in der while-Bedingung abgeprüft wird, zu verändern, da ansonsten die while-Schleife zur Modellierung einer Endlosschleife mißbraucht würde. Nach Abarbeitung der Sequenz wird die while-Bedingung erneut ausgewertet. Die Schleife wird erneut durchlaufen, falls die while-Bedingung wieder wahr ist. Dies geschieht, bis diese Bedingung erstmalig den Wert falsch annimmt. In diesem Fall wird die Sequenz im Schleifenrumpf nicht mehr durchlaufen.

In die **until-Schleife** bettet man eine Sequenz ein, die zumindest einmal - eventuell aber auch öfter - durchlaufen wird, wobei im voraus

```
    lese nächsten Wertpapierkurs aus der Datei
until Dateiende erreicht
```

nicht bekannt ist, wie oft dies geschieht. Diese Form wäre adäquat zum Auslesen einer bekanntermaßen nichtleeren Datei. Es wird zunächst der erste Datensatz ausgelesen. Dabei wird die Schleifenvariable - nämlich die Leseposition innerhalb

der sequentiellen Datei - verändert. Anschließend wird überprüft, ob das Dateiende
erreicht wurde. Die Sequenz wird so lange wiederholt durchlaufen, bis die until-
Bedingung erstmalig wahr ist. Damit endet die until-Schleife.

Die **loop-Schleife** ist eine Endlosschleife. Solche Schleifen
kommen unter anderem in Steuerungssystemen vor. So
wiederholt eine Ampelanlage immer aufs Neue im gleichen
Rhythmus die gleiche Signalfolge.

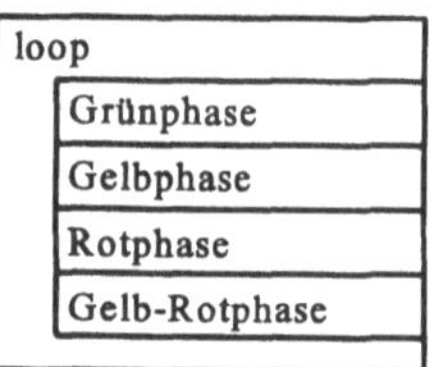


Der **kontrollierte Sprung** ermöglicht, unmittelbar hinter
das Ende einer Schleife zu springen. Soll zum Beispiel eine
Steuerung für eine Ampelanlage, die in einer loop-Schleife
eingebettet ist, kontrolliert außer Betrieb gesetzt werden können, könnte die Schleife
durch einen solchen kontrollierten Sprung abgebrochen werden, um dann eine
Sequenz abzuarbeiten, welche die Ampelanlage außer Betrieb setzt, ohne den
Verkehr zu gefährden.

Nun, da die Struktogrammkonstrukte ausführlich erklärt wurden, wenden wir uns
erneut dem bereits in Abb. 1.2 als Flußdiagramm dargestellten Algorithmus für das
Verhalten bei Erreichen einer Verkehrsampel zu. Diesmal wird derselbe Algorithmus
durch ein Struktogramm beschrieben (Abb. 1.4).

Beim Vergleich der beiden
Darstellungen erkennt man so-
gleich, daß das Struktogramm
viel übersichtlicher ist als das
Flußdiagramm. Derweil wirkt
das Flußdiagramm zunächst
kompliziert. Von der strukturierten Darstellung mit Hilfe
der Nassi-Shneiderman-Dia-

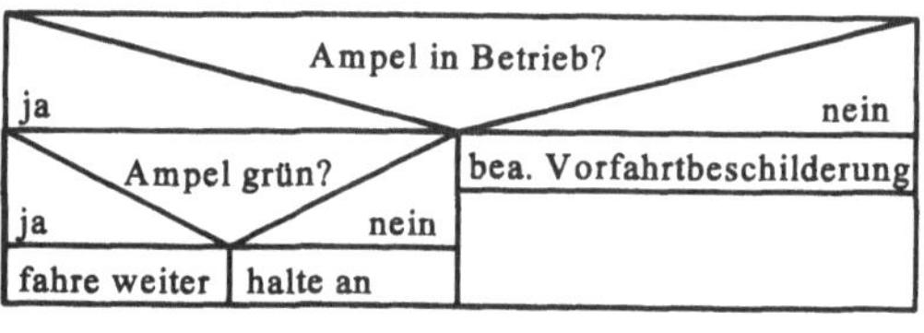


***Abb. 1.4:*** *Verhalten bei Erreichen einer*
*Verkehrsampel als Struktogramm*

gramme profitiert man zusätzlich, wenn man einen damit beschriebenen Algorithmus
in einer Sprache wie beispielsweise C++, C, Modula, Pascal oder Ada, welche die
strukturierte Programmierung begünstigen, implementiert. In einem solchen Fall
genügt es nämlich, die graphischen Symbole in die äquivalenten Programmier-
sprachenkonstrukte umzusetzen. Alle genannten Sprachen verfügen über Elemente,
die den Struktogrammelementen entsprechen. Am Beispiel von Modula-2 lauten die
Entsprechungen in der Sprachdefinition:

```
Sequenz:    StatementSequence =
                statement
                { ; statement}
```

| | |
|---|---|
| Elementare Anweisung: | statement =<br>    [assignment I ProcedureCall I IfStatement I<br>    CaseStatement I WhileStatement I Repeat-<br>    Statement I LoopStatement I ForStatement I<br>    WithStatement I EXIT I RETURN [expres-<br>    sion]] |
| Unterprogramm: | ProcedureCall =<br>    designator [ActualParameters] |
| Bedingte Anweisung: | IfStatement =<br>    IF expression THEN StatementSequence<br>    {ELSIF expression THEN<br>        StatementSequence}<br>    [ELSE StatemendSequence] END |
| Auswahlanweisung: | CaseStatement =<br>    CASE expression OF<br>    case<br>    { I case}<br>    [ELSE StatementSequence] END |
| For-Schleife: | ForStatement =<br>    FOR ident := expression TO expression<br>    [BY ConstExpression] DO<br>        StatementSequence<br>    END |
| While-Schleife: | WhileStatement =<br>    WHILE expression DO<br>    StetementSequence<br>    END |
| Until-Schleife: | RepeatStatement =<br>    REPEAT<br>    StatementSequence UNTIL expression |
| Loop-Schleife: | LoopStatement =<br>    LOOP<br>    StatementSequence<br>    END |
| Kontrollierter Sprung: | EXIT |

Als Hilfsmittel zur Sprachbeschreibung ist hier die EBNF (Erweiterte Backus Naur Form) benutzt worden. Sie dient zur Notation der Syntax einer Programmiersprache. Dabei bezeichnet der Name auf der linken Seite des Gleichheitszeichens ein Nonterminalsymbol - beispielsweise LoopStatement. Das LoopStatement ist definiert als die Abfolge des Terminalsymbols LOOP, des Nonterminalsymbols StatementSequence und des Terminalsymbols END. Ein Programm ist dann syntaktisch korrekt, wenn es sich aus einem oder mehreren besonders ausgezeichneten Startsymbolen einer Grammatik durch Ersetzen von Nonterminalsymbolen entsprechend der Regeln der Grammatik herleiten läßt, so daß die Ableitung schließlich nur noch aus Terminalsymbolen besteht. In Modula-2 ist CompilationUnit dieses Startsymbol. Dabei sind Terminalsymbole alle die Symbole, die nicht weiter durch die Anwendung der Regeln der Grammatik abgeleitet werden können.

In einer EBNF bedeutet der Einschluß von (Non-)Terminalsymbolen in eckige Klammern - beispielsweise [ELSE StatementSequence] -, daß dieser Teil null- oder einmal eingefügt werden kann. Geschweifte Klammern bedeuten, daß der darin eingeschlossene Teil null- bis beliebig oftmals eingefügt werden kann. Ein Beispiel hierfür ist { | case}. In Anführungszeichen eingeschlossene Zeichen nennt man Literale. Diese gehören zu den Terminalsymbolen.

Die vollständige EBNF zu Modula-2 ist im Anhang B abgedruckt. Dort finden sich ebenfalls Adressen zu diversen FTP-Servern, unter denen Shareware-Compiler für Modula-2 zu diversen Plattformen (Windows, PC DOS, PC Linux / BSD, Apple Macintosh, Amiga, Atari ST) erhältlich sind. Das eröffnet dem interessierten Leser eine kostengünstige Möglichkeit, die in diesem Buch besprochenen Algorithmen selbst in Software zu realisieren und dann zu erproben.

Zur Vertiefung des Verständnisses von formalen Grammatiken - zur Darstellung ebensolcher benutzt man die EBNF - wird folgendes Anschauungsbeispiel in Anlehnung an Schaback betrachtet. Die formelhaften Nachrichten des Wetterberichts im Rundfunk sind gemäß einem Regelsystem aufgebaut:

$$
\begin{aligned}
S &\rightarrow \textbf{Satz} \\
\textbf{Satz} &\rightarrow \underline{\text{Ein}}\ \textbf{Subjekt}\ \underline{\text{über}}\ \textbf{Ort1}\ \textbf{Verb}\ \underline{\text{das}}\ \textbf{Objekt}\ \underline{\text{in}}\ \textbf{Ort2}. \\
\textbf{Subjekt} &\rightarrow \underline{\text{Hochdruckgebiet}} \\
\textbf{Subjekt} &\rightarrow \underline{\text{Tiefdruckgebiet}} \\
\textbf{Subjekt} &\rightarrow \underline{\text{atlantischer Tiefausläufer}} \\
\textbf{Subjekt} &\rightarrow \underline{\text{Zwischenhoch}} \\
\textbf{Ort1} &\rightarrow \underline{\text{England}} \\
\textbf{Ort1} &\rightarrow \underline{\text{den britischen Inseln}} \\
\textbf{Ort1} &\rightarrow \underline{\text{Grönland}} \\
\textbf{Ort1} &\rightarrow \underline{\text{der Biskaya}} \\
\textbf{Verb} &\rightarrow \underline{\text{verändert}} \\
\textbf{Verb} &\rightarrow \underline{\text{bestimmt}} \\
\textbf{Objekt} &\rightarrow \underline{\text{Wetter}} \\
\textbf{Objekt} &\rightarrow \underline{\text{Urlaubswetter}} \\
\textbf{Objekt} &\rightarrow \underline{\text{Wettergeschehen}} \\
\textbf{Ort2} &\rightarrow \underline{\text{Norddeutschland}} \\
\textbf{Ort2} &\rightarrow \underline{\text{unserem Sendegebiet}} \\
\textbf{Ort2} &\rightarrow \underline{\text{weiten Teilen Westdeutschlands}}
\end{aligned}
$$

In diesem Beispiel ist *S* das Startsymbol der Grammatik. Alle Nonterminalsymbole sind durch Fettdruck hervorgehoben. Die Terminalsymbole sind durch Unterstreichung kenntlich gemacht.

Die Grammatik dient dazu, Regeln zu definieren, durch die festgelegt wird, welche Konstrukte syntaktisch korrekt sind. Über die Semantik eines Satzes wird hierbei keine Aussage gemacht. Liegt nun ein beliebiger Satz vor, beispielsweise

**Ein Tiefdruckgebiet über England bestimmt das Wetter in Norddeutschland.**

so ist der Satz gemessen an obiger Grammatik syntaktisch korrekt, wenn es eine Ableitung gibt, die beginnend bei dem Startsymbol *S* durch Ersetzung von Nonterminalsymbolen durch andere Nonterminalsymbole oder durch Terminalsymbole zu dem untersuchten Satz führt. Im konkreten Fall sieht die Ableitung so aus:

*S*

→ **Satz**
→ Ein **Subjekt** über **Ort1 Verb** das **Objekt** in **Ort2**.
→ Ein Tiefdruckgebiet über **Ort1 Verb** das **Objekt** in **Ort2**.
→ Ein Tiefdruckgebiet über England **Verb** das **Objekt** in **Ort2**.
→ Ein Tiefdruckgebiet über England bestimmt das **Objekt** in **Ort2**.
→ Ein Tiefdruckgebiet über England bestimmt das Wetter in **Ort2**.
→ Ein Tiefdruckgebiet über England bestimmt das Wetter in Norddeutschland.

Für weitergehende Ausführungen sei der interessierte Leser auf Spezialliteratur aus der Informatik auf dem Gebiet der Formalen Sprachen verwiesen.

Nach diesem kurzen Exkurs wenden wir uns noch einmal dem Ampelbeispiel vom Beginn des Kapitels zu. In Modula-2 kann es verkürzt etwa wie folgt dargestellt werden:

```
...
IF AInBetrieb(SpezielleAmpel) THEN
        IF ASignal(SpezielleAmpel)=Gruen THEN
                FHFahreWeiter (...);
        ELSE
                FHHalteAn (...);
        END;
ELSE
        FHBeachteVorfahrtbeschilderung (...);
END;
...
```

In dem Beispiel wird von Aufzählungstypen (Gruen ist Element eines solchen), Prozeduren (FHFahreWeiter, FHHalteAn, FHBeachteVorfahrt) und Funktionen

(AInBetrieb, ASignal) Gebrauch gemacht, die an anderer Stelle definiert sein müssen. Hier würde sich anbieten, AInBetrieb(Ampel) und ASignal(Ampel) in einem Modul Ampel als logisch zusammengehörig auch syntaktisch zusammenzufassen. Das ist durch das 'A', mit dem die Funktionsnamen beginnen, angedeutet. Die mit 'FH' beginnenden Prozeduren könnte man beispielsweise in einem Modul Fahrzeug-Handling bündeln. Die Variable SpezielleAmpel dient zur Identifikation genau einer von vielen Ampeln, nämlich der, über die man Informationen bekommen möchte. Zu den Parametern, die beim Aufruf der Prozeduren zu übergeben sind (oben angedeutet durch ...), wollen wir uns an dieser Stelle keine Gedanken machen.

Diesen Abschnitt beschließend, bleibt festzuhalten, daß Sequenz, Auswahl (auch als Selektion bezeichnet) und Schleifen (auch Iteration genannt) die wesentlichen Basiskomponenten bei der Formulierung von Algorithmen sind.


## 1.3 Algorithmentheorie

Gegenstand der Algorithmentheorie sind u.a. Überlegungen zur Berechenbarkeit von Problemen, zur Komplexität und Effizienz von Algorithmen sowie zu deren Korrektheit. Da Algorithmen ein grundlegendes Konzept der Informatik sind, werden wir uns in diesem Absatz kurz mit dieser Theorie beschäftigen, ohne jedoch die vorgestellten Ergebnisse mathematisch zu beweisen. Der hieran interessierte Leser sei auf die entsprechende Fachliteratur (z.B.: Hopcroft, John E.; Ullman, Jeffrey D.: *Einführung in die Automatentheorie, formale Sprachen und Komplexitätstheorie*. 3., korr. Aufl., Oldenbourg, München 1994) verwiesen.


### 1.3.1 Berechenbarkeit

Wichtig ist, wenn wir einen Algorithmus zur Lösung eines Problems entwickeln wollen, daß dieses Problem auch lösbar bzw. in der Sprache der Informatik berechenbar ist. Sollte dies ein Problem sein, da es zum Beispiel möglich ist, einen Computer so zu programmieren - also einen Algorithmus zu entwickeln -, daß er eine Rakete von der Erde aus startet, in den Weltraum steuert und schließlich wieder sicher zur Erde zurück bringt?

Der Mathematiker David Hilbert (1862-1943) vertrat die Auffassung:

> "... Diese Überzeugung von der Lösbarkeit eines jeden Problems ist uns ein kräftiger Ansporn während der Arbeit; wir hören in uns den steten Zuruf: *Da ist ein Problem, suche die Lösung. Du kannst sie*

*durch reines Denken finden; denn in der Mathematik gibt es keinen Ignorabismus.*"[1]

Zur Erkenntnis, daß diese Überzeugung falsch war, trugen neben anderen wesentlich die Mathematiker Gödel, Church, Kleene, Post und Turing bei. Sie formulierten bereits in den 30er Jahren - somit bevor die ersten Computer gebaut wurden - Probleme, die keine algorithmische Lösung besitzen. Diese wichtige und vielleicht zunächst verblüffende Erkenntnis kann man leicht an einem kleinen anschaulichen Beispiel nachvollziehen:

*Annahme:*    Der Barbier B. von Sevilla ist ein Mann aus der Stadt Sevilla.

*Aussage:*    Der Barbier B. von Sevilla rasiert alle Männer aus der Stadt Sevilla, die sich nicht selbst rasieren.

*Frage:*    Wer rasiert den Barbier B. von Sevilla?

Für diese simple Frage existiert offenbar keine Antwort, denn a) angenommen, B. rasiert sich selbst, dann rasiert ihn der Barbier B., was ein Widerspruch ist, und b) angenommen, der Barbier rasiert B., dann rasiert sich B. selbst, was ebenfalls ein Widerspruch ist. Folglich ist die Antwort auf die Frage *Wer rasiert den Barbier B. von Sevilla?* nicht berechenbar.

Für die Informatik von größerer Bedeutung, prinzipiell aber in der gleichen Art wie das Barbier-Problem zu behandeln, ist das **Halteproblem**. Unter dem Halteproblem versteht man das Problem, für ein *beliebiges* Programm P, welches einen beliebigen Satz Daten D als Eingabe bekommt, zu entscheiden, ob das Programm jemals stoppt oder endlos läuft. Wäre das Halteproblem berechenbar, so könnte man für jedes Programm sicherstellen, daß es nicht ungewollt in einer Endlosschleife steckenbleibt. Das Halteproblem ist jedoch nicht berechenbar, d.h., es existiert mit Sicherheit kein Algorithmus, der für jedes gegebene Programm P und gegebene Daten D entscheidet, ob P stoppt oder nicht.

Den Beweis kann man wie folgt führen (Beweisskizze): Angenommen, es existiert ein Algorithmus, der entscheidet, ob ein Programm P ausgeführt auf den Daten D stoppt oder nicht. Dieser Algorithmus sei mit STOPPT(P,D) bezeichnet. Stoppt P auf D, so möge der Algorithmus wahr liefern, sonst falsch. Mit Hilfe von STOPPT können wir nun den Algorithmus PARADOXON formulieren:

---

1) Wußing, H. (Hrsg.): *Die Hilbertschen Probleme.* Akademische Verlagsgesellschaft Geest & Portig, Leipzig 1983.

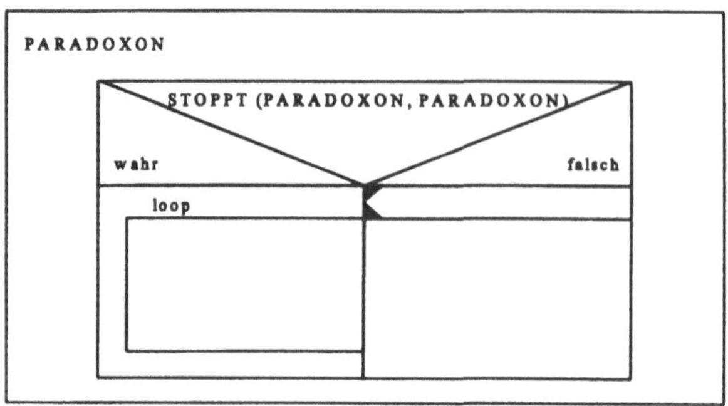


Der Algorithmus **PARADOXON** ruft den Algorithmus **STOPPT(P,D)** mit **PARADO
XON** als Belegung für **P** und ebenfalls für **D** auf. Nach Annahme kann **STOPPT**
entscheiden, ob **PARADOXON** stoppt. Im Fall, daß **STOPPT** das Ergebnis wahr
liefert, verzweigt der Algorithmus **PARADOXON** in eine Endlosschleife und stoppt
somit nicht, führt also zu einem Widerspruch zur Voraussetzung. Im anderen Fall,
in dem **STOPPT** das Ergebnis falsch liefert, wird der Algorithmus **PARADOXON**
durch einen kontrollierten Sprung beendet, was erneut ein Widerspruch zur
Voraussetzung ist. Resümierend bleibt festzustellen, daß der Algorithmus **PARADO-
XON** in allen möglichen Fällen zu einem Widerspruch zur einzigen Voraussetzung
führt, nämlich daß ein Algorithmus **STOPPT(P,D)**, wie oben beschrieben, existiert.
Es läßt sich also folgern, daß kein solcher Algorithmus wie **STOPPT(P,D)** existiert.

In ähnlicher Weise kann für andere Probleme nachgewiesen werden, daß sie nicht
berechenbar sind. In der Regel führt man solche Probleme jedoch auf das Halteproblem zurück, von dem bekannt ist, daß es nicht berechenbar ist. Wäre das
betrachtete Problem berechenbar, welches auf das Halteproblem zurückführbar ist,
so wäre auch das Halteproblem berechenbar, was es - wie gesehen - aber nicht ist.
Somit kann man folgern, daß diese anderen Probleme ebenfalls nicht berechenbar
sind. In dieser Weise wird zum Beispiel auch die Unentscheidbarkeit des Äquivalenz-
problems bewiesen. Bei diesem Problem ist für zwei beliebige Programme zu
entscheiden, ob sie bei gleicher Eingabe die gleiche Ausgabe erzeugen. Äquivalenz-
probleme sind zum Beispiel bei der Modernisierung der Hardwareausstattung
relevant, wenn auf der neuen Hardware Software gleicher Funktionalität wie auf der
alten Hardware eingesetzt werden soll.

Um begrifflich zwischen Problemen, die in bestimmten Fällen nicht berechenbar
sind, und solchen, die gar nicht berechenbar sind, differenzieren zu können, ist der
Begriff der partiellen Berechenbarkeit eingeführt worden. Ein Problem heißt dann
*partiell berechenbar*, wenn zwei alternative Ergebnisse (z.B.: wahr, falsch) möglich

sind, jedoch nur eines dieser Ergebnisse durch einen Algorithmus bestimmt werden kann.

Das Halteproblem gehört zur Klasse der partiell berechenbaren Probleme, denn es gibt einen Algorithmus, nämlich Ausführen des Programms, der feststellt, ob ein Programm hält. Auf diese Art ist es jedoch nicht möglich, festzustellen, ob ein Programm nicht hält.

Für den im folgenden dargestellten Stoff mögen obige Überlegungen zur Berechenbarkeit genügen, und wir wenden uns einem weiteren Aspekt der Algorithmentheorie zu.


## 1.3.2 Komplexität

Für denjenigen, der Interesse an der Lösung praktischer Probleme hat, ist es wichtig, im Falle der Berechenbarkeit der Probleme genauere Aussagen über die Komplexität der Lösungsalgorithmen sowie der Probleme machen zu können. Die Probleme werden zu diesem Zweck in Komplexitätsklassen eingeordnet. Die Problemkomplexität beschreibt den Rahmen, innerhalb dessen dann mit Hilfe von Algorithmen Lösungen für diese Probleme berechnet werden können. "Rahmen" bedeutet hier zunächst zeitliche Anforderungen (Laufzeitkomplexität) an die Problemlösung, aber auch Speicherplatzbedarf und Gerätebedarf in Abhängigkeit von der Größe des bearbeiteten Problems.

Aussagen über die *Komplexität von Algorithmen*, insbesondere über deren Laufzeitverhalten, deren Speicherplatzbedarf und deren Gerätebeanspruchung sind wichtig, um abschätzen zu können, ob ein bestimmter Algorithmus für ein gegebenes Problem durchführbar ist in dem Sinne, daß eine Lösung rechtzeitig und mit den verfügbaren Ressourcen ermittelbar ist. Wird beispielsweise ein Flugzeug per Autopilot gesteuert, so sind besonders strikte Laufzeitanforderungen zu beachten. Bei Aussagen zum Laufzeitverhalten von Algorithmen unterscheidet man zwischen *best-, average-* und *worst-case*-Verhalten. Sofern nicht explizit anders kenntlich gemacht, sind Aussagen zur Laufzeitkomplexität immer worst-case-Aussagen. Sie geben an, wie der Zeitbedarf im ungünstigsten Fall ist. An einem einfachen Beispiel wird dies deutlich: Soll aus einer Liste von Namen, die, mit dem ersten Namen beginnend, sequentiell abgearbeitet wird, ein bestimmter Name gesucht werden, der sich am Ende der Liste befindet, so ist dies der worst-case, der ungünstigste Fall. Ist der zu suchende Name der erste in der Liste, so ist dies der best-case, der günstigste Fall. Wahrscheinlicher als diese beiden Fälle ist, daß sich der gesuchte Name irgendwo zwischen Beginn und Ende der Liste befindet; das entspricht dem average-case, dem durchschnittlichen Fall.

Das *Laufzeitverhalten eines Algorithmus* wird in Abhängigkeit von der Problemgröße angegeben. Bei dem oben angeführten Beispiel der Suche in einer sequentiellen Liste mit $n$ Einträgen wäre $n$ die Problemgröße. Durchsucht man die Liste nach einem bestimmten Namen, so muß man jeden einzelnen Eintrag mit dem Suchmuster vergleichen, bis man entweder den entsprechenden Eintrag gefunden hat oder das Listenende erreicht ist. Zur Laufzeitkomplexität kann man also sagen, daß - neben einigen Verwaltungsoperationen - im ungünstigsten Fall n Vergleiche notwendig sind, ehe man den gesuchten Eintrag gefunden hat. Im günstigsten Fall führt bereits der erste Vergleich zum Erfolg. Im Durchschnitt benötigt man $n/2$ Vergleiche, um fündig zu werden.

Grundsätzlich möchte man, bevor man einen Algorithmus einsetzt, wissen, wie sich im ungünstigsten Fall die Laufzeit in Abhängigkeit von der Problemgröße verhält. Um zu einer abstrakten Aussage bezüglich der Laufzeit zu gelangen, die unabhängig von speziellen Hardwaredetails und anderen individuellen Gegebenheiten ist, werden wir uns auf die Zählung der auszuführenden Anweisungen beschränken. Um der verschieden aufwendigen Ausführung unterschiedlicher Anweisungen Rechnung zu tragen, werden zunächst Zuweisungen, Vergleiche sowie Inkrementanweisungen getrennt gezählt.

Zur Veranschaulichung betrachten wir das Zuordnungsproblem (s. auch Kapitel 4.2), welches durch eine Greedy-Heuristik gelöst werden soll. Der Algorithmus, der die Greedy-Heuristik beschreibt, ist in dem nachfolgenden Struktogramm beschrieben.

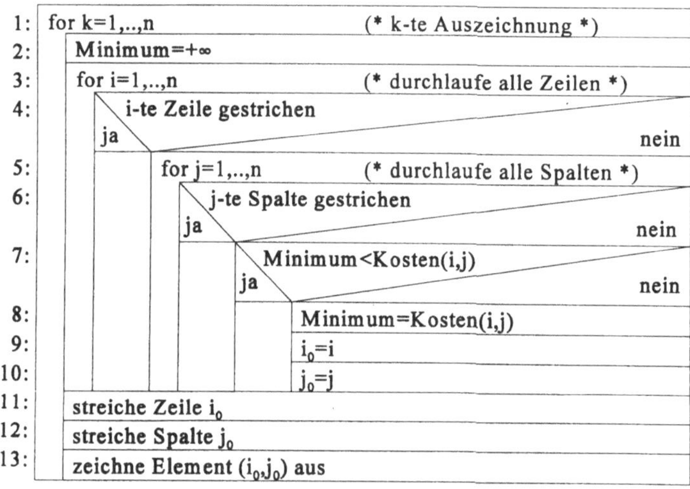

Die Kostenmatrix des im folgenden abgedruckten 4×4-Zuordnungsproblems ist so mit Werten belegt, daß der zuvor angegebene Algorithmus die maximal mögliche Anzahl von Schritten ausführt. Es wird also für die Problemgröße $n=4$ ein *worst-case Szenario* untersucht.

|   | 1 | 2 | 3 | 4 |
|---|---|---|---|---|
| A | 16 | 15 | 14 | 13 |
| B | 12 | 11 | 10 | 9 |
| C | 8 | 7 | 6 | 5 |
| D | 4 | 3 | 2 | 1 |

Wendet man nun den Greedy-Algorithmus in der zuvor festgelegten Form an, so ergeben sich für die einzelnen Auszeichnungen die Anzahl der Ausführungen nach Zeilennummern (vergleiche mit dem Struktogramm auf der vorherigen Seite) aufgeschlüsselt zu:

| Ausz. $k$ | Inkrement | | | Zuweisung | | | Vergleich | | |
|---|---|---|---|---|---|---|---|---|---|
| 1 | 1 | $=1$ | × (1) | 1 | $=1$ | × (2) | 4 | $=n$ | × (4) |
|  | 4 | $=n$ | × (3) | 16 | $=(n-(k-1))^2$ | × (8) | 16 | $=n\cdot(n-(k-1))$ | × (6) |
|  | 16 | $=n\cdot(n-(k-1))$ | × (5) | 16 | $=(n-(k-1))^2$ | × (9) | 16 | $=(n-(k-1))^2$ | × (7) |
|  |  |  |  | 16 | $=(n-(k-1))^2$ | × (10) |  |  |  |
|  |  |  |  | 1 | $=1$ | × (11) |  |  |  |
|  |  |  |  | 1 | $=1$ | × (12) |  |  |  |
|  |  |  |  | 1 | $=1$ | × (13) |  |  |  |
| 2 | 1 | $=1$ | × (1) | 1 | $=1$ | × (2) | 4 | $=n$ | × (4) |
|  | 4 | $=n$ | × (3) | 9 | $=(n-(k-1))^2$ | × (8) | 12 | $=n\cdot(n-(k-1))$ | × (6) |
|  | 12 | $=n\cdot(n-(k-1))$ | × (5) | 9 | $=(n-(k-1))^2$ | × (9) | 9 | $=(n-(k-1))^2$ | × (7) |
|  |  |  |  | 9 | $=(n-(k-1))^2$ | × (10) |  |  |  |
|  |  |  |  | 1 | $=1$ | × (11) |  |  |  |
|  |  |  |  | 1 | $=1$ | × (12) |  |  |  |
|  |  |  |  | 1 | $=1$ | × (13) |  |  |  |
| 3 | 1 | $=1$ | × (1) | 1 | $=1$ | × (2) | 4 | $=n$ | × (4) |
|  | 4 | $=n$ | × (3) | 4 | $=(n-(k-1))^2$ | × (8) | 8 | $=n\cdot(n-(k-1))$ | × (6) |
|  | 8 | $=n\cdot(n-(k-1))$ | × (5) | 4 | $=(n-(k-1))^2$ | × (9) | 4 | $=(n-(k-1))^2$ | × (7) |
|  |  |  |  | 4 | $=(n-(k-1))^2$ | × (10) |  |  |  |
|  |  |  |  | 1 | $=1$ | × (11) |  |  |  |
|  |  |  |  | 1 | $=1$ | × (12) |  |  |  |
|  |  |  |  | 1 | $=1$ | × (13) |  |  |  |

| 4 | 1 | $=1$ | $\times$ (1) | 1 | $=1$ | $\times$ (2) | 4 | $=n$ | $\times$ (4) |
|---|---|---|---|---|---|---|---|---|---|
|   | 4 | $=n$ | $\times$ (3) | 1 | $=(n-(k-1))^2$ | $\times$ (8) | 4 | $=n\cdot(n-(k-1))$ | $\times$ (6) |
|   | 4 | $=n\cdot(n-(k-1))$ | $\times$ (5) | 1 | $=(n-(k-1))^2$ | $\times$ (9) | 1 | $=(n-(k-1))^2$ | $\times$ (7) |
|   |   |   |   | 1 | $=(n-(k-1))^2$ | $\times$ (10) |   |   |   |
|   |   |   |   | 1 | $=1$ | $\times$ (11) |   |   |   |
|   |   |   |   | 1 | $=1$ | $\times$ (12) |   |   |   |
|   |   |   |   | 1 | $=1$ | $\times$ (13) |   |   |   |

Um eine geschlossene Darstellung für die Anzahl der Ausführungen jeder einzelnen Anweisung zu erhalten, betrachtet man die Reihe der Anzahlen über alle Auszeichnungen. Am Beispiel der Anweisung (5) (Inkrement) lautet diese Reihe für $n=4$:

$\qquad$ 16 $\qquad$ (Auszeichnung für $k=1$),

$\qquad$ 12 $\qquad$ (Auszeichnung für $k=2$),

$\qquad$ 8 $\qquad$ (Auszeichnung für $k=3$),

$\qquad$ 4 $\qquad$ (Auszeichnung für $k=4$).

Die Formel $n\cdot(n-(k-1))$ produziert genau diese Reihe.

Insgesamt läßt sich zusammenfassen: Im Auszeichnungsschritt $k=1,..,n$ sind:

$\qquad 1+n+n\cdot(n-(k-1))$ $\qquad$ Inkrementanweisungen,

$\qquad 4+3\cdot(n-(k-1))^2$ $\qquad$ Zuweisungen und

$\qquad n+n\cdot(n-(k-1))+(n-(k-1))^2$ $\qquad$ Vergleiche auszuführen.

Verzichten wir im weiteren auf die Unterscheidung zwischen Zuweisung, Vergleich und Inkrement, so läßt sich die Anzahl der auszuführenden Schritte für ein Zuordnungsproblem der Größe $n$, wie nachfolgend ausgeführt, zu einer kurzen Formel aggregieren:

$$\sum_{k=0}^{n-1} \left(4+3(n-k)^2 \; + \; n+n(n-k)+(n-k)^2 \; + \; 1+n+n(n-k)\right)$$

$$= \sum_{k=0}^{n-1} \left(5+4(n-k)^2+2n+2n(n-k)\right)$$

$$= \sum_{k=0}^{n-1} 5+\sum_{k=0}^{n-1} 4(n-k)^2+\sum_{k=0}^{n-1} 2n+\sum_{k=0}^{n-1} 2n(n-k)$$

$$= 5n+4\sum_{k=1}^{n} k^2+2n^2+2n\sum_{k=1}^{n} k$$

$$= 5n+4\cdot\frac{n(n+1)(2n+1)}{6}+2n^2+2n\frac{n(n+1)}{2}$$

$$= 5n+\frac{4}{3}n^3+2n^2+\frac{2}{3}n+2n^2+n^3+n^2$$

$$= \frac{7}{3}n^3+5n^2+\frac{17}{3}n$$

Als Notation für die Laufzeitkomplexität von Algorithmen benutzen wir die *Landausche Ordnungssymbolik*. Die Landausche Ordnungssymbolik beschreibt das asymptotische Verhalten von Algorithmen, wobei konstante Faktoren vernachlässigt werden. Dies ist eine Möglichkeit, von konkreten Computern zu abstrahieren, die sich je nach Modell in ihren Details voneinander unterscheiden und entsprechend eine gleiche Aufgabe unterschiedlich schnell bearbeiten können, ohne daß der Unterschied durch verschieden gute Algorithmen verursacht ist.

Für das Listenbeispiel von vorhin kann damit die Laufzeitkomplexität als $O(n)$ angegeben werden.

Betrachten wir den zuvor vorgestellten Greedy-Algorithmus als weiteres Beispiel zur Landauschen Ordnungssymbolik: Der Zeitbedarf in Abhängigkeit von der Problemgröße $n$ ist $\frac{7}{3}n^3 + 5n^2 + \frac{17}{3}n$. Durch Ausklammern erhält man:

$$\frac{7}{3}n^3 + 5n^2 + \frac{17}{3}n = \frac{7}{3}n^3 \cdot \left(1 + \frac{15}{7n} + \frac{17}{7n^2}\right).$$

Das asymptotische Verhalten des Algorithmus wird durch die Grenzwertbetrachtung für $n$ gegen unendlich bestimmt. Der Inhalt der Klammer geht dann gegen 1. Insgesamt verhält sich der Ausdruck für $n \to \infty$ wie $\frac{7}{3}n^3$. Entsprechend kann die Laufzeitkomplexität für diesen Algorithmus mit $O(n^3)$ angegeben werden.

Tabelle 1.3.1 soll helfen, ein Gefühl für die Konsequenz von unterschiedlichen Laufzeitkomplexitäten zu bekommen. Dort werden vier verschiedene Algorithmen in ihrem Laufzeitverhalten verglichen, für die angenommen sei, daß sie durch $O(n)$, $O(\log n)$, $O(n^2)$ und $O(2^n)$ beschreibbar sind. Weiter sei angenommen, daß eine Operation 1 µsek (eine Mikrosekunde, also eine millionstel Sekunde) beansprucht. Als weitere Abkürzungen sind msek für Millisekunde (eine tausendstel Sekunde), sek für Sekunde, min für Minute, std für Stunde und Jahrhund. für Jahrhundert verwendet.

| Problemgröße $n$ | $\log n$ | $n$ | $n^2$ | $2^n$ |
|---|---|---|---|---|
| 10 | 3 µsek | 10 µsek | 100 µsek | 1 msek |
| 100 | 7 µsek | 100 µsek | 10 msek | $10^{14}$ Jahrhund. |
| 1.000 | 10 µsek | 1 msek | 1 sek | astronomisch |
| 10.000 | 13 µsek | 10 msek | 1,7 min | astronomisch |
| 100.000 | 17 µsek | 0,1 sek | 2,8 std | astronomisch |

***Tabelle 1.3.1:*** *Ausführungszeiten bei unterschiedlicher Problemgröße und unterschiedlicher Laufzeitkomplexität*

Ein Algorithmus, dessen Ausführungszeit $O(n)$ entspricht, ist in hohem Maße zufriedenstellend. Seine Laufzeit ist proportional zur Problemgröße $n$, in dem Beispiel mit der Namensliste der Länge der Liste. Grob läßt sich sagen: Verdoppelt sich die Problemgröße, so verdoppelt sich die Ausführungszeit des Algorithmus.

$O(\log n)$-Algorithmen haben einen Laufzeitzuwachs bei steigender Problemgröße, der unter dem linearen Laufzeitzuwachs liegt.

Algorithmen mit Laufzeitverhalten $O(n^2)$ oder allgemeiner $O(n^c)$ mit $c \in \mathbb{N}$ konstant benötigen polynomiale Zeit - also eine Laufzeit, die durch ein Polynom nach oben beschränkt ist - zur Ausführung. Dies gilt im allgemeinen als wünschenswert und erstrebenswert, da solche Algorithmen mit Blick auf Zeit- und Speicherplatzbeanspruchung oft noch als durchführbar gelten können.

Als in der Regel undurchführbar gelten $O(c^n)$-Algorithmen ($c \in \mathbb{N}$), also Algorithmen mit exponentiell wachsender Ausführungszeit bei linear wachsender Problemgröße. So ist ein Algorithmus, der der letzten Spalte in Tabelle 1.3.1 entspricht, bereits für eine Problemgröße von $n=100$ mit einer Ausführungszeit von $10^{14}$ Jahrhunderten nicht mehr durchführbar. Im weiteren Verlauf dieses Kapitels werden wir "Die Türme von Hanoi" als ein Beispiel mit der Problemgröße $n=64$ kennenlernen, welches recht simpel ist, jedoch für diese Problemgröße undurchführbar ist.

Indem man eine Aussage über das Laufzeitverhalten eines besten theoretisch möglichen Lösungsalgorithmus für ein spezielles Problem macht, ordnet man dieses Problem einer Komplexitätsklasse zu. Die Probleme, die deterministisch[2] in polynomialer Zeit berechenbar sind, bilden die **Klasse** P. Intuitiv scheint P gerade die Klasse der effizient lösbaren Probleme zu sein. Zwar muß nicht jedes Problem aus P tatsächlich effizient lösbar sein - ein Problem, für das der beste Algorithmus $n^{67}$ Schritte zur Lösung braucht, ist in P und trotzdem nicht effizient lösbar -. Die Praxis zeigt jedoch, daß viele Probleme aus P Lösungen in polynomialer Zeit von niedrigem Grad haben. Beispiele für Probleme aus P sind die Matrixmultiplikation, die Stringsuche in Texten, das Sortieren von Datenbeständen, die Berechnung von Kapitalwerten für Investitionsprojekte etc.

Eine Anzahl von Problemen scheint nicht in P zu liegen, besitzt aber effiziente nichtdeterministische Algorithmen zur Lösung. Diese Probleme fallen in die **Klasse** NP. Für sie scheint es keine Algorithmen zu geben, die deterministisch in polynomialer Zeit eine Lösung finden. Hat man jedoch eine Lösung, so ist diese deterministisch in polynomialer Zeit zu verifizieren. "Scheint" deshalb, weil bislang für kein Problem dieser Klasse ein Algorithmus gefunden werden konnte, der es deterministisch in

---

2)  Die Abfolge der Anweisungen ist durch den Algorithmus eindeutig festgelegt.

polynomialer Zeit löst. Allerdings ist es bis heute auch noch nicht gelungen, allgemeingültig zu beweisen, daß es für Probleme aus NP keinen Algorithmus geben kann, der diese Probleme in polynomialer Zeit löst. Aus dem Operations Research sind viele Aufgaben von praktischer Bedeutung bekannt, die der Klasse NP zuzurechnen sind, wie zum Beispiel das Problem des Handlungsreisenden[3], das Stundenplanproblem[4] oder das bin-packing Problem[5].

Wie zuvor bereits dargestellt, ist noch offen, ob es Probleme in NP gibt, die nicht in P liegen. Eine Idee, um diese Lücke zu schließen, ist, nach den "schwersten" Problemen in NP zu suchen. Damit seien solche Probleme bezeichnet, auf die man alle übrigen Probleme aus NP zurückführen (reduzieren) kann. Die Konsequenz wäre, daß man alle Probleme aus NP deterministisch in polynomialer Zeit lösen kann, wenn nur ein Algorithmus gefunden wird, der deterministisch eines dieser "schwersten" Probleme aus NP in polynomialer Zeit löst. Die Klasse dieser "schwersten" Probleme aus NP heißt **NP-vollständig**. Die oben aufgeführten Probleme aus der Klasse NP sind auch NP-vollständig. Aus der Vielzahl anderer NP-vollständiger Probleme soll hier aus historischen Gründen lediglich noch das Erfüllbarkeitsproblem genannt werden. Beim Erfüllbarkeitsproblem ist zu entscheiden, ob ein gegebener boolescher Ausdruck bestehend aus Variablen, Klammern, den logischen Operatoren $\wedge$ (und), $\vee$ (oder), $\neg$ (Negation) erfüllbar ist oder nicht. Von diesem Problem wurde als erstes gezeigt, daß es NP-vollständig ist.

Durch obige Ausführungen ist die Klassifikation von Problemen nach ihrer Komplexität nicht erschöpfend behandelt. Die Ausführungen sollten jedoch ausreichen, um den Bedarf an verschiedenartigen Lösungsstrategien zu motivieren. So ist es bei vielen Problemen aus der Klasse P möglich, eine optimale Lösung noch für vom Umfang her sehr große Probleme zu bestimmen. Demgegenüber gerät man bei Problemen aus NP sehr schnell an die Grenzen der Durchführbarkeit, so daß man Lösungen dieser Probleme nur durch den Verzicht auf die Optimalitätsgarantie erkaufen kann. Die Lösungen können dann zum Beispiel mittels Heuristiken ermittelt werden.

---

3) Bei gegebener Straßenkarte und gegebenen Kundenstandorten ist eine kürzeste Route gesucht, so daß der Handlungsreisende alle Kunden genau einmal besucht und schließlich wieder am Ausgangsort ankommt (siehe Kapitel 2.1.4 bzw. 4.2.3).

4) Gegeben sind ein Zeitraster, eine Liste von Fächern und eine Anzahl von Klassen, die in diesen unterrichtet werden sollen. Es ist der Stundenplan mit minimaler Anzahl Freistunden für alle Klassen gesucht.

5) Diverses Stückgut unterschiedlichen Gewichts soll so auf mehrere LKW verteilt werden, daß mit einer minimalen Anzahl LKW die Fracht transportiert wird.

Für manche Probleme ist es möglich zu zeigen, daß sie nicht mit polynomialem Zeitbedarf gelöst werden können. Beispiel hierfür ist eine Verallgemeinerung des Schachspiels auf ein $n\times n$-Schachbrett. Für dieses Problem ist bewiesen, daß die Lösung nur in exponentieller Zeit möglich ist. Für andere Probleme kann man Komplexitätsschranken angeben, wobei untere Schranken einen theoretisch nachweisbaren "Mindestaufwand", der zur Lösung zu erbringen ist, beschreiben, während obere Schranken durch die Laufzeitkomplexität eines besten bislang gefundenen Lösungsalgorithmus bestimmt sind.

### Effizienz

Effizienz kennzeichnet den sparsamen Umgang mit Ressourcen, insbesondere mit Laufzeit und Speicherplatz. Grundsätzlich kann man davon ausgehen, daß Algorithmen mit polynomialem Laufzeitverhalten ($O(n^c)$, $c\in\mathbb{N}$) eine höhere Laufzeiteffizienz besitzen als Algorithmen mit exponentiellem Laufzeitverhalten ($O(c^n)$, $c\in\mathbb{N}$) bei identischer Problemgröße $n$. Für "kleine" $n$ kann es jedoch durchaus sein, daß der $O(c^n)$-Algorithmus schneller ist als ein $O(n^c)$-Algorithmus für das gleiche Problem. Dies ist darauf zurückzuführen, daß Faktoren, die nach der Grenzwertbetrachtung dem $n$ anhaften, bei der Landauschen Symbolik vernachlässigt werden. Ein Algorithmus, der eine Laufzeit von $2^{0.000.001n}$ benötigt, ist sogar für Problemgrößen von $n=1.000.000$ noch durchführbar, obwohl es ein $O(c^n)$-Algorithmus ist. Demgegenüber ist ein $O(n^c)$-Algorithmus bereits für $n=2$ nicht durchführbar, falls $c=100$ oder größer ist.

## 1.4 Algorithmenentwurf

Mit Algorithmenentwurf bezeichnet man die Tätigkeit, einen Algorithmus zur Lösung eines vorgegebenen Problems zu entwickeln. Entsprechend dieser Definition ist eine gebräuchliche Strategie beim Algorithmusentwurf die *Top-Down* Vorgehensweise. Top steht für das vollständige Problem, welches iterativ - verglichen mit dem vollständigen Problem - so in einfachere Teilprobleme zerlegt (Down) wird, bis man zu überschaubaren Einheiten gelangt ist.

Beläßt man es bei einem auf diese Art gefundenen Algorithmus, so ist es wahrscheinlich, daß an mehreren Stellen ähnliche Teilprobleme entstanden sind, die man geschickterweise zu einem Teilproblem zusammenfassen sollte. Deshalb schließt man an die Top-Down Phase, die einer Verfeinerungsstrategie entspricht, eine *Bottom-Up* Phase an. Dabei geht man von den gefundenen Teilproblemen aus und versucht, mehrere solcher Teilprobleme, die untereinander ähnlich sind, zu einem gemeinsamen Teilproblem zusammenzuziehen.

Da für komplexe Probleme in der Regel eine Top-Down Phase gefolgt von einer Bottom-Up Phase nicht zur Entwicklung eines guten Algorithmus ausreicht, wiederholt man dieses Vorgehen mehrmals, bis man zu einem Algorithmus gekommen ist, der den Anforderungen genügt. Das wiederholte Wechseln zwischen Top-Down und Bottom-Up Vorgehen nennt man *Jojo* Strategie.

Die Vorgehensweise sei zum besseren Verständnis an einem kleinen Beispiel demonstriert. Das Problem sei, einen Algorithmus zu entwickeln, mit dem man gleichseitige Dreiecke und Quadrate mit Hilfe eines Plotters zeichnen kann. Der Plotter kann wie folgt gesteuert werden: Stift absenken, Stift anheben, Zeichenrichtung um x Grad drehen und Stift eine Maschineneinheit in Zeichenrichtung bewegen. Bei dieser Problemstellung bietet es sich an, das Zeichnen des Quadrats und das Zeichnen des gleichseitigen Dreiecks als jeweils ein Teilproblem aufzufassen. Das Zeichnen des Dreiecks hat als Teilprobleme das Zeichnen von drei Geraden in festgelegter Richtung und Länge. Die Bestimmung der Länge kann wiederum auf das Teilproblem der Umrechnung einer gewünschten Länge in eine entsprechende Anzahl Maschineneinheiten herabgebrochen werden. Analoge Teilprobleme ergeben sich, wenn man das Zeichnen des Quadrats auf kleinere Probleme zurückführt. Aus dem auf diese Art entstandenen Baum von Teilproblemen wird nun durch Anwendung der Bottom-Up Strategie ein allgemeinerer Graph. So unterscheidet sich die Umrechnung einer Länge auf Maschineneinheiten nicht, egal ob die Länge für eine Gerade als Teil eines Dreiecks oder eines Quadrats benutzt werden soll. Damit können die beiden zuvor separat abgeleiteten Teilprobleme durch ein einziges, welches in beiden Fällen benutzt wird, ersetzt werden. Ebenso verhält es sich mit dem Zeichnen einer Geraden und dem Drehen der Zeichenrichtung. Auch diese stellen identische Teilprobleme dar, die sowohl beim Zeichnen eines Dreiecks als auch beim Zeichnen eines Quadrats zu lösen sind. Schwieriger wird es auf der nächst höheren Problemebene, die von den Teilproblemen "zeichne Dreieck" und "zeichne Quadrat" gebildet wird. Bei genauerem Hinsehen entdeckt man, daß beide Teilprobleme durch "zeichne Polygon" gelöst werden können, wobei dieses allgemeinere Problem nur unwesentlich schwieriger ist als die beiden vorgenannten Teilprobleme. Das Problem Polygon muß neben der Information, wie groß die Seitenlänge sein soll, zusätzlich noch die Information erhalten, wie viele Ecken das Polygon besitzen soll. Der Algorithmus besteht dann nach einer Top-Down und einer Bottom-Up Phase aus den Teilproblemen "zeichne Polygon mit Seitenlänge x LE (Längeneinheiten) und y Ecken", "drehe Zeichenrichtung", "zeichne x cm lange Gerade" und "rechne x LE in z Maschineneinheiten um".

### 1.4.1 Modularität

Betrachtet man das vorige Beispiel, so ist man durch den Algorithmenentwurf zu einer Anzahl von Teilproblemen gekommen, die durch eine gewisse Allgemeinheit in ihrer Formulierung gekennzeichnet sind und die sich separat voneinander bearbeiten lassen. So kann "zeichne x cm lange Gerade" sowohl benutzt werden, um eine 5 cm lange Gerade zu zeichnen, als auch um eine 15 cm lange Gerade zu zeichnen. In dem Lösungsalgorithmus wird also ein allgemeiner "Teilalgorithmus", der von konkreten Ausprägungen der Länge x abstrahiert und das Teilproblem für jede beliebig gewählte, aber feste Länge x löst, benutzt. Einen solchen Teilalgorithmus nennt man *Prozedur, Subroutine, Unterprogramm* oder auch *Funktion.*

Damit solche Prozeduren allgemein verwendbar werden, müssen sie mit den jeweils problemspezifischen Daten versorgt werden, also einmal mit dem x=5, wenn die Gerade 5 cm lang sein soll, und einmal mit dem x=15, wenn die Gerade 15 cm lang sein soll. Die *Datenübergabe* erfolgt mittels Parameter. Wenn man eine Prozedur formuliert, so spezifiziert man neben ihrem Namen, über den sie später aufgerufen (im Sinne von benutzt) werden kann, sogenannte *Formalparameter.* Diese Formalparameter sind als Platzhalter für die Daten zu verstehen, die beim Aufruf einer solchen Prozedur erst mit einem Wert belegt werden. Der Wert wird aus dem aufrufenden Teil des gesamten Algorithmus über einen *Aktualparameter* der Prozedur mitgeteilt.

Bei der Parameterübergabe unterscheidet man die Übergabe *by value* von der Übergabe *by reference.* Im ersten Fall wird in der Prozedur der Formalparameter als eine Kopie des Aktualparameters angelegt, mit der innerhalb der Prozedur gearbeitet wird. Der Aktualparameter bleibt dann von Änderungen am Formalparameter unberührt. Im zweiten Fall wird die Adresse des Aktualparameters an die Prozedur übergeben, und über den Formalparameter wird auf dieselbe Speicherzelle zugegriffen wie über den Aktualparameter. Ändert man also den Wert des Formalparameters in der Prozedur, so ändert sich gleichzeitig in ebensolcher Weise der Wert des zugehörigen Aktualparameters.

*Beispiel:*

Die Prozedur **ZeichneGerade** als eigenständiger, allgemeiner Teilalgorithmus:

```
PROCEDURE ZeichneGerade (x_cm: INTEGER; VAR ok: BOOLEAN);
{... zeichnet eine Gerade von x_cm Länge ...    }
{ Implementation }
```

Die Benutzung der Prozedur durch Aufruf mit Parametern:

```
ZeichneGerade (5, Erfolg);
ZeichneGerade (x, Success);
```

Die Notation im Beispiel lehnt sich an Modula-2 an. ZeichneGerade ist der Name der Prozedur. Die Formalparameter, also die Platzhalter für konkrete Daten, sind x_cm und ok. x_cm ist vom Typ INTEGER, der ganze Zahlen bezeichnet, und ist by value an die Prozedur zu übergeben. Der Formalparameter ok ist vom Typ BOOLEAN, der die Wahrheitswerte TRUE und FALSE umfaßt, und wird by reference an die Prozedur übergeben, was durch das Schlüsselwort VAR bewirkt wird. Er dient im Beispiel dazu, dem aufrufenden Algorithmus mitzuteilen, ob die Prozedur ZeichneGerade erfolgreich ausgeführt werden konnte. Die geschweiften Klammern kennzeichnen Kommentare, die lediglich der besseren Lesbarkeit von Programmcode dienen.

Für die Benutzung der Prozedur ZeichneGerade sind zwei Beispiele gegeben. Im ersten ist der Wert 5 der Aktualparameter, der x_cm zugeordnet ist, und die Variable Erfolg ist als Aktualparameter dem Formalparameter ok zugeordnet. Die Prozedur würde dann Erfolg über ok den Wert TRUE zuweisen, wenn die Gerade der Länge 5 cm erfolgreich gezeichnet wurde. Im zweiten Beispiel wird die Belegung des Aktualparameters x als Wert an den Formalparameter x_cm übergeben. Analog zum Aktualparameter Erfolg wird der Aktualparameter Success behandelt.

Prozeduren, die inhaltlich sehr eng zusammengehören, faßt man in einzelnen *Moduln* zusammen. Ein Beispiel für einen *funktionalen Modul* ist eine Zusammenfassung von trigonometrischen Funktionen wie Sinus, Cosinus etc. Eine andere Art von Moduln bilden die *abstrakten Datentypmoduln*. In ihnen wird jeweils ein abstrakter Datentyp, wie beispielsweise eine Liste, definiert. Ferner stellt ein solcher Modul diesen Datentyp samt einer Möglichkeit zur Erzeugung von Objekten dieses Typs sowie Operationen zur Handhabung der Objekte und der Möglichkeit zum Löschen ebendieser Objekte anderen Moduln zur Nutzung zur Verfügung. Der Modul kapselt sozusagen alle Details in seinem Inneren. Für Nutzer eines solchen Moduls reicht es aus, seine Schnittstelle zu kennen und um die Funktionalität der exportierten Ressourcen zu wissen, die der Modul über diese zur Verfügung stellt. Das ist vergleichbar mit einem Telefon: Betrachtet man ein Telefon als Modul, so bilden Stecker, Tasten und Hörer die Schnittstelle, über die der "Modul" benutzt werden kann. Es wird dem Leser leicht fallen, das Telefon zu bedienen, selbst wenn er nicht weiß, wie der "Aktualparameter" Rufnummer, mit dem er die "Prozedur" wählen aufruft, intern verarbeitet wird. Die Verarbeitung des Parameters ist im Apparat Telefon gekapselt und ohne Belang für die Nutzung des Apparats gemäß seinem festgelegten Verwendungszweck. Das Prinzip der Informationskapselung bezeichnet man in der Informatik als *Information Hiding*. Die Gliederung eines Gesamtsystems in logische Einheiten, die in sich abgeschlossen sind, bezeichnet man als *Modularisierung*. Solche Moduln können dann über ihre Schnittstelle in ein Gesamtsystem eingebunden werden, wie ein Telefon, das durch einen Stecker ans Telefonnetz angeschlossen wird.

Um die Vorteile der Modularisierung voll ausschöpfen zu können, bedarf es eines sorgfältig durchgeführten Algorithmenentwurfs (bzw. Entwurf des Softwaresystems). Sind Moduln als sinnvolle logische Einheiten gebildet worden, so ermöglicht das die weitgehend *unabhängige Entwicklung einzelner Moduln* und ebenfalls das *Testen* dieser einzelnen Moduln. Dadurch, daß in Moduln logisch zusammengehörige Information gebündelt ist, erreicht man eine bessere *Wart- und Änderbarkeit* bei modularen Systemen. Ändert sich beispielsweise der Mehrwertsteuersatz, so ist in einem modularisierten Steuerprogramm dies an einer einzigen Stelle einzutragen, während im gegenteiligen Extrem jede Stelle im Programm/Algorithmus angefaßt werden müßte, an der ein Wert für den Mehrwertsteuersatz steht. Ein weiterer Vorteil modularer Systeme ist, daß sie eine gute *Erweiterbarkeit* besitzen. Oft ist es so, daß ein System zunächst nur für einige wenige Dinge genutzt wird, und so, wie es sich darin bewährt hat, möchte man zusätzliche Aufgaben durch das System erledigen, wozu es jedoch in der Regel einer Erweiterung bedarf.

### 1.4.2 Rekursion

Aus der Mathematik sind rekursiv definierte Funktionen bekannt. Eine der bekanntesten dieser Funktionen ist die *Fakultät-Funktion* (i.Z.: $n!=Fac(n)$). Sie ist definiert als:

$$n! = \begin{cases} n \cdot (n-1)! & \textit{für } n \in N,\ n \geq 2 \\ 1 & \textit{für } n = 1 \\ \textit{undefiniert} & \textit{sonst} \end{cases}$$

***Beispiel:***
$$\begin{aligned} 5! &= 5*(5-1)! \\ &= 5*4*(4-1)! \\ &= 5*4*3*(3-1)! \\ &= 5*4*3*2*(2-1)! \\ &= 5*4*3*2*1 \\ &= 120 \end{aligned}$$

Nähert man sich dem Begriff *rekursiv* über den Fremdwörterduden, so wird man dort die Definition "RE|KUR|SIV [*LAT.-NLAT.*]: 1. ZURÜCKGEHEND (BIS ZU BEKANNTEN WERTEN; MATH.). 2. REKURSIVITÄT ZEIGEND." finden. Das drückt die Idee von rekursiven Verfahren sehr knapp, aber doch treffend aus: Ein Problem wird gelöst, indem man es auf ein einfacheres Problem der gleichen Art zurückführt, bis man auf ein Problem trifft, welches so einfach ist, daß man eine Lösung dafür kennt. Wichtig ist, daß in jedem Rekursionsschritt eine solche Vereinfachung des Problems vorgenommen wird und somit sichergestellt ist, daß der Algorithmus terminiert. Im Beispiel der Fakultät-Funktion besteht die Vereinfachung darin, daß man die Berechnung von $n$! auf die Berechnung von $(n$-$1)$! zurückführt. Macht man dies wiederholt, so erreicht man schließlich den begrenzenden Fall mit 1!=1, und der rekursive Algorithmus terminiert.

Für obiges Beispiel ist es offensichtlich, wie man das Problem iterativ - also ohne Rekursion - lösen kann. Zwar kann jeder rekursive Algorithmus durch einen iterativen Algorithmus substituiert werden, doch ist es nicht für jedes Problem ebenso leicht, für einen rekursiven Algorithmus einen verständlichen und eleganten iterativen Algorithmus zu entwerfen. Ein Beispiel hierfür sind die "Türme von Hanoi". Der Legende nach hat sich ein buddhistischer Mönchsorden über viele Jahre diesem Problem gewidmet. Die Situation ist folgende: Es sind drei Stäbe gegeben. Auf einem dieser Stäbe befinden sich 64 Scheiben von je unterschiedlichem Radius mit einem Loch in der Mitte. Die Scheiben sind der Größe nach geordnet, wobei die kleinste Scheibe zuoberst liegt. Die Aufgabe besteht nun darin, alle Scheiben von diesem einen Stab zu einem zweiten Stab zu bewegen, wobei zusätzlich nur der dritte Stab als Zwischenablage benutzt werden darf. Erschwerend kommt hinzu, daß immer nur eine Scheibe pro Bewegung verlegt werden darf und daß nur kleinere auf größeren Scheiben liegen dürfen und nie umgekehrt.

Ein rekursiver Algorithmus, der das Problem sehr elegant löst und den Stapel von B nach C bewegt, kann so hergeleitet werden:

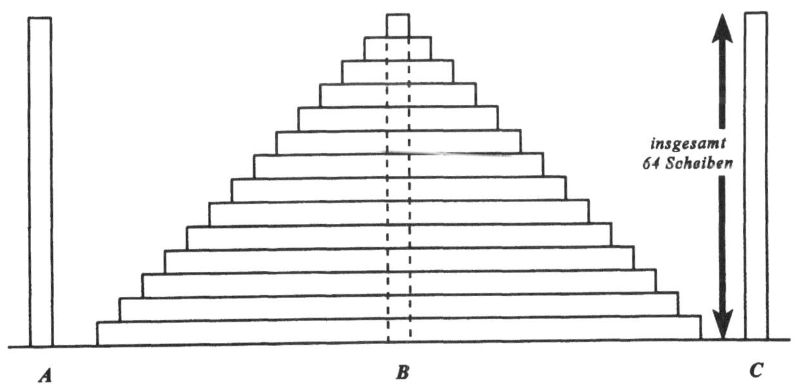


*Abb. 1.5: Türme von Hanoi*

1) Bewege die obersten 63 Scheiben von Stab B nach Stab A.
2) Bewege die verbliebene Scheibe von Stab B nach Stab C.
3) Bewege die 63 Scheiben von Stab A nach Stab C.

Betrachtet man diese Handlungsanleitung, so ist festzustellen, daß Schritt 2) zulässig ist, die Schritte 1) und 3) jedoch den Regeln entsprechend nicht in einer Übertragung möglich sind. Diese Schritte lassen sich aber als eine Folge von Schritten auffassen. Verglichen mit dem Ausgangsproblem 64 Scheiben zu bewegen, ist das Problem in 1) und 3) auf ein kleineres, nämlich 63 Scheiben von einem Stab zum nächsten zu übertragen, zurückgeführt worden. Ebenso kann man das Problem, 63 Scheiben zu übertragen, auf das Problem, 62 Scheiben zu übertragen, zurückführen. Setzt man diese Vorgehensweise fort, so hat man eine rekursive Problemlösungsstrategie entwickelt. Folgt man dieser Strategie, so ist gewährleistet, daß nie eine größere auf einer kleineren Scheibe liegt. Der Algorithmus **Bewege** löst das Problem rekursiv für $n \in \mathbb{N}$. **Bewege (Anzahl, von, nach, über)** bewegt die **Anzahl** obersten Scheiben von Stab **von** zu Stab **nach**, wobei Stab **über** als Zwischenablage dient. **Lege** beschreibt die unmittelbar ausführbare Übertragung der obersten Scheibe von Stab **von** zu Stab **nach**. Man beachte, daß bei den rekursiven Aufrufen des Unterprogramms **Bewege** die Parameter **Anzahl**, **von**, **nach** und **über** alle by value übergeben werden! Die Handlungsabfolge, die das Problem löst, ergibt sich schließlich als die durch das Unterprogramm **Bewege** erzeugte Folge der Anweisungen **Lege (von, nach)**.

<table>
<tr><td colspan="2">Bewege (Anzahl, von, nach, über)</td></tr>
<tr><td>wahr</td><td>n=1        falsch</td></tr>
<tr><td>Lege (von, nach)</td><td>Bewege (Anzahl-1, von, über, nach)<br>Lege (von, nach)<br>Bewege (Anzahl-1, über, nach, von)</td></tr>
</table>

Wie **Bewege (Anzahl, von, nach, über)** arbeitet, kann man sich an einem kleinen Beispiel veranschaulichen. Dabei seien 3 Scheiben von **A** nach **B** zu bewegen, und **C** sei Zwischenspeicher. Der Algorithmus wird mit **Bewege (3, A, B, C)** gestartet. Die Schritte, die der Algorithmus ausführt, sind unten aufgeführt, wobei jeder erneute rekursive Aufruf von **Bewege** durch eine zusätzliche Einrückung gekennzeichnet ist.

```
Bewege (3, A, B, C)
    Bewege (2, A, C, B)
        Bewege (1, A, B, C)
            Lege (A, B)
        Lege (A, C)
        Bewege (1, B, C, A)
```

<u>Lege (B, C)</u>
<u>Lege (A, B)</u>
Bewege (2, C, B, A)
Bewege (1, C, A, B)
<u>Lege (C, A)</u>
<u>Lege (C, B)</u>
Bewege (1, A, B, C)
<u>Lege (A, B)</u>

Nehmen Sie doch einmal drei verschieden große Münzen zur Hand, und spielen Sie das Beispiel damit durch. Vollzieht man das Beispiel nach, so fällt auf, daß man **Bewege** effizienter hätte gestalten können, wenn man den Fall, in dem zwei Scheiben zu übertragen sind, unmittelbar durch drei Lege-Anweisungen ausdrückt. Aus didaktischen Gründen ist hier jedoch auf diese effizientere Version verzichtet worden, da so rekursive Unterprogrammaufrufe einer größeren Tiefe an einem geschlossenen Beispiel demonstriert werden können. Der Leser mag zur Übung den Algorithmus in der angedeuteten Form modifizieren und für ein Beispiel mit 4 Scheiben testen.

Noch einige Gedanken zur Laufzeitkomplexität der Türme von Hanoi: Die Ausführung des Algorithmus mit **Anzahl**=64 führt zu zwei Ausführungen mit **Anzahl**=63, von denen wiederum jede zu zwei Ausführungen mit 62 Scheiben führt usw. Insgesamt erfordert die Übertragung aller 64 Scheiben $2^{64}$-1 Übertragungen von einzelnen Scheiben. Würde man für jede einzelne Scheibenbewegung 1 Sekunde benötigen und würde man keinen Fehler machen, so benötigte man ca. 600.000.000.000 Jahre, um die Aufgabe zu lösen.

Rekursive Problemlösungsstrategien funktionieren grundsätzlich wie an dem Beispiel "Türme von Hanoi" beschrieben. Besondere Bedeutung erlangen sie in Verbindung mit *rekursiven Datenstrukturen* (z.B. *Suchbäume*). So wird als eine wichtige Anwendung mit Bezug zur Optimierung später *"Branch-and-Bound"* besprochen, wobei die rekursive Auswertung eines Entscheidungsbaumes mittels *Backtracking* beschrieben wird.


**Literatur zu Kapitel 1**

Appelrath, H.-J.; Ludewig, J.: *Skriptum Informatik: eine konventionelle Einführung.* 3. Aufl., Teubner-Verlag, Stuttgart 1995.

Goldschlager, L.; Lister, A.: *Informatik - Eine moderne Einführung.* 3. bearb. und erw. Aufl., Hanser, München 1989.

Hopcroft, J. E.; Ullman, J. D.: *Einführung in die Automatentheorie, formale Sprachen und Komplexitätstheorie.* 3., korr. Aufl., Oldenbourg, München 1994.

Schaback, R.: *Grundlagen der Informatik - Für das Nebenfachstudium.* Vieweg, Wiesbaden 1988.

# 2 Modellierung von Wissen und Problemlösung
## - der Ansatz der Künstlichen Intelligenz

Die Künstliche Intelligenz (KI) hat sich in ihren frühen Phasen intensiv mit der "Modellierung von Problemen" und Problemlösungsstrategien beschäftigt. Aufgaben, die bei Spielen vorkommen (z.B. Schach), oder das Führen von mathematischen Beweisen waren der Ausgangspunkt dafür, "intelligente Fähigkeiten" von Menschen so nachzubilden, daß sie von Maschinen (Computern) ausführbar sind. Dies führte dazu, daß man erfolgreich "Problemlöser" für Spiele entwickelte und implementierte, daß man "Theorembeweiser" konstruierte und daß man schließlich versuchte, "Allgemeine Problemlöser" (General Problem Solver - GPS) zu entwickeln. Wenn auch diese letztgenannte Entwicklung nicht die erhofften Fortschritte brachte, ergaben sich jedoch wichtige Einsichten:

- Problemlösungsprozesse wurden gedanklich tiefgründig analysiert, und es entstanden nützliche allgemein anwendbare Techniken zur Problemanalyse und -lösung [Rich 1984, Helbig 1991].

- Die Entwicklung allgemeiner und spezieller Heuristiken als Problemlöser erlebte einen großen Aufschwung[1] [2].

- Es entstand die Einsicht, daß eher das Gegenteil der allgemeinen Problemlöser die erfolgversprechende Forschungsrichtung ist, d.h., das Abgrenzen spezieller Probleme und deren Lösung unter Verwendung der Expertise der jeweils besten Experten auf dem entsprechenden Gebiet schien der Ausweg aus dem Dilemma zu sein. Es entstand das Gebiet der Expertensysteme, in dem das Wissen von Experten auf einem bestimmten eng abgegrenzten Gebiet modelliert und dazu benutzt wurde, Schlußfolgerungen zu ziehen, die das entsprechende Problemlösungsverhalten menschlicher Experten imitierten. Als eines der ersten erfolgreichen derartigen Beispiele sei MYCIN genannt, ein Expertsystem zur Unterstützung bei der Diagnose bakteriologischer Erkrankungen.

- Jeglicher Fortschritt bei der Nachbildung menschlichen Problemlösungsverhaltens

---

1) Lenat, D.B.: *Heuristics: The Nature of Heuristics.* Artificial Intelligence, Vol. 19, No. 2, 1982.

2) Lenat, D.B.: *Theory Formation by Heuristic Search. The Nature of Heuristics II: Background and Examples.* Artificial Intelligence, Vol. 21, 1983.

(die Fähigkeit, Probleme zu lösen, gilt als wesentliches Charakteristikum von Intelligenz) hängt mit der Repräsentation und der Verarbeitung von Wissen zusammen. Mit anderen Worten, man erkannte früh, daß Intelligenz an Wissen gebunden ist. Doch auch Wissen läßt sich schwer definieren. Man kann jedoch relativ leicht Klassen von Wissen, z.B. Fakten, Regeln, Taxonomien (Hierarchien von Begriffen), definieren und diese mit geeigneten Formalismen repräsentieren. Wissensrepräsentationstechniken und Wissensverarbeitung sind grundlegende Techniken aus der Künstlichen Intelligenz, mit denen es gelingt, Probleme und Problemlösungsprozesse zu modellieren und danach mit Hilfe geeigneter Implementationen auf Computern anwendbar zu machen.

Im nachfolgenden Kapitel werden einige der wichtigsten Wissensrepräsentationsformen und Problemlösungsverfahren beschrieben und an elementaren Beispielen illustriert. Wir konzentrieren uns auf „Problemlösung im Zustandsraum", Wissensrepräsentation und -verarbeitung mit Hilfe von Logik und die Repräsentation von hierarchisch strukturiertem Wissen. Andere wichtige Gebiete wie Constraints und Semantische Netze [Helbig 1991] werden nicht behandelt. An einer Stelle gehen wir bis zur Implementierung in einer geeigneten Programmiersprache (PROLOG), während wir uns meist auf die Beschreibung der Konzepte beschränken (Suchstrategien, FRAMES).

## 2.1  Probleme und Problemlösung in der Künstlichen Intelligenz (KI)

### 2.1.1 Probleme und Problemlösung: Einführende Beispiele

In diesem Abschnitt wollen wir eine elementare Einführung in die Repräsentation und die Lösung von Problemen im "Zustandsraum" geben. Zur Illustration benutzen wir dabei einfache Beispiele aus der Welt der Spiele (Schiebefax, Ungarischer Würfel) bzw. das allgemein bekannte Wasser-Behälter-Problem [Appelrath, Ludewig 1995].

Ein Problem sollte zunächst so präzise wie möglich formuliert werden. Dies wirft bereits die Frage nach dem Niveau der Problembeschreibung auf. Auf dem *kognitiven Niveau* ist es erforderlich, das Problem in der unmittelbaren Anschauung unter Benutzung perzeptueller Eindrücke und von Begriffen aus der Umgangssprache zu beschreiben. Zum Beispiel könnte die Beschreibung des Ungarischen Würfels wie folgt beginnen:

*Es handelt sich um ein kubisches Gebilde aus 26 Einzelwürfeln, die sich schrittweise um 3 Raumachsen drehen lassen. ...*

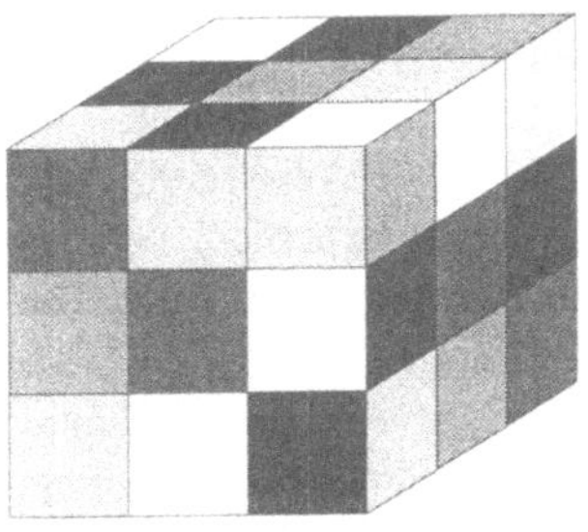

**Abb. 2.1**: *Ungarischer Würfel*

Das *mathematisch-formale Niveau* der Problembeschreibung bedeutet, daß das Problem mit Hilfe mathematischer Konzepte repräsentiert und beschrieben wird. Schiebefax kann z.B. mit Hilfe einer Matrix beschrieben werden. Matrixelemente sind in Zeilen und Spalten angeordnet. Verschiebeoperationen beschreiben die möglichen Bewegungen.

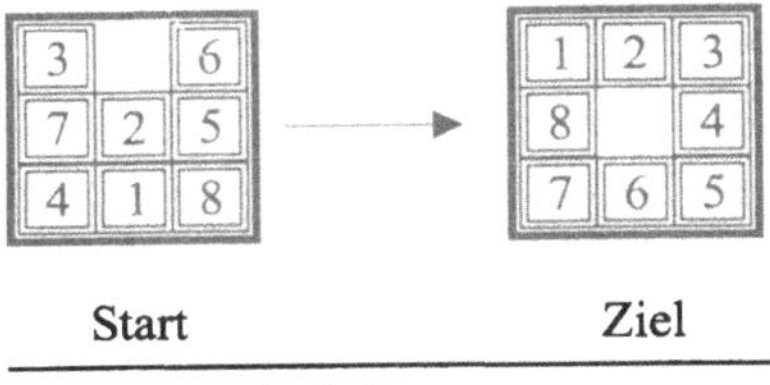

Start           Ziel

**Abb. 2.2**: *Schiebefax*

Beim Ungarischen Würfel ist die mathematische Beschreibung besonders nützlich, da sie zeigt, daß Problemzustände und erlaubte Operationen eine Drehgruppe bilden und damit eine gruppentheoretische Behandlung des Problems möglich wird.

Auf dem *Implementierungsniveau* geschieht eine Darstellung des Problems derart, daß die Lösung mit einer Programmiersprache unmittelbar möglich ist.

Beim Schiebefax würden sich für die Beschreibung der Problemzustände z.B. Arrays oder Listen anbieten:

ARRAY A[i,j]  $1 \leq i \leq 3, 1 \leq j \leq 3$      oder

Listendarstellung z.B. für einen Anfangszustand (Abb. 2.2)

(3 0 6) (7 2 5) (4 1 8)

Als Nachteil bemerkt man, daß die ursprünglichen geometrischen Eigenschaften des Problems bei der Listendarstellung verlorengehen.

Bei komplexen oder komplizierten Problemen gestaltet sich der Schritt vom kognitiven Niveau zum mathematisch-formalen Niveau der Problemdarstellung besonders schwierig. Der entsprechende Prozeß - mathematische Modellierung genannt - ist ein kreativer Prozeß, der Wissen über die Domäne, Problemlösungs- wissen und persönliches Wissen (Expertise) verlangt. Ähnlich ist es mit dem Übergang vom kognitiven Niveau zum Implementierungsniveau. Erfahrene "Informatiker" (gemeint sind Personen, die Probleme schnell erfassen, analysieren und in einer Programmiersprache formulieren können) sind in der Lage, das mathematisch-formale Niveau der Problemdarstellung zu überspringen. Das muß aber nicht immer günstig sein. Die Zwischenstufe - das mathematisch-formale Niveau - in der Kette von Problemdarstellungen erlaubt eine Analyse des mathe- matischen Modells, deren Ergebnisse die Repräsentation auf dem Implementierungs- niveau entscheidend beeinflussen, ja eine Implementierung sogar erst ermöglichen können.

Nachfolgend beschreiben wir die bereits oben erwähnten Begriffe "Zustand", "Zustandsraum", "erlaubte Operationen" am Beispiel des sogenannten Wasser- Behälter-Problems. Natürlich geht es uns in diesem Kapitel nicht darum, so triviale Probleme wie das Wasser-Behälter-Problem zu lösen. Dieses eignet sich aber hervorragend, um in die Konzepte der Problemlösung im Zustandsraum einzuführen.

### *Wasser-Behälter-Problem*

Kognitive Ebene der Problemdarstellung:

Es gibt zwei Wasserbehälter. Der größere Behälter hat ein Fassungsvermögen von 4 Liter Wasser, der kleinere von 3 Liter. An den Behältern gibt es keine Meß- markierungen. Man ist in der Lage, die Behälter (etwa mittels einer Pumpe) zu füllen. *Das Problem besteht darin, den 4 Liter Behälter mit genau 2 Liter Wasser zu füllen.*

Um den Zustandsraum zu definieren, stellen wir fest, daß ein geordnetes Paar natürlicher Zahlen geeignet ist, um den jeweiligen Zustand, in dem sich beide Behälter befinden, zu beschreiben.

Es ist    $(x, y)$    der aktuelle Zustand mit
$x$ : Liter Wasser im 4 Liter Behälter
$y$ : Liter Wasser im 3 Liter Behälter

Offensichtlich ist es ausreichend, für $x$ und $y$ Werte aus $x \in \{0, 1, 2, 3, 4\}$ und

$y \in \{0, 1, 2, 3\}$ zu betrachten. Demzufolge gibt es $5 \cdot 4 = 20$ verschiedene Zustände. Vier davon, nämlich (2,0), (2,1), (2,2), (2,3), entsprechen der geforderten Problemlösung. Bereits diese einfache Quantifizierung zeigt, daß das Problem präziser formuliert werden muß, etwa wie folgt:

*Gegeben ist ein Anfangszustand, sagen wir (0,0) (d.h. beide Behälter sind leer). Gesucht ist eine Folge erlaubter Operationen, so daß einer der Zielzustände (2,n) mit n = 0, 1, 2, 3 erreicht wird.*

Diese Formulierung wirft die Frage nach den erlaubten Operationen auf, die eigentlich schon bei der kognitiven Darstellung des Problems beantwortet werden müßte. Es ist aber typisch, daß erst mit der Quantifizierung des Problems ein Hinterfragen und damit eine Präzisierung der Problemformulierung erfolgt:

- Jeder Behälter kann gefüllt werden (mittels Pumpe).
- Aus jedem Behälter kann Wasser komplett ausgeschüttet werden.
- Man kann Wasser von einem Behälter in den jeweils anderen Behälter umfüllen.

Die letzte dieser Operationen wird nachfolgend noch präzisiert.
Wir können die erlaubten Operationen in Form von Regeln wie folgt formulieren:

$A \rightarrow B$        bedeutet: Wenn Zustand A gilt, dann wird Zustand B hergestellt.

| Nr. | Name | Beschreibung | Bedeutung |
|---|---|---|---|
| 1 | Füllen des 4 LB | $(x,y)$ mit: $x<4 \rightarrow (4,y)$ | Wenn der 4 LB nicht voll ist ($x<4$), kann er gefüllt werden ($x=4$). |
| 2 | Füllen des 3 LB | $(x,y)$ mit: $y<3 \rightarrow (x,3)$ | Wenn der 3 LB nicht voll ist ($y<3$), kann er gefüllt werden ($y=3$). |
| 3 | etwas aus 4 LB ablassen | $(x,y)$ mit: $x>0 \rightarrow (x-d,y), 0<d\leq x$ | Es kann "etwas", nämlich das Wasser, aus dem 4 LB bzw. 3 LB abgelassen werden. Diese Regeln |
| 4 | etwas aus 3 LB ablassen | $(x,y)$ mit: $y>0 \rightarrow (x,y-d), 0<d\leq y$ | machen aber nur bei $x=d$ oder $y=d$ Sinn, da man d nicht messen kann. |
| 5 | 4 LB komplett entleeren | $(x,y)$ mit: $x>0 \rightarrow (0,y)$ | Das "etwas" aus Regel 3 und 4 wird |
| 6 | 3 LB komplett entleeren | $(x,y)$ mit: $y>0 \rightarrow (x,0)$ | durch "alles" spezifiziert. |
| 7 | Auffüllen des 4 LB aus dem 3 LB | $(x,y)$ mit: $x+y\geq 4 \wedge y>0 \rightarrow (4,y-(4-x))$ | Insgesamt sind mindestens 4 Liter vorhanden. Dann kann der 4 LB durch Umschütten aufgefüllt werden. |
| 8 | Auffüllen des 3 LB aus dem 4 LB | $(x,y)$ mit: $x+y\geq 3 \wedge x>0 \rightarrow (x-(3-y),3)$ | Insgesamt sind mindestens 3 Liter vorhanden. Dann kann der 3 LB durch Umschütten aufgefüllt werden. |
| 9 | Umfüllen; alles von 3 LB in den 4 LB | $(x,y)$ mit: $x+y\leq 4 \wedge y>0 \rightarrow (x+y,0)$ | Beide Behälter enthalten insgesamt nicht mehr als 4 Liter. Dann wird beim Umfüllen der kleine Behälter leer. |
| 10 | Umfüllen; alles von 4 LB in den 3 LB | $(x,y)$ mit: $x+y\leq 3 \wedge x>0 \rightarrow (0,x+y)$ | Beide Behälter enthalten insgesamt nicht mehr als 3 Liter. Dann wird beim Umfüllen der große Behälter leer. |

*Tabelle 2.1: Erlaubte Operationen - Regeln - für das Wasser-Behälter-Problem*

Mit diesen Vorbereitungen können wir Problemlösung als "Suche im Zustandsraum" verstehen. Man beginnt im Anfangszustand und versucht, eine Folge von erlaubten Operationen derart auszuführen, daß man einen der Zielzustände erreicht.

In Abb. 2.3 wird der (in unserem Beispiel sehr kleine) Zustandsraum durch Punkte illustriert. Die Pfeile, die mit den Nummern der jeweiligen Regel belegt sind, geben an, in welchen Zustand man durch Anwendung der jeweiligen Regel (erlaubten Operation) aus dem entsprechenden Ausgangszustand gelangt.

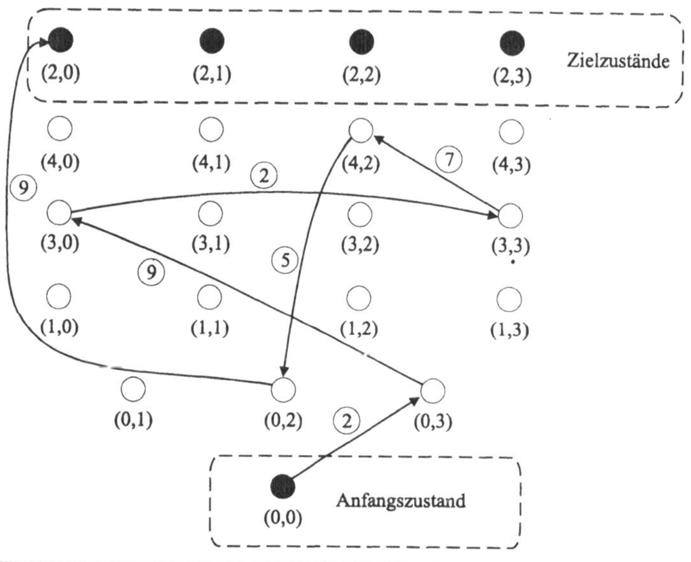


**Abb. 2.3**: *Veranschaulichung einer Problemlösung im Zustandsraum*

Die Problemlösung besteht demnach in der Anwendung der Operationen 2, 9, 2, 7, 5, 9 in der angegebenen Reihenfolge:

1) Anfangszustand (0,0):     Regel 2 ist anwendbar.
                             Der 3 LB wird gefüllt, und es entsteht der Zustand (0,3).
2) Ausgangszustand (0,3):    Jetzt ist Regel 9 anwendbar.
                             Durch Umfüllen in den 4 LB entsteht (3,0).
3) Ausgangszustand (3,0):    Auf diesen Zustand ist wieder Regel 2 anwendbar.
                             Der 3 LB wird gefüllt, und man erhält (3,3).
4) Ausgangszustand (3,3):    Insgesamt sind mehr als 4 Liter in den Behältern. Mit Regel 7 kann deshalb durch Umfüllen erreicht werden, daß der 4 LB gefüllt ist. Man erhält (4,2).

5,6) Ausgangszustand (4,2):  In dieser Situation sieht man (spätestens), daß durch zwei erlaubte Operationen einer der Zielzustände erreichbar ist. Mit Regel 5 entleert man den großen Behälter und füllt danach (Regel 9) den Inhalt des kleinen in den leeren großen Behälter. Damit entsteht Zielzustand (2,0).

Wie wir sehen, besteht die Problemlösung im Auffinden eines Weges im Zustandsraum vom Anfangs- zu einem Zielzustand. Wie findet man aber einen solchen Weg? Im obigen Beispiel steckte systematisches, zielbezogenes Probieren (das schließt Vorausdenken ein) dahinter. Man sieht aber auch, daß solches Probieren zu Zyklen und damit zu Endlosschleifen führen kann. Zum Beispiel führt die Folge 1, 8, 9, 5 von Operationen zu den Zuständen:

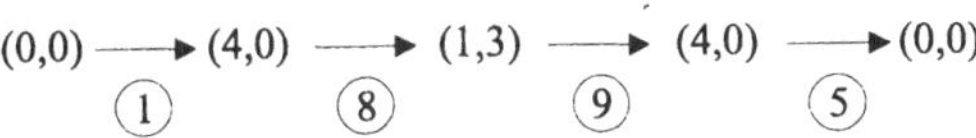


Ein Zyklus entsteht, wenn man in jedem der sich ergebenden Zustände wieder die gleiche Regel "wie vorher" anwendet. Andererseits zeigte schon unser obiges Beispiel, daß die anzuwendende Operation in einem bestimmten Zustand nicht eindeutig sein muß. Nehmen wir Zustand (1,3): Dann sind die Regeln 1, 5, 6, 7, 9 anwendbar (Regeln 3 und 4 werden nicht betrachtet, siehe Tab. 2.1). Die Frage ist also, welche der anwendbaren Regeln wendet man an. Das wirft die Frage nach der Suchstrategie (auch Kontrollstrategie) auf, nach der man sich im Zustandsraum bewegt. Eine solche Kontrollstrategie muß gewissen Anforderungen genügen, um erfolgreich zu sein. Sie sollte nur "kleine Teile" des im allgemeinen "riesigen" Zustandsraumes erforschen, um zu einem der Zielzustände (die man häufig nicht explizit angeben kann) zu gelangen.

Bevor wir uns mit derartigen Kontrollstrategien beschäftigen, wollen wir von unserem einführenden Beispiel abstrahieren und Probleme und Problemlösung im Zustandsraum allgemein definieren.

### 2.1.2 Formale Definition eines Problems im Zustandsraum

Abstrahierend von unserem einführenden Beispiel können wir einen groben Algorithmus zur Problemdefinition im Zustandsraum wie folgt (in der angegebenen Reihenfolge) formulieren:

1. Definiere einen Zustandsraum, der die möglichen Zustände derjenigen Objekte beschreibt, die im Kontext der Problembeschreibung von Bedeutung sind.

2. Spezifiziere einen oder mehrere Anfangszustände, d.h. derartige Zustände aus dem Zustandsraum, von denen ausgehend der Problemlösungsprozeß starten kann.

3. Spezifiziere einen oder mehrere Zielzustände, d.h. Zustände, die als Problemlösungen akzeptiert werden können. (Es kann sein, daß man diese Zielzustände nicht explizit spezifizieren, sondern nur implizit charakterisieren kann, z.B. Gewinnsituationen beim Schach.)

4. Spezifiziere eine Menge von Regeln, die die anwendbaren Operationen (auch Aktionen genannt) beschreiben.

Wie wir im Beispiel gesehen haben, verlangt der Schritt 4 die sorgfältige Klärung eventuell nicht formulierter Voraussetzungen in der kognitiven Problemdarstellung. Wie viele und welche Regeln man braucht, wie allgemein bzw. speziell diese sein sollten und wie komplex Regeln sein sollten, sind dann die wichtigsten Modellierungsentscheidungen, die den Problemlösungsaufwand wesentlich beeinflussen.

Hat man ein Modell des Problems mittels 1. bis 4. aufgebaut, kann man den Problemlösungsprozeß (kurz: "die Problemlösung") wie folgt definieren:

*Problemlösung ist die Benutzung einer Menge von Regeln und einer Kontrollstrategie, um sich derart im Zustandsraum zu bewegen, daß ein Weg von einem Anfangs- zu einem Zielzustand gefunden wird. Problemlösung in diesem Sinne ist ein "Suchprozeß im Zustandsraum".*

Die obigen auf Verständnis zielenden Definitionen können nunmehr auch formalisiert werden:

**Definition 2.1:** *(Problem)*

Ein *Problem* ist ein 4-Tupel $P = (Z, Z_A, Z_L, T_0)$ mit:

$Z$        Menge von Zuständen (der Zustands- oder Problemraum)

$Z_A \subseteq Z$    Menge der Anfangszustände

$Z_L \subseteq Z$    Menge der Zielzustände (Lösungsmenge)

$T_0$       Menge von anwendbaren Operationen (auch Transformationen, Aktionen bzw. Regeln genannt)

        mit: für alle $t_0 \in T_0$ gilt: $t_0$ ist eine Abbildung von $Z$ in $Z$.

**Definition 2.2:** *(Problemlösung)*

Eine Folge von Operationen $t_{0_1}, t_{0_2}, ..., t_{0_n}$ mit $t_{0_i} \in T_0$ und der Eigenschaft, daß die Hintereinanderausführung der $t_{0_i}$ einen Anfangszustand in einen Zielzustand überführt, heißt *Problemlösung*.

Es sei $z_0 \in Z_A$. Dann gilt, falls die Operationenfolge $t_{o_1}, t_{o_2}, ..., t_{o_n}$ eine Problemlösung ist:

$$t_{o_1}(z_0) = z_1, t_{o_2}(z_1) = z_2, ..., t_{o_n}(z_{n-1}) = z_n \in Z_L$$

Die zugehörige Folge der $z_i$, d.h. $z_0$, $z_1$, ..., $z_n$, heißt von $z_0$ ausgehender Lösungsweg.
Offen bleibt noch der Zusammenhang mit den z.B. im Wasser-Behälter-Problem
verwendeten Regeln.

Betrachten wir z.B. Regel 9:

   R9:   (x,y) mit: x+y≤4 ∧ y>0 → (x+y, 0)

Offensichtlich handelt es sich hierbei um eine Transformation $t_o \in T_o$. Denn:

Es sei z = (x,y)∈ Z. Dann gilt $t_0((x,y)) = (x+y,0)$, falls die Anwendungsbedingung:

x+y ≤ 4 ∧ y > 0   erfüllt ist.

Man schreibt deshalb, um das Wesentliche noch deutlicher zu machen, anstelle der
obigen Operation $t_0$ die sogenannte "Volle Operation" $t_o^*$ als:

$$t_o^* = (\ <\text{Muster M}>, <\text{Bedingung B}>, <\text{Operation } t_0> \ )$$

An erster Stelle in diesem Tripel steht das Muster M, d.h. die Struktur, die einen
beliebigen Zustand beschreibt. Nur auf ein solches Muster M ist die Operation
anwendbar. Dann folgt die Anwendungsbedingung, d.h. die Bedingung, die das
Muster erfüllen muß, damit die Operation angewendet werden kann. Letztlich folgt
die Beschreibung der Operation selbst.

In unserem Beispiel der Regel R9 gilt:

<Muster M>      = < (x,y) >
<Bedingung B>  = < x+y ≤ 4 ∧ y > 0 >
<Operation $t_0$>   = < $t_0((x,y)) = (x+y,0)$ >

Die "Volle Operation" ist also nichts anderes als eine Vervollständigung einer
Operation durch die Angabe des Musters M, auf die sie angewandt werden darf, und
der Bedingung B, unter der die Anwendung erlaubt ist.

***Definition 2.3:*** *(Produktionsregel)*
Eine Volle Operation $t_o^*$ mit:

   $t_o^*$ = (\ <Muster M>, <Bedingung B>, <Operation $t_0$> )

heißt *Produktionsregel* (oder kurz "Produktion" oder "Regel").

Nimmt man zur Zustandsmenge Z noch den leeren Zustand hinzu, der in der Künstlichen Intelligenz meist mit NIL bezeichnet wird, dann kann man die Anwendung einer Produktionsregel $t_0^*$ auf einen Zustand $z \in Z$ in drei Schritte zerlegen.

1. Testen, ob Muster M auf den Zustand z paßt (Pattern Matching). Wenn ja, heißt das, daß eine Belegung der Variablen des Musters mit Merkmalen des Problemzustandes möglich ist, und man geht zu Schritt 2, sonst setzt man $t_0^*(z) = $ NIL.
2. Überprüfung, ob B für die Werte der belegten Variablen des Musters erfüllt ist. Wenn ja, geht man zu Schritt 3, sonst setzt man $t_0^*(z) = $ NIL.
3. Man wende $t_0$ auf z an, d.h. $t_0^*(z) = t_0(z)$.

Die obigen abstrakten Definitionen sind wichtig, um auch die grundlegenden Arbeiten über Systeme von Produktionsregeln verstehen zu können.

Um die Mechanismen zu verstehen, die mit der Auswertung eines Systems von Produktionsregeln zusammenhängen, genügt aber auch die nachfolgend beschriebene vereinfachte Darstellungsweise eines Produktionssystems:

Wir bezeichnen:  A = ( <Muster M>, <Bedingung B>)
                 C = ( <Operation $t_0$> )

A steht für **Assumption**, also Voraussetzung, und C für **Conclusion**, Schlußfolgerung. Die Produktionsregel wird dann in der Form:

   A → C  (Wenn Voraussetzung A erfüllt ist, dann gilt C bzw. dann führe C aus) geschrieben.

In Abb. 2.4 wird die Architektur eines Systems aus Produktionsregeln anhand eines simplen Beispiels illustriert. Die Menge der Produktionsregeln wird in einem Block PR gespeichert. In der Datenbasis DB ist die Menge der aktuell bekannten Aussagen (z.B. Voraussetzungen, Schlußfolgerungen) aufgeschrieben. In unserem Beispiel enthält PR sechs Produktionsregeln. Die Datenbasis sagt aus, daß aktuell A1, A2, A4 und A5 zutreffen. Ein Regelinterpretierer, bestehend aus einem Erkennungs- und einem Aktionsteil, führt zunächst den Vergleich (Match) Datenbasis gegen Produktionsregeln aus. Als Ergebnis wird erkannt, daß die Regeln PR1, PR3, PR4, PR6 anwendbar sind, da sich ihre Voraussetzungen in der Datenbasis befinden. Diese Regeln bilden nun eine "Konflikt"-menge, da man sich im Konflikt befindet, welche Regel auszuwählen und anzuwenden ist (genau diesen Konflikt hat man auch im Wasser-Behälter-Problem, Abb. 2.3, zu lösen, wenn man die nächste Regel auswählt). In Abb. 2.4 wird der Konflikt durch Auswahl von Regel PR3 gelöst. Dann erfolgt die Aktion C3, bzw. die Schlußfolgerung C3 wird gezogen. Danach ist die Schlußfolgerung in Form der Aktualisierung der Datenbasis durchzuführen. So könnte C3 zum Beispiel darin bestehen, A2 aus der Datenbasis zu löschen und A3 hinzuzufügen.

Damit wird eine Iteration beendet. Im nächsten Schritt stehen in der Datenbasis:
A1, A3, A4, A5. Dann sieht man, daß außer PR1 alle Regeln zur neuen Konfliktmenge
gehören.

Abb. 2.4 zeigt, wie ein Produktionsregelsystem im Prinzip arbeitet. Die Darstellung
ist äquivalent mit den in den Definitionen 2.1, 2.2, 2.3 eingeführten abstrakten
Formulierungen, aber einfacher zu verstehen.

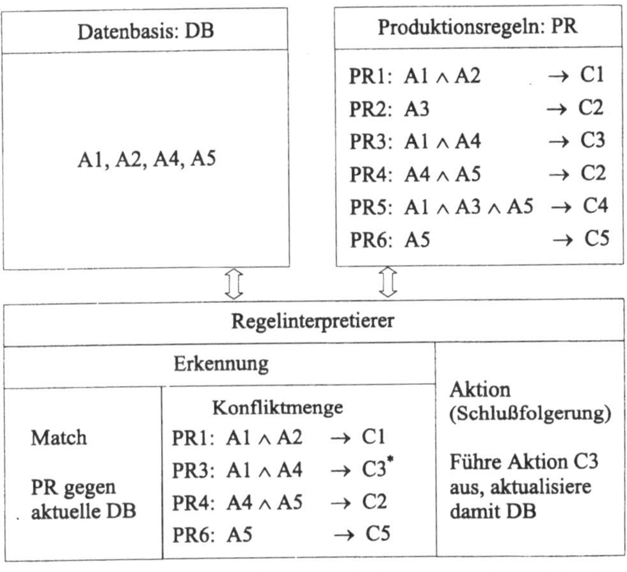

*Abb. 2.4: Architektur eines Produktionsregelsystems*

Offen bleibt die Frage nach der Konfliktauflösung, um in der Sprache von Abb. 2.4
zu sprechen, bzw. nach der Wahl der als nächste anzuwendenden Produktionsregel,
so daß man in einer endlichen Folge einen Zielzustand erreicht. Zur Beantwortung
dieser Frage betrachten wir nachfolgend zwei Kontrollstrategien, die im Prinzip
geeignet sind.

### 2.1.3 Grundsätze und Beispiele für Kontrollstrategien zur Problemlösung

Betrachten wir unser Beispiel des Wasser-Behälter-Problems, Abb. 2.3 und Tab. 2.1.
Angenommen wir befinden uns im Anfangszustand (0,0), d.h., beide Behälter seien

leer. Folgende Regeln (Regeln 3 und 4 werden grundsätzlich weggelassen) sind auf diesen Zustand anwendbar:

- Regel Nr. 1:	Füllen des 4 LB, Ergebnis: (4,0)
- Regel Nr. 2:	Füllen des 3 LB, Ergebnis: (0,3)

Im Zustand (4,0) sind folgende Regeln anwendbar:

- Regel Nr. 2:	Füllen des 3 LB, Ergebnis: (4,3)
- Regel Nr. 5:	4 LB komplett leeren, Ergebnis: (0,0)
- Regel Nr. 8:	Auffüllen des 3 LB aus dem 4 LB, Ergebnis: (1,3)

Wie man sieht, sind die benutzten Regeln in diesem Beispiel so konstruiert, daß sich der Zustand verändert, d.h. "Bewegung im Zustandsraum" entsteht. Allerdings gerät man ausgehend von (0,0) durch Anwendung von Regel Nr.1 und danach von Regel Nr. 5 in einen Zyklus:

$$(0,0) \longrightarrow (4,0) \longrightarrow (0,0)$$
$$\quad\quad\; ① \quad\quad\quad\quad ⑤$$

Eine Kontrollstrategie, die in der Hintereinanderschaltung von Regel Nr. 1 und Nr. 5 besteht, erzeugt also auch keine eigentliche Bewegung, sondern einen Zyklus.

Wir halten fest:

*Eine Kontrollstrategie sollte Bewegung erzeugen. Bewegung im Zustandsraum ist erforderlich, um die Problemlösung zu generieren.*

Eine Idee zur Konfliktlösung wäre, jeweils zufällig aus den anwendbaren Regeln auszuwählen. Angenommen, wir hätten gleichverteilte Zufallszahlen zur Verfügung. Dann könnte eine Kontrollstrategie wie folgt aussehen:

Schritt 1:	Anfangszustand (0,0)
		Regel Nr. 1 und Nr. 2 haben jeweils die Wahrscheinlichkeit 0,5. Man führe ein Zufallsexperiment aus und ermittle die anwendbare Regel. Führe die Regel aus und erhalte Folgezustand (x,y).
Schritt 2:	Anfangszustand (x,y)
		(Möglich sind mit Wahrscheinlichkeit von je 0,5: (4,0), (0,3))
		Ermittle die Regeln, die auf den Anfangszustand anwendbar sind. Dies seien $\alpha$ Regeln, $\alpha \geq 1$. Dann ist die Wahrscheinlichkeit für jede Regel, angewendet zu werden, gleich $1/\alpha$.
		Danach analog weiter wie im Schritt 1.

Diese Kontrollstrategie erzeugt Bewegung. Man durchläuft ein und denselben Zustand eventuell mehrfach, hat aber die Chance, Zyklen zu entkommen, und findet eventuell eine Problemlösung. Der Algorithmus durchläuft aber eventuell wesentlich mehr Schritte als erforderlich.

*Deshalb fordert man anstelle "zufallsbeeinflußter Kontrollstrategien", daß eine Kontrollstrategie systematisch sei.*

Wir geben nachfolgend zwei Beispiele für systematische Kontrollstrategien an:

- die Breite-zuerst-Suche     (Breadth-first-search)
- die Tiefe-zuerst-Suche     (Depth-first-search)

Für das Wasser-Behälter-Problem stellt sich die *Breite-zuerst-Suche* unter Benutzung der obigen Überlegungen wie folgt dar:

Man konstruiere ebenenweise einen Baum mit einem Wurzelknoten, der dem Anfangszustand entspricht. Zunächst werden (1. Ebene) alle Zweige (offsprings) der Wurzel erzeugt, indem man alle anwendbaren Regeln anwendet und die entstehenden Zustände als Knoten interpretiert. Nachdem die 1. Ebene komplett generiert ist, erzeugt man die zweite Ebene, indem jeder Knoten der Ebene 1 wie der Wurzelknoten des Baumes behandelt wird. In Abb. 2.5 sind die beiden ersten Ebenen des Problembaumes für das Wasser-Behälter-Problem generiert.

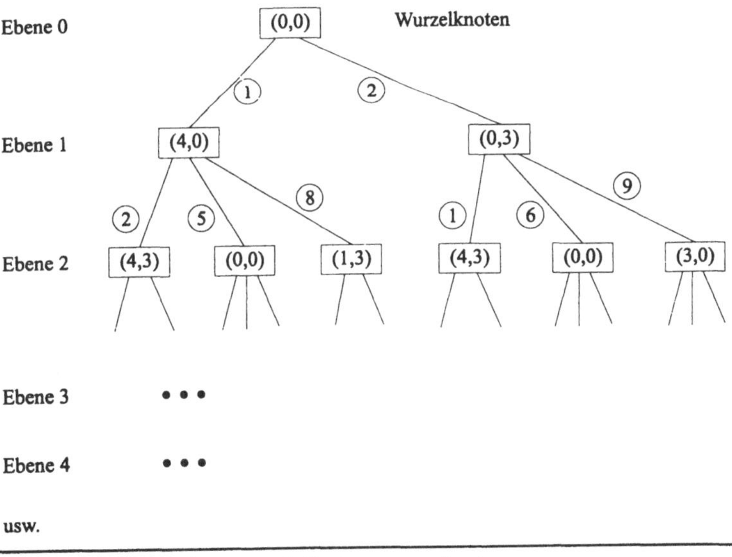


*Abb. 2.5: Problembaum nach Breite-zuerst-Suche*

Der Baum ist so weit in die Tiefe zu entwickeln, bis ein Zielzustand generiert ist. Dann findet man die Problemlösung durch Zurückverfolgen des Weges vom Zielzustand zum Wurzelknoten, wobei man die Nummern der Regeln an den Kanten finden kann.

Man sieht schon an diesem kleinen Beispiel mehrere der auftretenden Probleme:

- Knoten werden mehrfach in der gleichen Ebene generiert.
- Knoten vorhergehender Ebenen können reproduziert werden (Zyklen).
- Die Anzahl der zu erzeugenden Knoten in den einzelnen Ebenen wird gegebenenfalls sehr groß. Man kann erst dann zur nächsten Ebene übergehen, wenn die gerade betrachtete Ebene komplett generiert ist.

Deshalb ist Breadth-first-search bei Problemen mit großem Zustandraum meist nicht anwendbar. Wir können die Schritte des *Breite-zuerst-Suche Algorithmus* wie folgt aufschreiben:

Schritt 1:	Man wähle einen Anfangszustand als Wurzelknoten eines Problembaumes.

Schritt 2:	Man ermittle alle Regeln, die auf den Wurzelknoten anwendbar sind. Erzeuge alle Kanten (bewertet mit der Nummer der jeweiligen Regel) und alle Nachfolgeknoten. Diese Kanten beschreiben den Übergang vom Anfangszustand zu einem neuen Zustand durch Anwendung der jeweils betrachteten Regel. Der neue Zustand wird in einem Nachfolgeknoten beschrieben. Die Menge aller Nachfolgeknoten bildet die erste Ebene des Problembaumes.

Schritt 3:	Wenn alle Knoten der ersten Ebene generiert sind, wird eine zweite Ebene generiert, die jeden Knoten der Ebene 1 wie den Wurzelknoten behandelt (d.h. Schritt 1 und 2 werden auf jeden Knoten der Ebene 1 angewendet).

Man kann noch vereinbaren, daß Knoten einer Ebene j, $j < i$ , die in Ebene i erneut generiert werden, zu löschen sind. Der Algorithmus terminiert, wenn erstmalig ein Zielzustand generiert wird.

Die *Tiefe-zuerst-Suche* (*Depth-first-Search*) beginnt zunächst ebenfalls mit dem Wurzelknoten (Anfangszustand), versucht aber dann, zunächst einen Zweig des Baumes zu entwickeln, bis:

- entweder eine Lösung gefunden ist oder
- eine vordefinierte „Tiefe" (in Zahl der Ebenen) erreicht oder
- eine „Sackgasse" festgestellt wird.

Von einer Sackgasse sprechen wir, wenn es keine Regel gibt, die auf den generierten Zustand anwendbar ist oder wenn dieser Zustand bereits vorher generiert wurde (Entstehen eines Zyklus).

Hat man keine Lösung gefunden, geht man im bisher generierten Baum bis zu einem Knoten zurück, an dem noch alternative Entscheidungen möglich sind, wählt eine solche nach bestimmten Regeln aus und entwickelt wiederum in die Tiefe. Implizit ist damit bereits eine weitere Technik, das „backtracking" (Zurückverfolgen) angesprochen. Depth-first-Search macht aber in realen Problemen nur in Verbindung mit backtracking Sinn. Es gibt verschiedene Möglichkeiten, backtracking zu realisieren, die aber hier aus Umfangsgründen nicht behandelt werden können.
Nachfolgend geben wir als Beispiel einen Teilbaum für das Wasser-Behälter-Problem an, bei dem wir bis zur Tiefe 5 entwickeln. Angenommen, wir haben in dieser Reihenfolge die Regeln Nr.2, 9 und wiederum 2 gewählt. Dann erhalten wir Zustand (3,3) in der 3. Ebene.

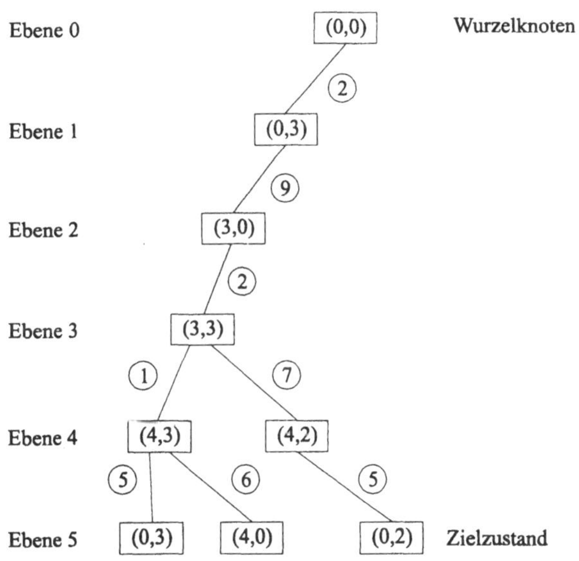


*Abb. 2.6*: *Problembaum nach Tiefe-zuerst-Suche mit backtracking*

Im Knoten (3,3) sind folgende Regeln anwendbar:

Nr. 1     Füllen des 4LB
Nr. 5     4LB komplett leeren
Nr. 6     3LB komplett leeren
Nr. 7     Auffüllen des 4LB aus dem 3LB

Nr. 1 wurde gewählt. Dann entsteht (4,3). Angenommen, es soll zunächst bis zur Tiefe 5 entwickelt werden. Dann stellen wir fest, daß Regel Nr. 5 und Regel Nr. 6 anwendbar sind. Wählen wir Nr. 5 aus, entsteht (0,3), also der Zustand, der in Ebene 1 bereits erreicht war (Sackgasse bzw. hier präziser Zyklus). Backtracking zum „nächsten" Knoten mit einer offenen alternativen Entscheidung führt über Knoten (4,3) und Regel Nr. 6 zu (4,0). Dieser Knoten entspricht keiner Lösung. Da die vorgegebene Tiefe 5 erreicht ist, muß ein backtracking zum Knoten (3,3) erfolgen. Dort sind die Entscheidungen „wähle Regel Nr. 5 oder Nr. 6 oder Nr. 7" noch offen. Wir wählen Regel Nr. 7 und erhalten (4,2). Anwendung von Regel Nr. 5 liefert einen Zielzustand: (0,2).

Das Protokoll dieser Entwicklung eines Teilbaumes zeigt, *was* wir getan haben. Wir haben in jedem Knoten die Menge aller anwendbaren Regeln generiert und aus diesen eine Regel ausgewählt. Wenn wir jedem Knoten die Nummern der anwendbaren Regeln etwa als Liste anheften und dann die ausgewählte Regel von dieser Liste streichen, bleibt mit jedem Knoten eine Liste der noch anwendbaren Regeln assoziiert. Diese Liste macht es möglich, das backtracking zu formalisieren.

Offen bleibt aber die Frage, *wie* in jedem Knoten eine anwendbare Regel ausgewählt wird. Hier helfen Heuristiken, wie z.B.:

- wähle zufällig aus (z.B. mit einer gleichverteilten Wahrscheinlichkeit),
- wähle lexikographisch aus (in der Reihenfolge der Numerierung der Regeln),
- benutze eine Strategie, die den durchzuführenden Schritt *bewertet* (lokale Bewertung).

In unserem obigen Beispiel könnten wir uns darauf einigen, daß die Auswahl zufällig erfolgt ist. Es fehlt uns bei diesem Problem eine lokale Schrittbewertung.


Die Tiefe-zuerst-Suche (mit backtracking) kann auf einer relativ schwach formalisierten Ebene wie folgt formuliert werden:

Schritt 1:     Man wähle einen Anfangszustand als Wurzelknoten eines Problembaumes. Setze  Aktueller Knoten = Wurzelknoten (Initialisierung).

Schritt 2:     Man ermittle alle Regeln, die auf den Aktuellen Knoten anwendbar sind und ordne diese Liste dem Knoten zu. Ist keine Regel anwendbar, ist die Liste leer. Falls die Liste nicht leer ist, erzeuge *eine* Kante (bewertet mit der Nummer der entsprechenden ausgewählten Regel) und *den* zugehörigen Nachfolgeknoten des Aktuellen Knotens. Streiche diese ausgewählte Regel aus der Liste des Aktuellen Knotens.

Schritt 3:    Falls der Nachfolgeknoten eine Lösung darstellt, beende die Suche (Erfolg). Falls der Nachfolgeknoten keine Sackgasse darstellt und eine vorgegebene Tiefe (des Baumes in Anzahl von Ebenen) nicht erreicht ist, setze Aktueller Knoten = Nachfolgeknoten und führe Schritt 2 aus. Sonst (Nachfolgeknoten ist keine Lösung, stellt eine Sackgasse dar, oder eine vorgegebene Tiefe ist erreicht) *führe backtracking zum nächsten Knoten durch*, dessen zugeordnete Liste nicht leer ist. Setze diesen Knoten gleich dem Aktuellen Knoten und führe Schritt 2 aus. Gibt es kein derartiges backtracking, beende Suche (Mißerfolg).

Der Begriff „Sackgasse" ist oben bereits erklärt. Sie entsteht, wenn die Liste leer ist oder ein bereits generierter Zustand (Knoten) erneut generiert wurde. Die Auswahl der Regel in Schritt 2, die den Nachfolgeknoten generiert, wird mittels Heuristiken (z.B. einfache Prioritäten, Zufallsauswahl) gesteuert. Es sei noch bemerkt, daß auch andere Formen des backtrackings als das oben benutzte sogenannte „chronologische backtracking" möglich sind.

Die Breite-zuerst- bzw. Tiefe-zuerst-Suche sind aber nicht an Problemlösungen im Zustandsraum gebunden, wie wir dies bisher eingeführt haben. Wir können alternativ auch Problembäume konstruieren, ohne explizit Zustandsräume einzuführen. Um dies zu demonstrieren, betrachten wir nachfolgend als zweites Beispiel das berühmte Problem des Handlungsreisenden (Travelling Salesman Problem - TSP).

### 2.1.4 Das Problem des Handlungsreisenden (Travelling Salesman Problem - TSP)

Ein Handlungsreisender plant eine Rundreise durch n Städte. Die Rundreise beginnt und endet in ein und derselben Stadt (z.B. im Wohnort des Handlungsreisenden). Jede andere Stadt ist genau einmal im Rahmen einer Rundreise zu besuchen. In welcher *Reihenfolge* sind die Städte zu besuchen, so daß die zurückgelegte Gesamtfahrstrecke minimal ist?

Bei der Formulierung des TSP sind (wie oft) wichtige Voraussetzungen
stillschweigend unterstellt:

- Es ist eine Entfernungsmatrix bekannt, in der zu jedem Paar von Städten eine
  Entfernung eingetragen ist.

- Die Entfernungsmatrix ist symmetrisch, d.h., die Entfernung von einer Stadt i zu
  einer Stadt j ist *gleich* der Entfernung von Stadt j zu Stadt i. Dies gilt für alle Paare
  von Städten i und j mit i≠j.

- Es gibt keine weiteren Restriktionen bei der Bildung der Rundreise.


Aufgrund der Symmetrie der Entfernungsmatrix nennt man dieses TSP auch
*Symmetrisches TSP*. Die „Entfernung" zwischen zwei Städten muß aber nicht dem
Euklidischen Abstand entsprechen. Es könnte beispielsweise auch die reale kürzeste
Entfernung in einem Straßennetz sein. Weiterhin kann man anstelle Entfernungen
auch „mittlere Fahrzeiten" oder „Kosten" betrachten. In der Realität ist die Symme-
trievoraussetzung häufig verletzt. So können aufgrund von Einbiegerestriktionen und
Einbahnstraßen unterschiedliche Entfernungen von i nach j bzw. j nach i entstehen.
Wenn man den Begriff „Stadt" aus unserer Ausgangsformulierung nicht so eng sieht,
sondern als „Ort" (z.B. ein Objekt innerhalb einer Stadt) versteht, wird dieser Fall
besonders deutlich. Es könnte auch sein, daß die Verbindung nur in einer Richtung
möglich, in der anderen dagegen nicht erlaubt ist. Wenn also die Entfernungsmatrix
nicht symmetrisch ist, haben wir es mit einem *Asymmetrischen TSP* zu tun (siehe auch
Abschnitt 4.2.3).

Es gibt noch weitere Modifikationen des TSP, die in der Praxis besonders wichtig
sind. So können für einige oder alle Städte „Zeitfenster" vorgegeben sein, in denen
der Besuch des Handlungsreisenden stattfinden muß. Die Gesamtlänge der Rundreise
kann beschränkt sein.

Auch in seiner Grundvariante ist das TSP leicht formulierbar, aber schwer zu lösen.
Im Gegensatz zum oben zur Illustration verwendeten Wasser-Behälter-Problem hat
es eine enorme praktische Bedeutung zur Reduzierung von Transportkosten in realen
Transport- und Verkehrssystemen, aber auch beim Mikroelektronik-Entwurf.
Zur Illustration benutzen wir das folgende symmetrische 5-Städte-Problem, dessen
Entfernungsmatrix wie folgt gegeben ist:

| von ╲ nach | Leipzig | Hamburg | München | Köln | Dresden |
|---|---|---|---|---|---|
| L  - Leipzig | - | 450 | 450 | 550 | 130 |
| H  - Hamburg | 450 | - | 900 | 500 | 600 |
| M  - München | 450 | 900 | - | 600 | 470 |
| K  - Köln | 550 | 500 | 600 | - | 700 |
| D  - Dresden | 130 | 600 | 470 | 700 | - |

**Tabelle 2.2**: *Entfernungsmatrix*

Die Striche „-" bedeuten eine „sehr große Entfernung", die bewirkt, daß man jede Stadt wieder verlassen *muß*.

Nehmen wir an, eine Rundreise soll in Leipzig beginnen und auch enden. Dann sind alle Reihenfolgen gesucht, die mit Leipzig beginnen, und das sind  - wie man leicht sieht -

$$4! = 1 \cdot 2 \cdot 3 \cdot 4 = 24.$$

Zur Lösung des Problems können wir die Breite-zuerst-Suche oder die Tiefe-zuerst-Suche anwenden, indem wir jeweils einen Baum konstruieren, der als Wurzel einen Knoten hat, den wir mit L bezeichnen (Start der Rundreise in der Stadt L-Leipzig). Danach bauen wir sukzessive Teiltouren auf, indem wir die jeweilige unmittelbar danach zu besuchende Stadt dem Symbol L anfügen. Jede Kante kann dann mit der jeweiligen Entfernung aus der Entfernungsmatrix belegt werden.

Die Breite-zuerst-Suche ergibt den Baum in Abb. 2.7. Der Übersicht halber wurde dabei nur ein Viertel des gesamten Baumes generiert, so daß man eigentlich nur von eingeschränkter Breite-zuerst-Suche sprechen kann. Für den Zielknoten Z, der nach L zurückführt, kann man durch Aufsummieren der Kantenbewertungen auf dem jeweiligen Weg vom Wurzel- zum Zielknoten die Gesamtlänge der Rundreise bestimmen. Hätten  wir die Breite-zuerst-Suche komplett durchgeführt, könnten wir dann die kürzeste Rundreise einfach auswählen.

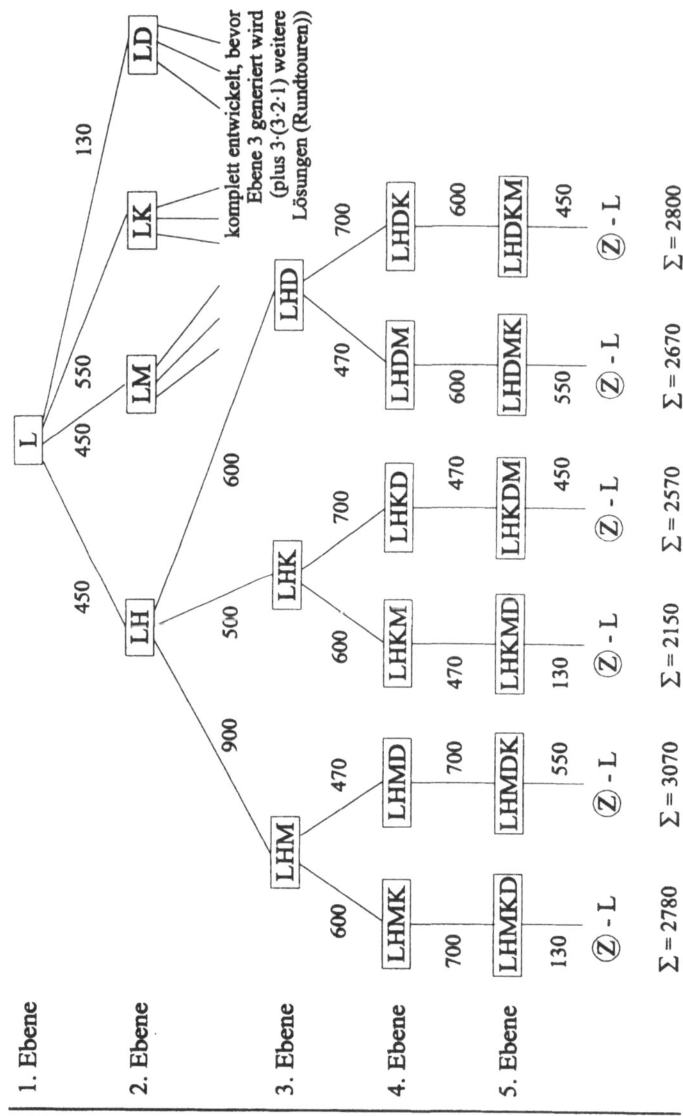


*Abb. 2.7: Eingeschränkte Breite-zuerst-Suche*

Andererseits sieht man leicht, daß die Breite-zuerst-Suche beim TSP nur für „kleine"
n machbar ist. Die Zahl der unterschiedlichen Rundreisen (Reihenfolgen) durch n
Städte, die in einer Stadt beginnen und enden, ist gleich (n-1)! .

$$(n-1)! = 1 \cdot 2 \cdot \ldots \cdot (n-1)$$

Für n = 5, 6, 7, 8, 9, 10, 20, 50, 100 ergeben sich:

| n | (n-1)! | | | n | (n-1)! (asymp. Formel) |
|---|---|---|---|---|---|
| 5 | 4! | = 24 | | 20 | 19! $\approx 1.216 \cdot 10^{17}$ |
| 6 | 5! | = 4!·5 = 120 | | | |
| 7 | 6! | = 120·6 = 720 | | 50 | 49! $\approx 6.083 \cdot 10^{62}$ |
| 8 | 7! | = 720·7 = 5040 | | | |
| 9 | 8! | = 5040·8 = 40320 | | 100 | 99! $\approx 9.333 \cdot 10^{155}$ |
| 10 | 9! | = 40320·9 = 362880 | | | |

**Tabelle 2.3**: *(n-1)! für ausgewählte n*

In Tab. 2.3 wurde zur Berechnung der Fakultät für n≥20 die folgende asymptotische
Formel verwendet:

$$n! \approx n^{n-\frac{1}{2}} \cdot e^{-n} \cdot \sqrt{2\pi} = \sqrt{\frac{2\pi}{n}} \cdot \left(\frac{n}{e}\right)^{n}$$

Für praktisch interessante Instanzen des TSP scheidet also die Breite-zuerst-Suche
aus, da die  Zahl der zu generierenden Lösungen schon bei n=15 beginnt, in
astronomische Größen zu wachsen.

Als Alternative bietet sich die Tiefe-zuerst-Suche an. Damit gelangt man immer zu
einer zulässigen Lösung, da aufgrund der Symmetrie und fehlender zusätzlicher
Restriktionen „Sackgassen" nicht auftreten können.

Andererseits erfordert die Tiefe-zuerst-Suche eine Auswahlregel. In unserem Fall
(wir haben keinen Zustandsraum und keine Produktionsregeln eingeführt) ist die
Frage, welche Stadt, ausgehend von einer beliebigen Stadt als erste, d.h. als un-
mittelbarer Nachfolger, besucht wird.

Eine allgemeine Heuristik ist die des „nächsten Nachbarn". Man bestimme in jeder
Stadt diejenige noch nicht besuchte Stadt mit der kürzesten Entfernung und nehme
diese Stadt als nächste Stadt in die Rundreise auf. Man nennt eine solche Heuristik
(Strategie) auch eine „greedy heuristic" (gierig), da man sozusagen lokal gesehen
gierig versucht, das „Beste" zu tun.

In unserem Beispiel ergibt die Depth-first-Search mit Greedy-Heuristik den folgenden
Entscheidungsbaum:

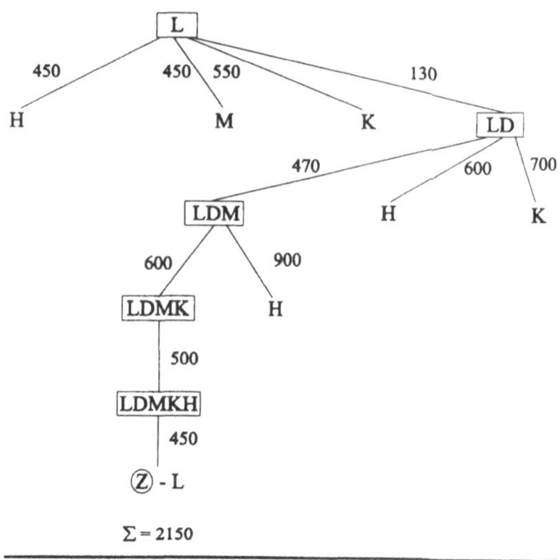


**Abb. 2.8**: *Depth-First-Search mit Greedy-Heuristik*

In Abb. 2.8 geben die Kanten und deren Bewertungen die jeweils möglichen
Nachfolge-Städte in der Rundtour an. Der ausgewählte Nachfolger (kürzeste
Entfernung) ist der jeweils angegebene Knoten einschließlich der Teiltour. Man sieht,
daß sehr schnell eine zulässige Rundtour generiert wird, in diesem Fall sogar eine
optimale Rundtour mit der minimalen Gesamtfahrstrecke von 2150 km. Natürlich
weiß man zunächst nicht, daß die gefundene Rundreise optimal ist. Außerdem wäre
es trügerisch zu hoffen, daß die Tiefe-zuerst-Suche mit Greedy-Heuristik *immer* eine
optimale Lösung findet. Wie im Leben ist es nicht immer optimal, gierig zu sein.

Zur Illustration betrachten wir ein leicht modifiziertes TSP. Wir fügen die Stadt
Hannover (HA) als sechste Stadt hinzu. Die Ergänzung der Entfernungsmatrix ist
natürlich erforderlich. Abb. 2.9 zeigt den Graphen der Städte und derjenigen
Verbindungen, die nach der Greedy-Heuristik von Leipzig ausgehend benutzt werden.
Man sieht leicht, daß eine Entfernung der Kanten K→L und M→HA und Einfügen
der zwei Kanten HA→L und M→K (man nennt so etwas einen 2-opt Austausch) zu
einer (580 km + 550 km) - (600 km + 350 km ) = -180 km kürzeren Rundreise führt.

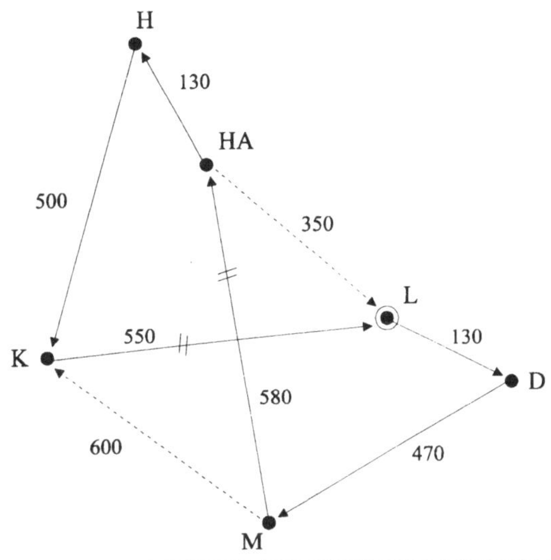


**Abb. 2.9**: *Greedy-Lösung und verbesserte Lösung*

Man sieht außerdem, daß die Symmetrie der Entfernungsmatrix wichtig ist, um nach dem Kantentausch wieder eine Rundreise zu bekommen.

Damit haben wir gezeigt, wie man mit Hilfe der Breite-zuerst- bzw. Tiefe-zuerst-Suche Entscheidungsbäume konstruieren kann, die im zweiten Fall auch für das TSP anwendbar sind und zu zulässigen Lösungen führen. Da wir jedoch Rundreisen stückweise aufgebaut haben, ist dieses Vorgehen nicht identisch mit der Problemlösung im Zustandsraum.

Nachdem wir aber eine zulässige Lösung in Form einer Permutation der Städte 1, 2, ..., n generiert haben, können wir eine derartige Permutation:

$$(i_1, i_2, i_3, ..., i_n, i_1) \text{ mit } i_j \in \{1, 2, ..., n\} \text{ und mit } i_k \neq i_r \text{ für } k \neq r$$

als *Zustand* bezeichnen. Es macht Sinn, die Anfangsstadt (=Endstadt) der Rundreise o.E.d.A. gleich der Stadt 1 zu setzen. Dann gilt: $i_1 = 1$.

Der Zustandsraum ist die Menge aller Permutationen, und die mittels der Tiefe-zuerst-Suche generierte Lösung $(1, i_2^*, ..., i_n^*, 1)$ stellt einen Anfangszustand dar. *Ein Zielzustand kann nicht explizit beschrieben werden*. Problemlösung im Zustandsraum bedeutet dann, Operationen auf einem gegebenen Zustand zu definieren, so daß ein neuer Zustand entsteht. Dies kann dadurch geschehen, daß man die Menge aller

„benachbarten Zustände" definiert und Operationen einführt, die diese erzeugen. Beispielsweise könnte die Nachbarschaft aus allen 2-opt-Schritten (siehe Beispiel oben) bestehen, die auf eine gegebene Rundreise (Zustand) anwendbar sind. Die Operation bestünde dann aus dem Entfernen zweier Kanten, dem Einfügen zweier anderer Kanten und der Vertauschung von Durchlaufrichtungen von Kanten. Die Details würden an dieser Stelle zu weit in die Tiefe gehen. Der interessierte Leser sei auf Literatur zu Verbesserungsheuristiken und Metaheuristiken verwiesen[3].

Wir greifen im Kapitel 4 das Asymmetrische TSP nochmals auf. Wir werden zeigen, daß eine andere Methode, die ebenfalls zu den Entscheidungsbaumverfahren gehört - die Methode Branch and Bound - entweder optimale Lösungen generiert oder, wenn man aus Laufzeitgründen den Algorithmus vorzeitig abbricht, eine Abschätzung zum Optimum liefert. Die Methode Branch and Bound benutzt Depth-first-Search als eine mögliche Variante innerhalb der Verzweigungsstrategie.

Problemlösung in der Künstlichen Intelligenz mittels Suche im Zustandsraum beschränkt sich natürlich nicht auf Basistechniken wie Breite- oder Tiefe-zuerst Suche. Eine wichtige Frage ist die nach der Benutzung von Problembäumen oder Problemgraphen. Berühmte, auf Suchheuristiken basierende Problemlöser wurden beispielsweise von Lenat publiziert. Der interessierte Leser sei in diesem Zusammenhang auf die in der Künstlichen Intelligenz populären $A^*$- bzw. $AO^*$-Algorithmen verwiesen, die für OR bzw. AND-OR-Problemlösungsbäume (siehe Abschnitt 2.3) entwickelt wurden.

## 2.2 Logikbasierte Wissensrepräsentation und Problemlösung

Die Idee, Aussagen- und Prädikatenlogik zur Repräsentation und Manipulation von Wissen zu benutzen, liegt eigentlich auf der Hand und wurde deshalb in der Künstlichen Intelligenz frühzeitig und mit großem Erfolg aufgegriffen. Dies hat vor allem zwei Gründe:

- Wissen aus prinzipiell allen Bereichen der Wirklichkeit ist mit Logik gut darstellbar.

- Die Logik stellt einen Formalismus zur Automatisierung des deduktiven Schließens bereit.

Damit gelingt die Herleitung von neuen Aussagen (neues Wissen) aus bekannten

---

3) Laporte, G.: *Recent Advances in Routing Algorithms.* Springer-Verlag, Berlin 1997.

Aussagen (vorhandenes Wissen) durch rein syntaktische Operationen mit Zeichenketten. Hierfür wurden die sogenannten Theorembeweiser entwickelt [Helbig 1991], die den substantiellen Kern vieler leistungsfähiger KI-basierter Systeme darstellen. Eine Behandlung der Logik und der Theorembeweiser würde den Rahmen dieses Buches völlig sprengen. Darüber hinaus verfolgen wir in diesem Abschnitt eine andere Zielstellung. Wissensrepräsentation mit Logik soll in Form einer Sprache erfolgen, die vom Computer verarbeitet werden kann. Dies leistet die Programmiersprache PROLOG (PROgramming in LOGic, [Giannesini et al., 1986]). PROLOG wurde in den 80er Jahren als eine der KI-Sprachen angesehen. Die Syntax der Sprache PROLOG ist aber von den in Aussagen- und Prädikatenlogik üblichen Formalisierungen verschieden. Auch deshalb verzichten wir hier auf eine Einführung in die Aussagen- und Prädikatenlogik und verweisen den interessierten Leser auf die einschlägige Lehrbuchliteratur zur Logik.

## 2.2.1 Grundbegriffe aus der Logik

Bevor wir in die Sprache PROLOG einführen und damit ein Software-Werkzeug für Wissensrepräsentation und -verarbeitung bereitstellen, sollen drei wichtige Grundbegriffe der Logik bereitgestellt werden, damit man die Verbindung zwischen Logik und PROLOG nachvollziehen kann.

1. *Individuenkonstanten und Variablen*
   Individuenkonstanten sind *Namen zur Bezeichnung von Objekten*, z.B.: Aachen, Stadt, Land, NRW, RWTH, Hochschule. Als Bezeichner (Symbole) benutzt man kleine lateinische Buchstaben vom Anfang des Alphabets: a, b, $c_1$, $c_2$, ... . Möchte man eine Variable einführen, die für Objekte aus einer bestimmten Menge steht, ohne daß man spezifiziert, um welches Objekt es sich handelt, dann benutzt man als Bezeichner einer solchen Variablen kleine lateinische Buchstaben vom Ende des Alphabets: x, y, $z_1$, $z_2$, ...
   Beispielsweise sei x eine Variable, die für die Objekte der Menge { Aachen, Köln, Düsseldorf} steht. Setzt man z.B. x = Aachen, dann spricht man von einer *Belegung der Variablen mit einem Wert.*

2. *Aussagen und Aussagenverbindungen*

> Deklarative Sätze, bei denen die Frage nach einem Wahrheitsgehalt sinnvoll ist, bezeichnet man als *Aussagen.*

Spezieller seien hier nur *zweiwertige Aussagen* betrachtet. Das sind Aussagen, bei denen die Frage nach dem Wahrheitsgehalt eindeutig entweder mit „wahr" (W) oder „falsch" (F) zu beantworten ist. Graduelle „Wahrheit" wird also nicht betrachtet.

Beispiele sind:

    Aachen ist eine Stadt.            (Wahre Aussage)

    Aachen ist die Hauptstadt von NRW.    (Falsche Aussage)

Anderseits bedeutet die Tatsache, daß die entsprechenden Aussagen entweder wahr oder falsch sind, nicht notwendig, daß man den Wahrheitswert kennt.

Als Bezeichner für Aussagen benutzt man große lateinische Buchstaben vom Anfang des Alphabets: A, B, $C_1$, $C_2$, ...

Aussagenverbindungen sind Aussagen, die durch Modifikationen bzw. Bindewörter (Verknüpfungen) entstehen.

Als Beispiele seien genannt:

    Aachen ist nicht Hauptstadt von NRW.

    Wenn Aachen eine Stadt in NRW ist und RWTH eine Hochschule in Aachen ist, dann ist RWTH eine Hochschule in NRW.

Die grundlegenden ein- bzw. zweistelligen Aussagenverbindungen sind:

| | | |
|---|---|---|
| **nicht** A | (Negation) | symbolisch: $\overline{A}$ bzw. $\neg A$ |
| A **und** B | (Konjunktion) | symbolisch: $A \wedge B$ |
| A **oder** B | (inklusives oder) | symbolisch: $A \vee B$ |
| **entweder** A **oder** B | (exklusives oder) | keine einheitliche Symbolik |
| **wenn** A, **so** B | (Implikation) | $A \rightarrow B$ |
| A **genau dann, wenn** B | (Äquivalenz) | $A \leftrightarrow B$ |

Diese elementaren Aussagenverbindungen nennt man auch extensional, weil der Wahrheitswert der entstehenden zusammengesetzten Aussage nur von den Wahrheitswerten der einzelnen Aussagen, *aber nicht von deren Sinn* abhängt. Allgemein sei bemerkt, daß beliebige zweiwertige Aussagen zur Verknüpfung zugelassen werden, ohne nach dem Sinn der Verknüpfungen zu fragen.

Zur Untersuchung des Wahrheitswertes der verknüpften Aussage in Abhängigkeit von den Wahrheitswerten der eingehenden Teilaussagen (Wahrheitsfunktionen) verweisen wir auf die Literatur zur Aussagenlogik.

3. *Prädikate*

Unter Prädikaten verstehen wir deklarative Sätze, in denen eine oder mehrere Variablen vorkommen und die die Eigenschaft haben, daß zweiwertige Aussagen entstehen, wenn man die Variable(n) durch (jeweils) einen Wert belegt.

Beispielsweise ist der deklarative Satz:

    „x ist eine Stadt",     wobei x eine Variable aus einer gegebenen Menge von Individuenkonstanten (dem Individuenbereich) ist,

ein einstelliges *Prädikat*.

Die aus dem Prädikat durch „Belegen" der Variablen mit Werten entstehenden Aussagen hängen natürlich ganz von der gewählten Menge ab.

Gilt z.B.    $x \in \{$ Aachen, Köln, NRW $\}$,
so entstehen die wahren Aussagen:

  „Aachen ist eine Stadt"

  „Köln ist eine Stadt"
und die falsche Aussage:

  „NRW ist eine Stadt"
Man schreibt in der Logik häufig kurz:

  $P(x) = $ „x ist eine Stadt" bzw.

  $P(x) = STADT(x)$,
wobei der Prädikatsname STADT der Variablen x vorangestellt wird.
Mehrstellige Prädikate   $P(x_1, x_2, ..., x_n)$, wobei die $x_i$ Variablen aus entsprechenden Individuenbereichen bezeichnen, sind ebenfalls weit verbreitet; z. B. beschreibt

  LAGER-STRATEGIE $(x_b, x_n, x) = $ „bei Lagerbestand $x_b$ und Nachfrage
  $x_n$ ergibt sich eine Bestellung x"

ein dreistelliges Prädikat. Für die Variablen $x_b$, $x_n$, x sind geeignete Mengen festzulegen.

Abschließend seien zwei spezielle Aussagen eingeführt, die man durch Quantifizierung mit Hilfe eines Prädikates generieren kann. Dabei steht P für ein einstelliges Prädikat, x bezeichnet eine Variable aus dem Individuenbereich X.

  $P_a = (\forall x)\, P(x)$     $(\forall$ - Universalquantor bzw. Allquantor, gelesen: für
  alle x gilt P(x))

ist eine zweiwertige Aussage, die genau dann wahr ist, wenn alle Aussagen $P(x_0)$, die durch die Belegung von x mit einem Wert $x_0$ aus X entstehen, wahre Aussagen sind.

Außerdem ist:

  $P_e = (\exists x)\, P(x)$     $(\exists$ - Existenzquantor, gelesen: es gibt mindestens ein x,
  so daß P(x) gilt)

die zweiwertige Aussage, die genau dann wahr ist, wenn mindestens eine der Aussagen $P(x_0)$, die durch die Belegung von x mit einem Wert $x_0$ aus X entsteht, eine wahre Aussage ist.

Aussagen, die durch Quantifizierung von Prädikaten in der oben angegebenen Weise entstehen, sind ein wichtiger Bestandteil des Wissens in der Mathematik und vielen anderen Wissenschaften bzw. Anwendungsdomänen.

### 2.2.2 PROLOG: Programmierung in Logik
### - eine elementare Einführung anhand eines Beispiels

PROLOG wurde schon 1972 in der von A. Colmerauer geleiteten „Groupe d´Intelligence Artificielle de Luminy" in Marseille entwickelt. Ab 1981 hat PROLOG durch umfangreiche Projekte innerhalb der Künstlichen Intelligenz eine große Popularität erlangt. PROLOG benutzt die Deklaration von Wissen in Form logischer Ausdrücke zur Repräsentation und Schlußfolgerung von Wissen aus einer bestimmten, eng umgrenzten Anwendungsdomäne. Wir verwenden nachfolgend das einführende, sehr illustrative Beispiel von F. Giannesini, H. Kanoui, R. Pasero, M. van Caneghem aus ihrem bekannten Buch PROLOG [Giannesini et al., 1986], um einerseits die Grundideen zu vermitteln und um andererseits die vielleicht vorhandene Scheu vor dem „Programmieren" zu verringern. Die Syntax ist nämlich sehr einfach zu verstehen. Programmieren in PROLOG heißt, Wissen zu deklarieren. Man muß also dem Computer nicht sagen, *wie* er etwas ausführen soll, sondern nur „welches Wissen verfügbar ist". Die Auswertungsmechanismen des Wissens sind dann in ihrer Gesamtheit der eigentliche Kern von PROLOG. Diese können hier nur angedeutet werden.

Wir betrachten als Beispiel die folgende Speisekarte als „kleine Datenbasis".

*„Speisekarte"*

*vorspeise(Champignoncremesuppe)→;*
*vorspeise(Räucherlachs-mit-Meerrettichsahne)→;*
*vorspeise(Krabbencocktail)→;*

*fleischgericht(Rehmedaillons-flambiert)→;*
*fleischgericht(Schweinefilet-in-Zitronenrahmsauce)→;*

*fischgericht(Kräuterforelle)→;*
*fischgericht(Scholle-Finkenwerder-Art)→;*

*dessert(Birne-Helene)→;*
*dessert(Erdbeeren-mit-Sahne)→;*
*dessert(Obstsalat)→;*

Dies ist bereits ein erstes kleines PROLOG-Programm.
PROLOG-Programme bestehen aus einer:
– Überschrift          (Textzeilen in Anführungszeichen eingeschlossen)
und einer:
– Menge von Regeln  (diese definieren Relationen, die gleichzeitig Objekte und
                                deren Klassifizierung beschreiben)

Der Regelkopf ist der Teil der Regel vor dem Zuordnungspfeil „→".

In unserem Beispiel ist die Überschrift „*Speisekarte*". Die Objekte sind verschiedene Gerichte, und die Regeln beschreiben eine Klassifizierung in Vorspeise, Fleisch- und Fischgericht oder Dessert. So bedeutet zum Beispiel:

*vorspeise(Krabbencocktail)→;*

daß Krabbencocktail eine Vorspeise ist. Man sieht auch leicht die Verbindung zum vorangegangenen Abschnitt über Logik. *Krabbencocktail* entspricht einer Individuenkonstanten zur Beschreibung eines Objektes. *vorspeise* hat die Bedeutung eines Prädikatsnamens, und *vorspeise(Krabbencocktail)* wäre in der Terminologie der Logik eine zweiwertige Aussage. Warum nennt man aber den Ausdruck *vorspeise(Krabbencocktail)* eine Regel? Diese Regel gehört zum *ersten Regeltyp*. Mit ihm drückt man einfache *Fakten*, d.h. wahre Aussagen, aus. Die Regel ist, wie wir später sehen werden, entartet. Sie besteht nur aus „Regelkopf" und Zuordnungspfeil. Nach dem Pfeil folgt aber keine Bedingung. Dies interpretieren wir so, daß die formulierte Aussage ohne weitere Vorbedingung gilt, d.h. wahr ist.

Was kann man mit diesem Programm tun?
Man kann z.B. prüfen, ob eine bestimmte Aussage zu den bekannten (d.h. in der Datenbasis formulierten) Fakten gehört. Eine solche Frage formuliert man wie folgt:

>*vorspeise(Krabbencocktai!);*       (Ist Krabbencocktail eine Vorspeise?)

Die Antwort des PROLOG Programmes ist „Ja", weil ein Suchprozeß das entsprechende Faktum findet. Dagegen wird die Frage

>*vorspeise(Eier-Spargel-Salat);*       (Ist Eier-Spargel-Salat eine Vorspeise?)

mit „Nein" beantwortet, da die Datenbasis diese Aussage nicht enthält. Die Antwort „Nein" bedeutet also nicht, daß „Eier-Spargel-Salat" keine Vorspeise ist, sondern lediglich, daß dieses Objekt nicht zu den PROLOG-bekannten Vorspeisen gehört (Closed-World-Assumption!).

Es würde viel Zeit kosten, jede denkbare Frage zu stellen, deshalb benutzt man Variable, um alle Objekte zu erfragen, die zu einer bestimmten Klasse von Objekten gehören:

Welche Objekte v sind Vorspeisen? (v:=Variable)

Diese Frage sieht in PROLOG-Syntax wie folgt aus:

>*vorspeise(v);*

Das Programm berechnet die Menge aller Vorspeisen und gibt sie wie folgt aus:

*{v=Champignoncremesuppe}*
*{v=Räucherlachs-mit-Meerrettichsahne}*
*{v=Krabbencocktail}*

Dabei wird deutlich, wie die Variable mit den entsprechenden Objekten aus der Datenbasis „belegt" wird.

Wir erweitern jetzt die Funktionalität unseres PROLOG-Programmes, indem wir einen zweiten Typ von Regeln hinzufügen. Diese Regeln haben nach dem Pfeil einen nicht-leeren Teil, den Regelrumpf.

Zum Beispiel können wir die Relation *hauptgericht* unter Benutzung einer Variablen h durch die beiden folgenden Regeln definieren:

*hauptgericht(h)→fleischgericht(h);*       (Interpretation: h ist ein Hauptgericht, wenn h ein Fleischgericht ist.)

*hauptgericht(h)→fischgericht(h);*         (Interpretation: h ist ein Hauptgericht, wenn h ein Fischgericht ist.)

Der Geltungsbereich der Variablen ist auf die jeweilige Regel beschränkt, in der sie vorkommt. Damit haben wir dem PROLOG-Programm Wissen hinzugefügt, welches es befähigt, Hauptgerichte zu identifizieren. Deshalb ist das durch die beiden Regeln ergänzte Programm in der Lage, die Frage „Welche Hauptgerichte gibt es?" zu beantworten. Syntax der Frage ist:

*>hauptgericht(h);*

Als Antwort wird ausgegeben:

*{h=Rehmedaillons-flambiert}*
*{h=Schweinefilet-in-Zitronenrahmsauce}*
*{h=Kräuterforelle}*
*{h=Scholle-Finkenwerder-Art}*

Noch interessanter wird das Programm, wenn man zusätzliches Wissen als Regeln formuliert (deklariert), welche mehrstellige Prädikate, die wir in PROLOG Relationen nennen, definieren. Zum Beispiel können wir die dreistellige Relation „menue" mit den Variablen v, h, d wie folgt durch eine Regel definieren:

*menue(v,h,d)→*
       *vorspeise(v)*
       *hauptgericht(h)*
       *dessert(d);*

Interpretation: Das Tripel v, h, d ist ein Menü (menue(v,h,d)), wenn v eine Vorspeise, h ein Hauptgericht und d ein Dessert ist.

Die Frage „Welche Menüs gibt es?" wird wie folgt gestellt:

>*menue(v,h,d);*

PROLOG gibt die Antwort in Form:

*{v=Champignoncremesuppe,h=Rehmedaillons-flambiert,d=Birne-Helene}*
*{v=Champignoncremesuppe,h=Rehmedaillons-flambiert,d=Erdbeeren-mit-Sahne}*

...

*{v=Champignoncremesuppe, h=Scholle-Finkenwerder-Art,d=Birne-Helene}*

...

*{v=Räucherlachs-mit-Meerrettichsahne,h=Rehmedaillons-flambiert,*
*d=Birne-Helene}*

...

usw.

D.h. alle 36 möglichen Kombinationen von Vorspeisen, Hauptgerichten und Desserts, die aus der Datenbasis ableitbar sind, werden aufgezählt.

Dieses Beispiel zeigt sehr schön, wie durch Hinzufügen von Wissen die Anfragen immer anspruchsvoller werden. Außerdem sieht man, daß das Wissen nur deklariert wird. Der Anwender muß sich keine Gedanken darüber machen, *wie* PROLOG durch geeignete Suchprozesse die entsprechenden Fragen beantwortet.

Nachfolgend untersuchen wir Fragen, die die Gültigkeit von *mehreren* Bedingungen gleichzeitig zum Inhalt haben. Beispielsweise könnte die folgende Anfrage von Interesse sein: „Welche Menüs haben als Hauptgericht ein Fischgericht?"
Die Frage formuliert man in PROLOG wie folgt:

>*menue(v,h,d)fischgericht(h);*

Man sieht, daß es darum geht, die Variablen v, h, d so zu belegen, daß beide Prädikate (Relationen) in wahre Aussagen überführt werden. PROLOG versucht die komplexe Frage wie folgt zu beantworten:
- Die Folge der Bedingungen wird von links nach rechts überprüft!
- Vor der Auswertung der ersten Relation haben die Variablen noch keine Werte.
- Im Verlauf der Überprüfung wird jeder Variablen genau ein Wert zugewiesen.
- Die Wertzuweisung einer Variablen gilt für *alle* Vorkommen dieser Variable in der Folge der Bedingungen.

In unserem Beispiel bedeutet das: Nach der Auswertung von *menue* haben v, h, d bestimmte Werte, z.B. *v=Champignoncremesuppe,*
$$h=Rehmedaillons\text{-}flambiert$$
$$d=Birne\text{-}Helene.$$
Die Variablen in einer Relation können je nach Aufruf mehrere Rollen spielen:

- Wenn alle Variablen bekannt, d.h. mit Werten belegt sind:
  Prüfe, ob die Relation erfüllt ist!
- Wenn einige der Variablen unbekannt, d.h. nicht mit Werten belegt sind:
  Berechnung der Menge der Werte, für die die Relation erfüllt ist.

Kommen wir zu unserem Beispiel zurück: Nach der Auswertung von *menue* hat z.B. h den Wert *h=Rehmedaillons-flambiert*. Es erfolgt der Übergang zum zweiten Teil der Frage (*fischgericht(h)*). PROLOG überprüft

   *fischgericht(Rehmedaillons-flambiert)*

Da diese Aussage nicht in der Datenbasis enthalten ist, scheitert der Aufruf, und PROLOG sucht eine andere Lösung, indem v, h, d neue Werte zugewiesen werden.

Es werden die insgesamt 18 möglichen Lösungen gefunden und ausgegeben:

*{v=Champignoncremesuppe,h=Kräuterforelle,d=Birne-Helene}*
*{v=Champignoncremesuppe,h=Kräuterforelle,d=Erdbeeren-mit-Sahne}*
...
*{v=Champignoncremesuppe,h=Scholle-Finkenwerder-Art,d=Birne-Helene}*
...
usw.

Der aufmerksame Leser wird bemerken, daß der zugrundeliegende Suchprozeß Ähnlichkeiten mit den Suchtechniken in Entscheidungsbäumen aufweist, die wir im vorigen Abschnitt behandelt haben.


**Erweiterung des Programms**

Mit den nachfolgenden Erweiterungen wollen wir zeigen, daß man mit PROLOG auch numerisch rechnen kann, und damit eine entscheidende Funktionalität für wirtschaftliche Anwendungen hinzufügen. Wir ergänzen unser bisheriges Programmbeispiel wie folgt:

*„Kalorien einer Portion"*

*kalorien(Champignoncremesuppe,250)→;*
*kalorien(Räucherlachs-mit-Meerrettichsahne,360)→;*
*kalorien(Krabbencocktail,220)→;*
*kalorien(Rehmedaillons-flambiert,270)→;*
*kalorien(Schweinefilet-in-Zitronenrahmsauce,750)→;*
*kalorien(Kräuterforelle,320)→;*
*kalorien(Scholle-Finkenwerder-Art,510)→;*
*kalorien(Birne-Helene,406)→;*

*kalorien(Erdbeeren-mit-Sahne,365)→;*
*kalorien(Obstsalat,210)→;*

Dabei bedeutet z.B.

*kalorien(Kräuterforelle,320)→;*

daß eine Portion Kräuterforelle 320 Kalorien enthält.

Mit diesen zweistelligen Relationen werden jeder einzelnen Speise Kalorienwerte pro Portion - also reelle Zahlen - als Bewertung zugeordnet.

Diese Erweiterung der Datenbasis erlaubt sofort, Anfragen der folgenden Art zu stellen: „Wie viele Kalorien haben die Vorspeisen?"

*>vorspeise(v)kalorien(v,k);*

Als Antwort wird ermittelt:

*{v=Champignoncremesuppe,k=250}*
*{v=Räucherlachs-mit-Meerrettichsahne,k=360}*
*{v=Krabbencocktail,k=220}*

Für jeden Wert von *v*, der die Relation *vorspeise(v)* erfüllt, weist das Programm der Variablen *k* die Zahl *n* zu, welche die Relation *kalorien(v,n)* erfüllt.
Das ist aber noch kein numerisches Rechnen im eigentlichen Sinn. Um dies einzuführen, definieren wir eine 4stellige Relation *wert* mit Hilfe der nachfolgenden Regel (Kalorienwert eines Menüs):

*wert(v,h,d,w)→   kalorien(v,x)*
*                 kalorien(h,y)*
*                 kalorien(d,z)*
*                 summe(x,y,z,w);*

Die Variable *w* ist die Summe der Kalorienwerte der einzelnen Gerichte des Menüs (die Summe von x, y und z ist w).

Um kalorienarme Menüs in der Datenbasis zu identifizieren, führen wir eine weitere Regel ein, die dem PROLOG-System sagt, was wir unter einem solchen Menü verstehen wollen (kalorienarmes Menü):

*kalorienarmes-menue(v,h,d)→   menue(v,h,d)*
*                              wert(v,h,d,w)*
*                              kleiner(w,800);*

Diese Regel fordert, daß ein kalorienarmes Menü ein Menü ist, einen Wert w besitzt und daß dieser Wert kleiner als 800 Kalorien ist. Das Hinzufügen dieser Regel macht es möglich, die folgende Anfrage zu stellen: „Welche kalorienarmen Menüs lassen sich aus der Speisekarte zusammenstellen?"

>kalorienarmes-menue(v,h,d)

Als Antwort gibt PROLOG aus:

*{v=Champignoncremesuppe,h=Rehmedaillons-flambiert,d=Obstsalat}*
*{v=Champignoncremesuppe,h=Kräuterforelle,d=Obstsalat}*
*{v=Krabbencocktail,h=Rehmedaillons-flambiert,d=Obstsalat}*
*{v=Krabbencocktail,h=Kräuterforelle,d=Obstsalat}*
usw.

Zusammenfassend geben wir das vollständige Programm an, welches wir oben schrittweise entwickelt haben.

Dabei werden unter „Verschiedenes" Systemprädikate zur Berechnung arithmetischer Ausdrücke (add, val, inf) verwendet, auf die wir hier nicht weiter eingehen wollen. Man sieht, daß Teilüberschriften beinahe beliebig eingefügt werden können, um die Transparenz des Programmes zu erhöhen.

### Vollständiges Programm

*„Speisekarte"*

*vorspeise(Champignoncremesuppe)→;*
*vorspeise(Räucherlachs-mit-Meerrettichsahne)→;*
*vorspeise(Krabbencocktail)→;*

*fleischgericht(Rehmedaillons-flambiert)→;*
*fleischgericht(Schweinefilet-in-Zitronenrahmsauce)→;*

*fischgericht(Kräuterforelle)→;*
*fischgericht(Scholle-Finkenwerder-Art)→;*

*dessert(Birne-Helene)→;*
*dessert(Erdbeeren-mit-Sahne)→;*
*dessert(Obstsalat)→;*

*„Hauptgericht"*

*hauptgericht(h)→fleischgericht(h);*
*haupgericht(h)→fischgericht(h);*

*„Komposition eines Menues"*

*menue(v,h,d)→*
> *vorspeise(v)*
> *haupgericht(h)*
> *dessert(d);*

*„Kalorien einer Portion"*

*kalorien(Champignoncremesuppe,250)→;*
*kalorien(Räucherlachs-mit-Meerrettichsahne,360)→;*
*kalorien(Krabbencocktail,220)→;*
*kalorien(Rehmedaillons-flambiert,270)→;*
*kalorien(Schweinefilet-in-Zitronenrahmsauce,750)→;*
*kalorien(Kräuterforelle,320)→;*
*kalorien(Scholle-Finkenwerder-Art,510)→;*
*kalorien(Birne-Helene,406)→;*
*kalorien(Erdbeeren-mit-Sahne,365)→;*
*kalorien(Obstsalat,210)→;*

*„Kalorienberechnung für ein Menue"*

*wert(v,h,d,w)→  kalorien(v,x)*
> *kalorien(h,y)*
> *kalorien(d,z)*
> *summe(x,y,z,w);*

*„Kalorienarmes Menue"*

*kalorienarmes-menue(v,h,d)→  menue(v,h,d)*
> *wert(v,h,d,w)*
> *kleiner(w,800);*

*„Verschiedenes"*

*summe(a,b,c,d)→val(add(a,add(b,c)),d);*
*kleiner(w,800)→val(inf(x,y),1);*

Natürlich kann man noch längst nicht perfekt in PROLOG programmieren, wenn man dieses Beispiel verstanden hat. Man hat aber in diesem Fall wesentliche Grundideen verstanden, die man benötigt, um in PROLOG Wissen deklarativ zu repräsentieren und auszuwerten. Die verwendete Syntax ist bei geeignetem Compiler bzw. Interpreter auf dem Computer ohne Veränderung ablauffähig. (Zu PROLOG Compilern,

Interpretern und zu verschiedenen Modifikationen der Syntax (Dialekten) verweisen wir auf [Giannesini et al., 1986].)

Es gibt zahlreiche ähnlich einfache Probleme wie das oben behandelte Speisekartenproblem, wie z.B. die Untersuchung von Verwandtschaftsstrukturen, die sich mit PROLOG sehr elegant behandeln lassen. PROLOG ist besonders bei Planungsproblemen (Ablaufplänen, Scheduling), für Konfigurationsaufgaben (z.B. beim Ingenieurentwurf) und bei Diagnoseverfahren geeignet und hat sich bewährt.

## 2.3 Modellierung und Verarbeitung hierarchisch strukturierten Wissens mit FRAMES

In diesem Abschnitt wollen wir eine weitere Klasse von Wissen behandeln, die in technischen und wirtschaftlichen Anwendungen eine große Bedeutung besitzt, die aber auch im allgemeinen in der Umgangssprache häufig anzutreffen ist. Gemeint ist Wissen in Form von speziellen Typen von Hierarchien, die uns als Spezialisierungshierarchien (Taxonomien, is-a-Hierarchien), als kompositionelle Hierarchien (part-of-Hierarchien) oder als eine Kombination von beiden entgegentreten.

Betrachten wir zunächst die Spezialisierungshierarchien. Ein Oberbegriff (allgemeinste Klasse) wird in Unterbegriffe (Spezialisierungen, Teilklassen) über mehrere Stufen spezialisiert, bis man den Spezialisierungsprozeß entweder mit noch nicht vollständig spezialisierten Objekten oder mit sogenannten Individuen (vollständig spezialisierte Objekte) abschließt. Zur Repräsentation derartiger Taxonomien eignen sich offenbar Bäume, bei denen der Wurzelknoten dem allgemeinsten Begriff entspricht, die Kanten einer Spezialisierungsrelation „is-a" („ist ein") entsprechen und die terminalen Knoten die am weitesten spezifizierten Objekte (Klassen oder Individuen) repräsentieren.

Die Abbildungen 2.10, 2.11 und 2.12 geben Beispiele derartiger Hierarchien aus unterschiedlichen Domänen an. Der Oberbegriff heißt jeweils OBJEKT. Keine der angegebenen Taxonomien erhebt den Anspruch auf Vollständigkeit bzw. komplette Übereinstimmung mit der Wirklichkeit. Nachdenken über diese Beispiele soll aber dazu anregen, die entsprechenden Taxonomien zu modifizieren, zu ergänzen bzw. auch anders aufzubauen.

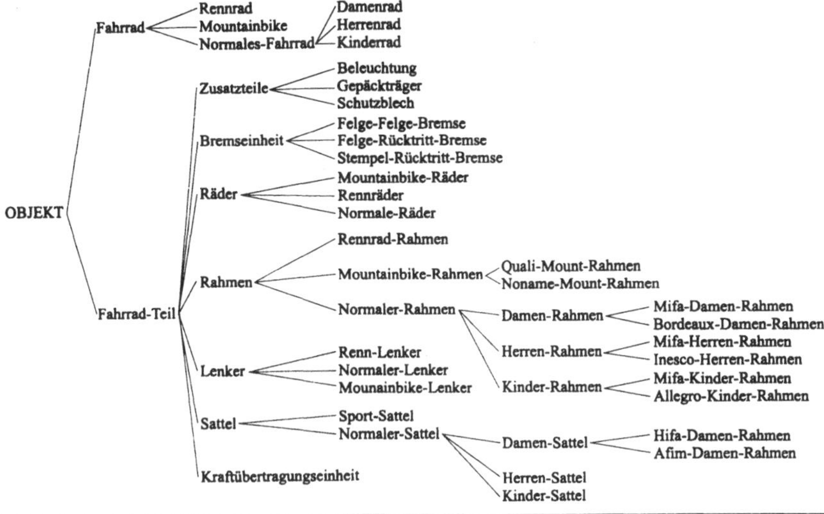

**Abb. 2.10:** *Eine Fahrrad-Hierarchie*

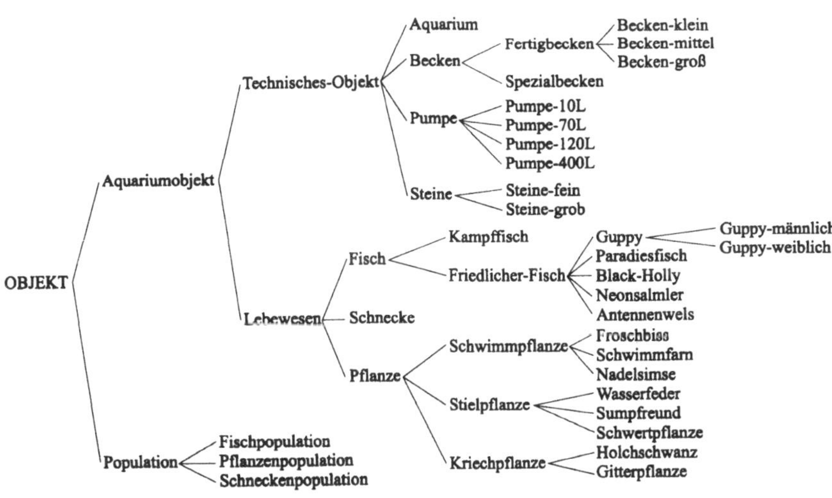

**Abb. 2.11:** *Hierarchisches Wissen zum Aquarium*

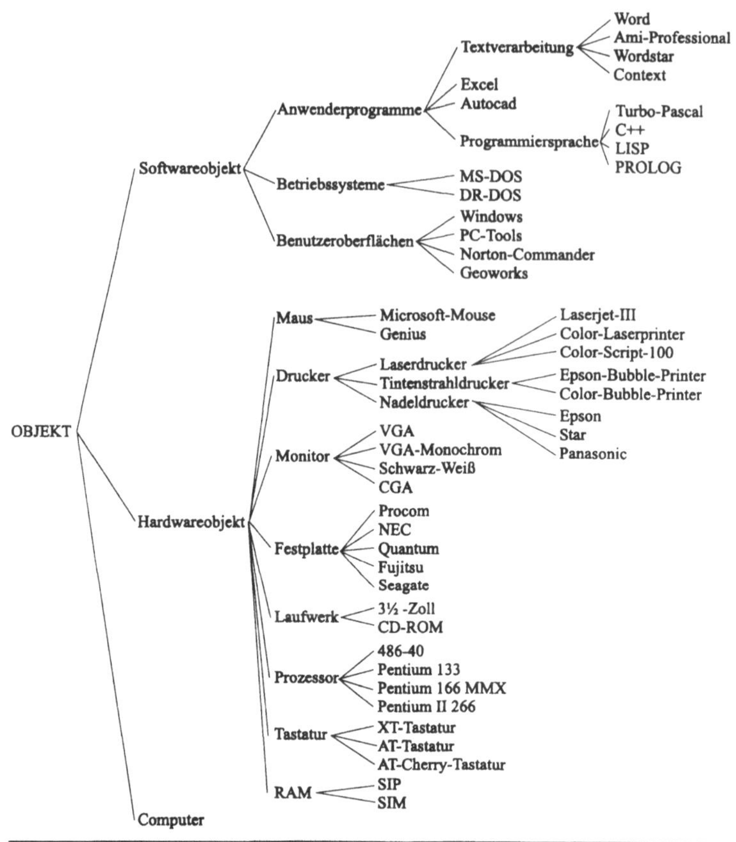



**Abb. 2.12**: *Hierarchisches Wissen über Computer*

Ein näheres Nachdenken über die Beispiele zeigt, daß es wünschenswert wäre, weiteres Wissen in Form einer Relation „has-parts", „part-of" („ist Bestandteil von") zu repräsentieren.

In Abb. 2.10 wird nur zum Ausdruck gebracht, daß ein Fahrrad ein Objekt ist und daß auch ein Fahrrad-Teil ein Objekt darstellt. Weiter werden Fahrradteile wie Rahmen, Räder usw. aufgezählt. Damit ist aber nicht modelliert, daß ein Fahrrad aus Fahrradteilen bestimmter Klassen besteht. Um dies zu modellieren, benutzen wir kompositionelle Hierarchien und stellen diese als sogenannte UND-Bäume dar (Abb. 2.13).

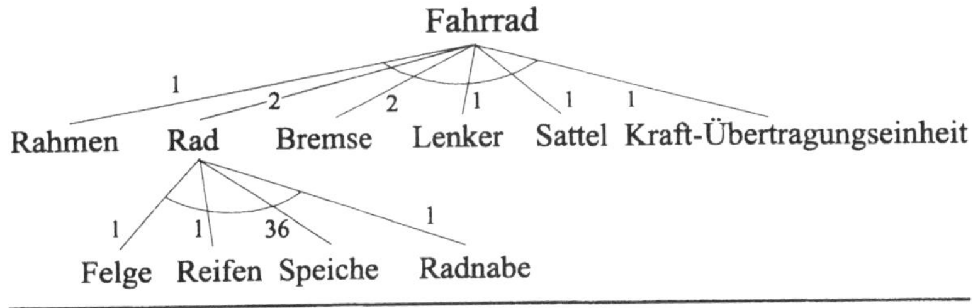

**Abb. 2.13**: *Eine kompositionelle Hierarchie zum Fahrrad*

Der Bogen, welcher die von einem Knoten ausgehenden Kanten verbindet, hat die Bedeutung des UND, d.h., alle Objekte, die durch Kanten mit dem UND-Knoten verbunden sind, sind Teile (parts) des entsprechenden Objektes. Die Zahlen an den Bögen stellen Anzahl-Spezifikationen dar. Ein Fahrrad besteht demnach aus einem Rahmen, 2 Rädern usw., während ein Rad aus einer Felge, einem Reifen, der Radnabe und 36 Speichen besteht (Abb. 2.13). Es liegt nahe, die „is-a" und die „has-parts" Relationen nicht in getrennten Bäumen zu repräsentieren, sondern *einen* Graphen zu verwenden, der sowohl UND-Knoten als auch ODER-Knoten („is-a") enthält. Betrachten wir dazu das nachfolgende Beispiel.

In Abb. 2.14 haben wir das Kabinenlayout eines Verkehrsflugzeuges angegeben. Die relevanten Objekte (Konstruktionsobjekt genannt) sind Passagierkabine, Klasse, Einrichtungsgegenstand und deren weitere Spezialisierungen.

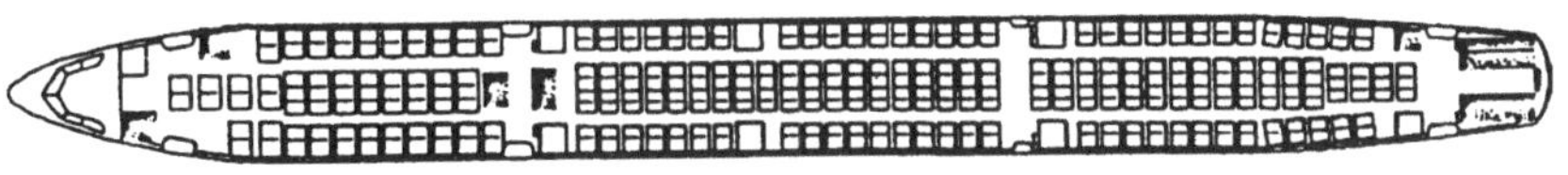

**Abb. 2.14**: *Vollständiges Layout einer Passagierkabine eines Verkehrsflugzeuges*

Abb. 2.15 zeigt die Wissensrepräsentation für das Kabinenlayout, wobei „is-a" und „has-parts" Relationen in einem Graphen dargestellt wurden. Im Gegensatz zu den obigen Beispielen werden gerichtete Kanten (Pfeile) benutzt, um die Richtung der Relation eindeutig darzustellen. Weiter werden die „has-parts" Kanten mit Intervallen natürlicher Zahlen belegt, um Anzahl-Spezifikationen vorzunehmen. Dadurch werden die Ausdrucksmöglichkeiten wesentlich erhöht.

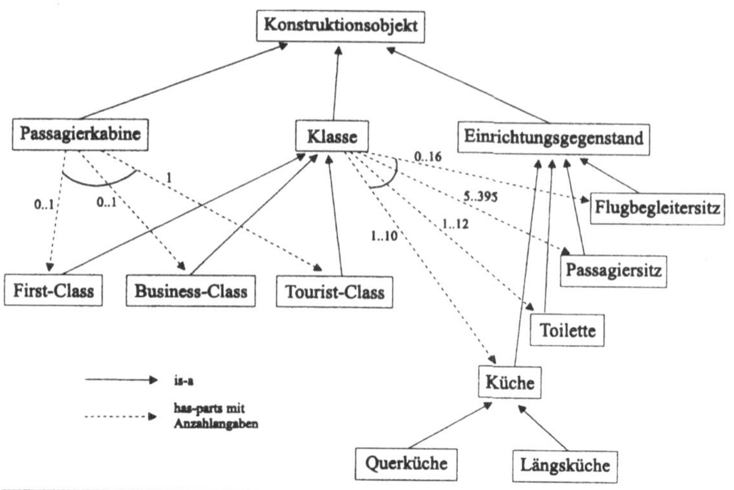



***Abb. 2.15****: Ausschnitt aus der Begriffshierarchie für das Kabinenlayout eines Verkehrsflugzeuges*

Beispielsweise beschreiben:

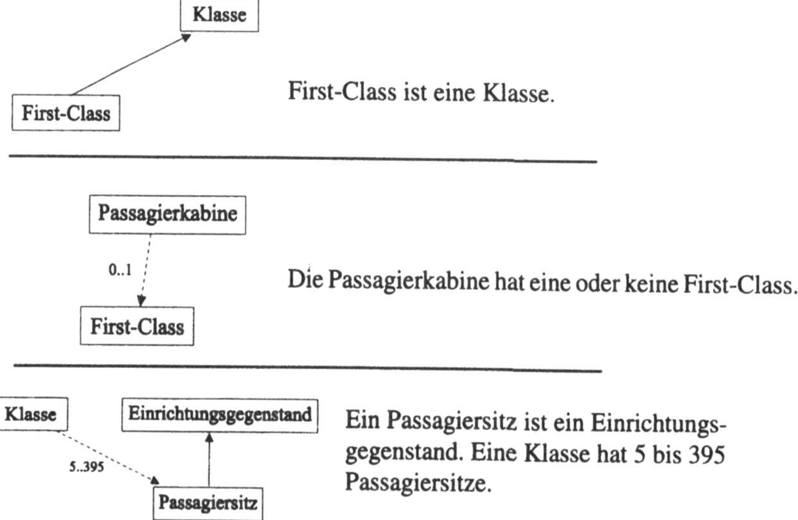



First-Class ist eine Klasse.

Die Passagierkabine hat eine oder keine First-Class.

Ein Passagiersitz ist ein Einrichtungsgegenstand. Eine Klasse hat 5 bis 395 Passagiersitze.

Es ist offensichtlich, daß die hier betrachtete Stufe der Modellierung darin besteht, die relevanten Objekte zunächst in Form von Begriffen zu beschreiben und danach die Relationen mittels graphentheoretischer Mittel (wie oben) abzubilden.
Damit ist die Modellierung des Wissens über eine Passagierkabine auf der begrifflichen Ebene abgeschlossen. In der Praxis schließt sich eine Beschreibung der Eigenschaften der betrachteten Objekte an.

In Abb. 2.13 und 2.15 haben wir in verschiedener Weise Hierarchien dargestellt, die sowohl UND- als auch ODER-Knoten enthalten. Nachfolgend wollen wir anhand eines Beispiels eine weitere Möglichkeit angeben, solche Graphen darzustellen, indem wir die Knoten selbst in zwei Klassen einteilen.

Die im Zusammenhang mit Spezialisierungs- und kompositionellen Hierarchien eingeführten UND/ODER-Bäume zur Repräsentation einer Problemlösung können in sehr natürlicher Weise bei der Generierung von Ablaufplänen benutzt werden. Eine Lösung ist dann ein Teilbaum, der *alle* von jedem UND-Knoten (mit U in Abb. 2.16 symbolisiert) ausgehenden Kanten und genau eine von jedem ODER-Knoten ausgehende Kante (mit O symbolisiert) enthält. Die ausgewählten Kanten sind mit —— , die nicht in der Lösung benutzten Kanten sind durch - - - markiert.

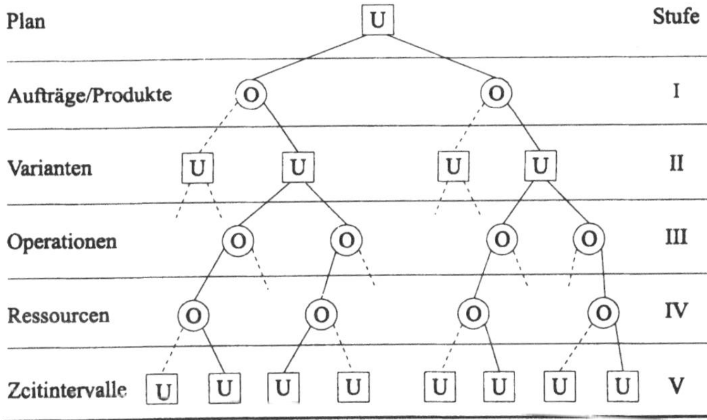


*Abb. 2.16: Ein Plan als UND/ODER-Baum*

In Abb. 2.16 beschreibt der Wurzelknoten (Typ UND, d.h. U) den gesuchten Plan. Sämtliche Aufträge/Produkte (Stufe I) müssen zum Plan gehören. Jeder Auftrag /Produkt (Typ ODER, d.h. O) kann in *einer* angegebenen Variante (Stufe II) realisiert werden. Eine Variante wiederum (UND-Knoten, Stufe III) besteht aus Operationen, die sämtlich auszuführen sind. Jeder Operation ist in Ebene IV genau eine Ressource und dieser wiederum in Ebene V genau ein Zeitintervall zuzuweisen.

Den Schwierigkeitsgrad der Ablaufplanung verdeutlicht die Tatsache, daß für eine gegebene Menge von Aufträgen eine exponentiell wachsende Menge von möglichen Ablaufplänen existiert, was zu einer kombinatorischen Explosion der Größe des entsprechenden Problemraumes führt. Beispielsweise ergeben sich für ein Ablaufplanungsproblem mit 5 Aufträgen und je 5 Operationen pro Auftrag $(5!)^5 =$ 24.883.200.000 verschiedene Ablaufpläne, ohne Berücksichtigung der Möglichkeit, zwischen alternativen Ressourcen wählen zu können. Ein Rechner, der 100.000 Ablaufpläne in einer Sekunde berechnen und auswerten könnte, würde z.B. drei Tage benötigen, um alle möglichen Ablaufpläne zu generieren und zu bewerten.

Hier ist der Ansatzpunkt für die heuristische Suche, die im Rahmen Wissensbasierter Systeme durch entsprechende Softwaremodule verfügbar gemacht wird. Derartige Systeme verwenden verschiedene Methoden, um die Suche im Problemraum zu begrenzen (u.a. auch das Erfahrungswissen der Planer), um dennoch akzeptable Lösungen zu finden.

Zur Implementierung benutzt man Datenstrukturen, die vom Computer verarbeitet werden können. Es sei bemerkt, daß man graphische Benutzeroberflächen pro-grammieren kann, so daß das Wissen direkt in Form der oben eingeführten Graphen eingegeben werden kann. Will man aber verstehen, was intern im Computer abläuft, benötigt man Grundkonzepte einer Wissensrepräsentatiónssprache, die mit den oben behandelten Hierarchien umgehen kann.

Deshalb soll nachfolgend eine (nicht allzu weit in die Tiefe gehende) Einführung in ein Schema zur Wissensrepräsentation, die sogenannten FRAMES, gegeben werden, die eine gute Grundlage für das Verstehen entsprechender Wissensrepräsentations-sprachen, wie z.B. KL-ONE [Hellbig 1991], darstellt. Eine Behandlung solcher Sprachen würde aber den Rahmen dieses Buches weit sprengen.

FRAMES sind Schemata zur Wissensrepräsentation. Sie wurden von Minsky[4] eingeführt. Eine Übersetzung durch „Rahmen" trifft die Idee nicht ganz, kann aber als Anschauung dienen. Nachfolgend werden einige der Ideen, die sich mit FRAMES verbinden, an einem einfachen Beispiel eingeführt.

FRAMES werden zur Beschreibung von Objekten benutzt. Grundlegend im Vergleich zu den bisher betrachteten Hierarchien ist, daß diese Objekte zusätzlich durch Attribute näher charakterisiert werden. Diese Attribute (Merkmale) werden durch SLOTS beschrieben, in die man konkretes Wissen als FILLER hineinschreibt.
Jedes FRAME enthält:
- einen Hinweis auf ein Objekt (Prototyp, Klasse), welches als Oberbegriff dient,

---

4) Minsky, M.: *A framework for the representation of knowledge.* In: Winston, P. (ed.): *The psychology of computer vision.* McGraw Hill, New York 1975, p 211-275.

und
- in Form der SLOT-FILLER-Beschreibung die Spezifikation der Besonderheiten des zu beschreibenden Objektes gegenüber dem Oberbegriff.

Dies erlaubt die Darstellung von Begriffshierarchien, z.B.:
FRAME für den Begriff „Auto"
FRAME für den Unterbegriff zu Auto „Opel-PKW"
FRAME für ein Individuum „Peters Auto"

Es wird die folgende Darstellungstechnik verwendet:
- Links im FRAME stehen die Merkmalsnamen, genannt SLOT-Namen.
- Rechts nach dem Trennstrich stehen:
    - entweder konkrete Merkmalswerte (FILLER) oder
    - SLOT-Beschreibungen (durch spitze Klammern hervorgehoben), die festlegen, welche FILLER die SLOTS ausfüllen können (d.h., SLOT-Beschreibungen sind Beschreibungen von Wertebereichen, die explizit oder implizit sein können).
    - Die Spezialisierung geschieht durch zusätzliche Merkmale (SLOTS) oder durch eine Einschränkung der möglichen FILLER (Wertebereiche) für schon angelegte SLOTS. Das erste entspricht der Erfahrung, daß bei untergeordneten Begriffen gegenüber den Oberbegriffen noch weitere Merkmale (SLOTS) hinzukommen können. Diese sind auf oberer Ebene zwar implizit vorhanden oder potentiell angelegt, aber für den Oberbegriff unspezifisch (z.B. FARBE bei AUTO) oder irrelevant (NUMMER bei AUTO).

*Beispiel:*

| AUTO: | |
|---|---|
| | ist ein FAHRZEUG mit |
| TEILE | - Motor, Chassis, Räder, Karosserie |
| FORTBEWEGUNGSART | - Rollen |
| BEWEGUNGSMEDIUM | - Land |
| ZWECK | - Transport von Personen oder Gütern |
| MOTORTYP | - Diesel- oder Viertakt-Otto-Motor, ... |
| HERSTELLUNGSORT | - <eine Stadt> |
| BAUJAHR | - <eine Jahreszahl> |
| LEISTUNG | - <Maßangabe in Einheiten kW> |

begriffliches FRAME (Oberbegriff)

<table>
<tr><td colspan="2">OPEL-PKW:</td></tr>
<tr><td colspan="2" align="center">ist ein AUTO mit:</td></tr>
<tr><td>ZWECK</td><td>- Transport von Personen</td></tr>
<tr><td>MOTORTYP</td><td>- Viertakt-Otto-Motor o. Dieselmotor</td></tr>
<tr><td>HERSTELLUNGSORT</td><td>- <eine Stadt in Deutschland></td></tr>
<tr><td>LEISTUNG</td><td>- <eine Zahl zwischen min-kW und max-kW></td></tr>
<tr><td>ZUBEHÖR</td><td>- Annahme: Radio</td></tr>
</table>

ein möglicher, zugehöriger Unterbegriff

<table>
<tr><td colspan="2">PETERS-AUTO</td></tr>
<tr><td colspan="2" align="center">ist ein OPEL PKW mit:</td></tr>
<tr><td>BAUJAHR</td><td>- 1994</td></tr>
<tr><td>FARBE</td><td>- blau</td></tr>
<tr><td>NUMMER</td><td>- AC-DC 4321</td></tr>
<tr><td>ZUBEHÖR</td><td>- kein Radio</td></tr>
</table>

ein Individuum in der FRAME-Hierarchie

***Abb. 2.17**: Eine Hierarchie bestehend aus drei FRAMES*

Das Beispiel erhebt nicht den Anspruch einer vollständigen Charakterisierung aller Merkmale, die relevant sein können. Es zeigt aber das Prinzip. Auf der Ebene AUTO werden die Merkmale definiert, die für diese hohe Abstraktionsstufe Sinn machen. Durch die Referenz „ist ein AUTO" erbt das FRAME OPEL-PKW alle SLOTS von AUTO. Deshalb müssen bei OPEL-PKW nur diejenigen SLOTS angegeben werden, die zusätzlich hinzukommen bzw. deren Wertebereich (die FILLER-Beschreibung) eingeschränkt wird. Auf die Formulierung „Annahme: Radio" im SLOT ZUBEHÖR kommen wir später zurück. Das FRAME PETERS-AUTO stellt ein Individuum dar, weil es ein ganz konkretes Auto (also keine Klasse von Autos) beschreibt, wenn man sich auf eine ganz konkrete Person PETER verständigt hat. Die FILLER sind hier eindeutig festgelegt.

In der nachfolgenden Abb. 2.18 wird die Darstellungsform eines FRAMES verallgemeinert beschrieben.

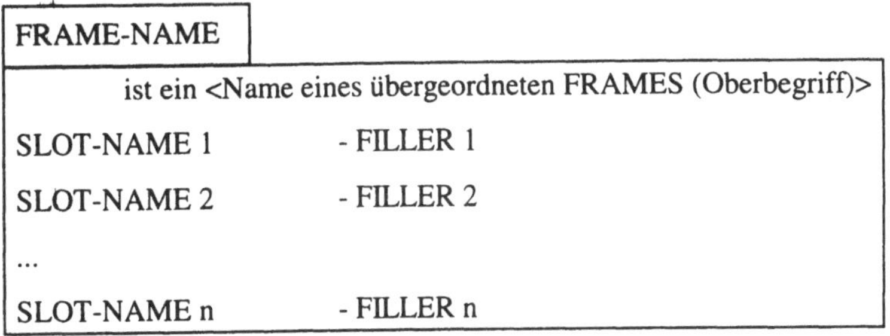


***Abb. 2.18**: FRAME-Darstellung*

*Modellierungs- und Auswertungs-Mechanismen im Zusammenhang mit FRAME-Hierarchien*

1) *Instantiierung* (Spezialisierung)

Der Prozeß der Konkretisierung bzw. Spezialisierung begrifflicher FRAMES erfolgt durch:

- Ausfüllen der SLOTS mit spezifischen Informationen (FILLER), die mit den SLOT-Beschreibungen übereinstimmen,
- Auswahl von Alternativen aus einem Spektrum von Möglichkeiten, die in der SLOT-Beschreibung vorgegeben sind, oder
- Hinzunahme weiterer charakteristischer Merkmale (SLOTS) zu einem FRAME.

Im Ergebnis eines solchen Schrittes entsteht jeweils eine neue Instanz des übergeordneten FRAMES.

2) *Vererbung*

Bei der Instantiierung erben die untergeordneten Instanzen von den übergeordneten FRAMES alle dort angegebenen SLOT-Informationen, es sei denn:

- Diese SLOT-Informationen des übergeordneten FRAMES sind explizit durch die mit der Instantiierung verbundene Konkretisierung von Merkmalswerten eingeengt.

Der Mechanismus der *Vererbung* von Eigenschaften innerhalb einer Begriffshierarchie, der die doppelte Speicherung der gleichen Information beim Oberbegriff und Unterbegriff einspart, ist ein Prinzip der Speicherökonomie, das auch der Mensch beim Denken verwendet.

3) *„Grundannahmen"-Defaults*

Default-Annahmen werden bei Fehlen anderer spezifischer Informationen benutzt (zweiter speichersparender Aspekt neben Vererbung).

Eine Default-Annahme ist eine Standardannahme, die empirisch oder pragmatisch begründet ist und so lange aufrechterhalten und auch vererbt wird, wie sie nicht durch gegenteilige oder speziellere (präzisierende) Information aufgehoben wird. Dies soll an unserem obigen Beispiel illustriert werden:

Da Autos vom Typ Opel-PKW standardmäßig mit Radios ausgerüstet sind, ist es sinnvoll, als Grundannahme für das Merkmal ZUBEHÖR bei OPEL-PKW den Wert „Radio" einzusetzen. Das schließt nicht aus, daß beim konkreten OPEL PETERS-AUTO das Radio (aus den unterschiedlichsten Gründen) fehlen kann. Deshalb wird im FRAME PETERS-AUTO explizit gesagt: *kein* Radio.

*Bemerkungen*:

Die Benutzung von Default-Annahmen führt über die Schlußweisen der klassischen Logik (Aussagenlogik) hinaus. Wenn man FRAMES verwendet, sollte man sich deshalb mit nichtmonotonen Logiken beschäftigen. Default-Annahmen müssen bei der Überprüfung einer Wissensbasis auf Konsistenz gesondert behandelt werden, da Annahmen dieser Art mit anderen Annahmen (*Fakten*) im Widerspruch stehen dürfen.

Natürlich sind die bisher verwendeten Schemata zur Darstellung von FRAMES noch keine Syntax, die man direkt dem Computer übergeben kann. Deshalb führt der Weg zur Implementierung über eine der zur Verfügung stehenden FRAME-Sprachen. Die Modellierung einer Wissensdomäne kann aber wie oben beschrieben erfolgen. Der Weg zum ablauffähigen Programm ist dann nicht mehr sehr weit.


**Literatur zu Kapitel 2**

Appelrath, H.-J., Ludewig, J.: *Skriptum Informatik - eine konventionelle Einführung.* 3. Aufl., Teubner-Verlag, Stuttgart 1995.

Dreyfus, H.L., Dreyfus, S.E.: *Künstliche Intelligenz. Von den Grenzen der Denkmaschine und dem Wert der Intuition.* Rowohlt Verlag, Reinbek 1987.

Günther, A. (Hrsg.): *Wissensbasiertes Konfigurieren. Ergebnisse aus dem Projekt PROKON.* INFIX-Verlag, St. Augustin 1995.

Giannesini, F., Kanoui, H., Pasero, R., van Caneghem, M.: *Prolog.* Addison-Wesley, Bonn 1986.

Helbig, H.: *Künstliche Intelligenz und automatische Wissensverarbeitung.* Verlag Technik, Berlin 1991.

Rich, E.: *Artificial Intelligence.* McGraw-Hill Int. Book Comp., Singapore 1984.

Richter, M.M.: *Prinzipien der Künstlichen Intelligenz.* 2. Aufl., Teubner-Verlag, Stuttgart 1992.

# 3 Entscheidungstheoretische Modelle und Methoden im Operations Research

## 3.1 Entscheidungen

Entscheidungen sind immer dann zu treffen, wenn jemand die Möglichkeit hat, sich auf eine von mehreren Alternativen festzulegen. Somit ist es ebenso eine Entscheidung festzulegen, ob eine Produktionsstätte für Autos an einem Standort in Deutschland oder in Asien errichtet wird, wie festzulegen, ob man am Abend ins Kino oder zum Tanz geht. Das Rüstzeug für eine fundierte Entscheidungsfindung liefert die Entscheidungstheorie.

Die **Entscheidungstheorie** beschäftigt sich mit der Formulierung problemangemessener Entscheidungsmodelle und dem darauf basierenden Finden optimaler beziehungsweise angemessener Entscheidungen. Allgemein läßt sich Entscheidungstheorie unter der Überschrift *Analyse rationaler Entscheidungsfällung* subsumieren. Die Entscheidungsfällung kann sowohl als ein **Wahlakt** wie auch als ein **Prozeß** verstanden werden, wie später noch genauer ausgeführt wird. Dies hat zur Folge, daß sich unterschiedliche Auffassungen über den Inhalt der Entscheidungstheorie herausgebildet haben, nämlich:

- Entscheidungstheorie als Analyse sowohl des Entscheidungsprozesses als auch des Wahlaktes.

- Entscheidungstheorie als Analyse des Wahlaktes, und zwar einschließlich des Gebietes der Nutzen- oder Präferenztheorie.

- Entscheidungstheorie als Analyse des Wahlaktes, jedoch ausschließlich der als eigener Bereich angesehenen Nutzen- oder Präferenztheorie.

- Entscheidungstheorie als Analyse des Wahlaktes von Entscheidungen bei Ungewißheit.

Das Gebiet der Entscheidungstheorie kann entsprechend der verfolgten Zielsetzungen in die deskriptive Richtung und die präskriptive Richtung unterschieden werden. Diese beiden Richtungen sind dem Operations Research zuzurechnen. In der Literatur (z.B. [Zimmermann 1992]) findet man weitere Richtungen, wie beispielsweise die statistische Entscheidungstheorie, die in der Regel der Statistik zugerechnet wird und deshalb in diesem Buch nicht weiter behandelt wird.

Die **deskriptive Entscheidungstheorie** (auch: empirisch-kognitive Entscheidungstheorie) ist im Sinne der Wissenschaftstheorie eine *Realwissenschaft*. Als solche ist von ihr zu fordern, wahre und möglichst neue Aussagen über die Realität zu machen. Von ihr, der deskriptiven Entscheidungstheorie, gemachte Aussagen sind empirisch überprüfbar, d.h. müssen sich an der Realität messen lassen. Entscheidungsfällung in der deskriptiven Entscheidungstheorie ist ein *Informationsverarbeitungsprozeß*. Dies bedeutet, daß die Informationsbeschaffung und die Informationsverarbeitung Teil der Entscheidung sind, Entscheidungen situations- und kontextabhängig getroffen werden und Entscheidungsfällung nur im Rahmen der Möglichkeiten der verfügbaren Instrumentarien erfolgen kann. Eine Konsequenz hieraus ist, daß grundsätzlich Entscheidungssituationen nur durch *offene Modelle* beschrieben werden können, für die angenommen werden muß, daß nicht alle Informationen über die Entscheidungssituation bekannt und vollständig definiert sind. Als *inneres Modell* oder *Image* bezeichnet man ein Modell der Umwelt, welches sich ein Mensch aufgrund der ihm zur Verfügung stehenden und durch ihn aufgenommenen Informationen bildet. Man spricht von *subjektiver Rationalität*, wenn eine Entscheidung vor dem Hintergrund des inneren Modells formal rational ist. Mit dem Begriff *formal rational* werden wir uns im Zusammenhang mit der präskriptiven Entscheidungstheorie noch ausführlich beschäftigen. Eine weitere Relaxierung bringt der Begriff der *beschränkten Rationalität*. Er trägt den Einschränkungen, denen der Mensch während des Entscheidungsprozesses unterliegt, Rechnung. Charakteristisch für beschränkte Rationalität ist der Verzicht auf die Optimalität einer Lösung zugunsten der Befriedigung eines Anspruchsniveaus, welches selbst während der Informationsverarbeitung veränderlich ist. Weiter ist ein Suchprozeß ohne Erfolgsgarantie, mit dem Handlungsalternativen sowie deren Auswirkungen aufgespürt werden, für die beschränkte Rationalität kennzeichnend. Ein anderes Charakteristikum ist, daß in einem deskriptiven Entscheidungsmodell nur Informationsverarbeitungsprozesse sinnvoll sind, deren zeitliche Dauer für den Menschen akzeptabel ist. Was akzeptabel ist, wird durch die zur Verfügung stehenden Hilfsmittel und den Zeitdruck, unter dem die Entscheidung zu fällen ist, determiniert.

Die **präskriptive Entscheidungstheorie** (synonym: normative Entscheidungstheorie, Entscheidungslogik) ist im Sinne der Wissenschaftstheorie eine *Formalwissenschaft*. Das bedeutet: Sie basiert auf Axiomen, bildet Modelle, welche widerspruchsfrei zu diesen Axiomen sind, und ermöglicht logisches Schließen aufgrund der Axiome und zusätzlicher Inferenzregeln. Als Formalwissenschaft erhebt die Entscheidungslogik im Gegensatz zur deskriptiven Entscheidungstheorie nicht den Anspruch, wahre und neue Aussagen bezüglich der Realität zu machen. Demzufolge müssen sich ihre Ergebnisse auch nicht an der Realität messen lassen. Dies schließt jedoch nicht aus, daß die der Theorie zugrundeliegenden Axiome von der Realität motiviert sind. In der Entscheidungslogik ist Entscheidungsfällung der *Wahlakt* innerhalb eines *geschlossenen Modells.* Alle nötigen Informationen sind sowohl vorhanden als auch bekannt, und es gibt weder subjektive noch objektive Kapazitätsbeschränkungen für die Anwendung des Lösungsalgorithmus zur Wahl der zu ergreifenden Aktion.

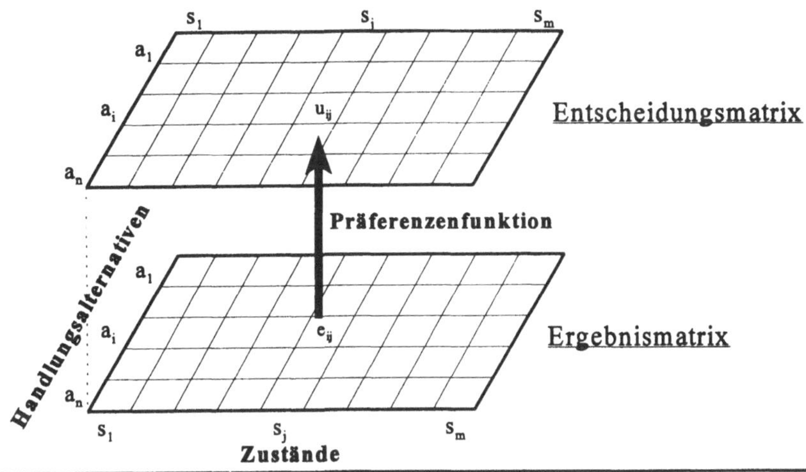


**Abb. 3.1:** *Grundmodell der Entscheidungsfällung*

Eine Entscheidungssituation läßt sich in der präskriptiven Entscheidungstheorie durch Angabe der zur Wahl stehenden *Handlungsalternativen* (auch: Entscheidungsvariablen, Strategien oder Aktionen) $a_i$, i=1,...,n, der *Zustände* (auch: Parameter) $s_j$, j=1,...,m, der *Ergebnisse* $e_{ij}$, i=1,...,n, j=1,...,m, und der *Nutzen* $u_{ij}$, i=1,...,n, j=1,...,m, vollständig beschreiben. Gibt man die Nutzen $u_{ij}$ unmittelbar an, so charakterisiert man dadurch implizit eine Präferenzenfunktion. Statt dessen können die Nutzen $u_{ij}$ auch bestimmt werden, indem explizit eine *Präferenzenfunktion* angegeben wird. Die Aktionen charakterisieren dabei die Faktoren, die vom Entscheidungsfäller zu beeinflussen sind. Nicht beeinflussen kann der Entscheidungsfäller die Zustände. Aus dem Zusammentreffen einer Aktion mit einem Zustand ergibt sich jeweils ein objektiv beschreibbares Ergebnis, das unabhängig von der Person des Entscheidungsfällers ist. Erst die Abbildung des Ergebnisses auf den Nutzen mittels der Präferenzenfunktion drückt die Wertschätzung einzelner Ergebnisse aus. Auf dieser Grundlage können sie nach der Wertschätzung, also dem ihnen durch den Entscheidungsfäller beigemessenen Nutzen, geordnet werden.

Beispiel: Jemand möchte Aktien an der Börse kaufen. Als Handlungsalternativen hat er die Wahl zwischen einer Kauforder mit und einer Kauforder ohne Limit. Die Zustände ergeben sich durch die Kursentwicklung der Aktie bis zum nächsten Tag:

Kurs fällt stark, Kurs fällt, Kurs unverändert, Kurs steigt, Kurs steigt stark. Die Ergebnisse können durch den Kurs, zu dem man die Aktien erwirbt, beschrieben werden. Der subjektive Nutzen des Aktienkäufers ergibt sich aus seiner Wertschätzung für das getätigte Geschäft.

Es läßt sich resümieren: Die Entscheidungslogik sucht die Frage zu beantworten, für welche Handlungsalternative sich ein Mensch in einer vollständig durch mögliche Handlungsalternativen, mögliche Zustände, Ergebnisse und Nutzen beschriebenen Situation entscheiden sollte.

Im folgenden werden wir uns mit dem Gebiet der Entscheidungslogik tiefergehend beschäftigen.

## 3.2 Facetten der Entscheidungslogik

Algorithmen, die im Gebiet der Entscheidungslogik Anwendung finden, lassen sich in vielfältiger Weise gruppieren. Unterschieden werden kann aufgrund der Sicherheit der benutzten Informationen, der Güte der Informationen, der Ausprägung des Lösungsraums, der funktionalen Chararakteristika, der Anzahl der verfolgten Ziele, der Anzahl der beteiligten Entscheider und des Verhaltens der Gegenspieler. Ziel wird es sein, eine für das jeweilige Modell optimale und rationale Entscheidung zu fällen. Allgemein wird eine Entscheidung in diesem Zusammenhang *optimal* genannt, wenn sie zu maximalem Nutzen führt. Sie wird als *rational* bezeichnet, wenn sie nicht zu einem Widerspruch innerhalb des Modells oder zu den Anforderungen an dieses Modell geführt werden kann. Dem obigen Merkmalskatalog folgend, wird nun das Gebiet der Entscheidungslogik in einigen seiner unterschiedlichen Facetten besprochen.

### Entscheidungssituationen unterschieden nach Informationssicherheit

Abhängig vom Grad der Sicherheit, zu dem Informationen bezüglich des Eintretens der möglichen Zustände vorliegen, kann man zwischen Entscheidungen bei Sicherheit und Entscheidungen bei Ungewißheit differenzieren. Im Fall der **Entscheidungen bei Sicherheit** steht fest, welcher Zustand eintreten wird. In dem Entscheidungsmodell muß also nur noch dieser eine Zustand, der mit Sicherheit eintreten wird, berücksichtigt werden. Entsprechend reduziert sich dadurch die Anzahl der Spalten in der Ergebnis- und in der Entscheidungsmatrix auf eins. Für den Fall eines Ein-Ziel-Problems kann dann das optimale Ergebnis durch Ordnung der Nutzenwerte nach ihrer Größe gefunden werden. Die **Entscheidungen bei Ungewißheit** trennt

man nach Entscheidungen bei Risiko und Entscheidungen bei Unsicherheit[1]. Für
**Entscheidungen bei Risiko** sind dem Entscheidungsfäller *Wahrscheinlichkeiten* $p_j$,
j=1,...,m, für das Eintreten der einzelnen Zustände $s_j$, j=1,...,m, bekannt. Für
Entscheidungen bei Unsicherheit liegt keinerlei Information über das Eintreten der
verschiedenen Zustände vor. Während sich für Entscheidungen bei Sicherheit und nur
einem Ziel aus der Ordnung der Nutzen unmittelbar die Ordnung der Aktionen ergab,
ist dies für Entscheidungen bei Ungewißheit nicht so; aus der Ordnung der Nutzen
ergibt sich zunächst nur eine Ordnung der Ergebnisse. Jeder einzelnen Aktion sind
aber mehrere Ergebnisse zugeordnet, die jeweils dem Zusammentreffen der Aktion
mit einem Zustand entsprechen. Somit ergibt sich im Fall der Entscheidung bei
Risiko eine *Nutzenwahrscheinlichkeitsverteilung* $w_i$, i=1,...,n, für die Aktionen $a_i$,
i=1,...n. Man spricht hierbei auch von *Entscheidungen mit mehrfachen Erwartungen*.

**Pragmatisch** kann man Entscheidungssituationen bei Ungewißheit durch Anwendung von Entscheidungsregeln und -prinzipien begegnen. Diese Regeln und
Prinzipien dienen dazu, die Nutzenwahrscheinlichkeitsverteilungen $w_i$, i=1,...,n,
durch welche die verschiedenen Aktionen charakterisiert sind, auf eine reelle Zahl
$u_i$, i=1,...,n, abzubilden; die Regeln und Prinzipien beschreiben unterschiedliche
Abbildungen $f:\mathbb{R}^n \to \mathbb{R}$. Unter einer **Entscheidungsregel** versteht man eine vollständig
beschriebene Vorgehensweise. Ein **Entscheidungsprinzip** beschreibt eine Vorgehensweise, in der mindestens ein Parameter - eventuell in Grenzen - frei veränderlich ist.

Im folgenden werden drei "klassische" Entscheidungsregeln und zwei -prinzipien
vorgestellt. Dazu sei vereinbart, daß $a_i$, $a_j$ Aktionen, $e_{ik}$, $e_{jk}$ Ergebnisse und $u_{ik}$, $u_{jk}$ die
zugehörigen Nutzen sowie $p_k$ die Wahrscheinlichkeiten für das Eintreten der
Zustände $s_k$ für i, j=1,...n, k=1,...,m darstellen. Die Notation $a_i \succeq a_j$ wird benutzt, um
auszudrücken, daß eine Alternative $a_i$ mindestens so vorziehenswürdig ist wie eine
Alternative $a_j$.

Die *Minimax-Regel* orientiert sich an den schlechtest möglichen Nutzen jeder
Alternative. Sie bezeichnet die Aktion als optimal, die unter den niedrigsten Nutzen
je Aktion den höchsten Wert besitzt. Die Minimax-Regel bestimmt somit den
höchsten Nutzen, der mit Sicherheit realisiert werden kann. Die Minimax-Regel
charakterisiert eine ausgesprochen risikoaversive Einstellung des Entscheidungsfällers; sie wird auch als Pessimisten-Regel bezeichnet.

$$a_i \succeq a_j, \; wenn \quad \min_{k \in \{1,...,m\}} u_{ik} \geq \min_{k \in \{1,...,m\}} u_{jk}, \quad i,j \in \{1,...,n\}$$

---

1) Die Terminologie ist in der Literatur nicht einheitlich.

Die *Laplace-Regel* benutzt die Summe der Nutzen einer Alternative zur Charakterisierung ihrer Güte im Vergleich zu anderen Alternativen:

$$a_i \succeq a_j, \text{ wenn } \sum_{k \in \{1,\dots,m\}} u_{ik} \geq \sum_{k \in \{1,\dots,m\}} u_{jk}, \quad i,j \in \{1,\dots,n\}.$$

Die *Bayes-Regel* ordnet die möglichen Aktionen nach ihrem mathematischen Erwartungswert. Sie wird daher auch als Mittelwert-Regel bezeichnet. Der Erwartungswert für eine Aktion ergibt sich als Summe der Produkte aus ihrem Nutzen für die jeweiligen Zustände mit den zugehörigen Eintrittswahrscheinlichkeiten. Die Bayes-Regel beschreibt ein risikoneutrales Entscheidungsverhalten bei uneingeschränktem Vertrauen in die Eintrittswahrscheinlichkeiten $p_k$.

$$a_i \succeq a_j, \text{ wenn } \sum_{k \in \{1,\dots,m\}} u_{ik} p_k \geq \sum_{k \in \{1,\dots,m\}} u_{jk} p_k, \quad i,j \in \{1,\dots,n\}.$$

Das *Hurwicz-Prinzip* bildet eine Linearkombination aus der Minimax-Regel und einer Regel, die man als "Maximax-Regel" bezeichnen könnte. Diese "Maximax-Regel" bewertet jede Aktion durch den maximalen Nutzen, der durch sie erreicht werden kann. Die Risikoeinstellung des Entscheidungsfällers wird beim Hurwicz-Prinzip durch den sogenannten Optimismusparameter $\lambda$ mit $0 \leq \lambda \leq 1$ modelliert. Werte für $\lambda$ nahe eins spiegeln ein optimistisches Verhalten wider; Werte für $\lambda$ nahe null betonen die Minimax-Regel in der Linearkombination besonders stark.

$$a_i \succeq a_j, \text{ wenn } (1-\lambda)\min_{k\in\{1,\dots,m\}} u_{ik} + \lambda \max_{k\in\{1,\dots,m\}} u_{ik} \geq (1-\lambda)\min_{k\in\{1,\dots,m\}} u_{jk} + \lambda \max_{k\in\{1,\dots,m\}} u_{jk}, \quad i,j\in\{1,\dots,n\}.$$

Das *Hodges-Lehmann-Prinzip* bildet eine lineare Kombination aus der Bayes-Regel und der Minimax-Regel unter Beachtung des Vertrauensparameters $\lambda$ mit $0 \leq \lambda \leq 1$. $\lambda$ drückt das Vertrauen des Entscheidungsfällers in die verwendeten Eintrittswahrscheinlichkeiten $p_k$ für die verschiedenen Zustände aus. Ist das Vertrauen in diese Wahrscheinlichkeiten groß, orientiert sich dieses Prinzip am Erwartungswert, während es sich an der Pessimisten-Regel orientiert, wenn das Vertrauen in die Wahrscheinlichkeiten gering ist. Dieses Prinzip ist insofern typisch für Entscheidungsfäller, als daß es am Erwartungswert ausgerichtet ist, ohne den schlechtesten Fall außer acht zu lassen.

$$a_i \geq a_j, \ \text{wenn} \quad \lambda \sum_{k \in \{1,\dots,m\}} u_{ik} p_k + (1-\lambda) \min_{k \in \{1,\dots,m\}} u_{ik} \geq \lambda \sum_{k \in \{1,\dots,m\}} u_{jk} p_k + (1-\lambda) \min_{k \in \{1,\dots,m\}} u_{jk}$$

$$\text{für } i,j \in \{1,\dots,n\}.$$

Um eine gewisse Vertrautheit mit obigen Entscheidungsregeln und -prinzipien zu schaffen, wenden wir uns nun einem **Beispiel** zu, in welchem fünf verschiedene Aktionen zur Wahl stehen und vier unterschiedliche Zustände eintreten können, für die jeweils Eintrittswahrscheinlichkeiten angegeben sind. Die unten stehende Entscheidungsmatrix beschreibt die Situation:

| | $s_k$ | $s_1$ | $s_2$ | $s_3$ | $s_4$ | | | | | $\lambda=0,3$ | $\lambda=0,7$ |
|---|---|---|---|---|---|---|---|---|---|---|---|
| $a_i$ | $p_k$ | 0,1 | 0,2 | 0,3 | 0,4 | ① | ② | ③ | ④ | ⑤ | ⑥ |
| $a_1$ | | -3 | 5 | 12 | 2 | -3 | **16** | 5,1 | 12 | 1,5 | **2,67** |
| $a_2$ | | 4 | 6 | -5 | 10 | -5 | 15 | 4,1 | 10 | -0,5 | 1,37 |
| $a_3$ | | -1 | 8 | 2 | 4 | **-1** | 13 | 3,7 | 8 | **1,7** | 2,29 |
| $a_4$ | | -8 | 10 | 4 | 8 | -8 | 14 | **5,6** | 10 | -2,6 | 1,52 |
| $a_5$ | | 12 | 14 | -6 | -9 | -9 | 11 | -1,4 | **14** | -2,1 | -3,68 |

Auf die Entscheidungssituation sind ① die Minimax-Regel, ② die Laplace-Regel, ③ die Bayes-Regel, ④ die "Maximax-Regel", ⑤ das Hurwicz-Prinzip und ⑥ das Hodges-Lehmann-Prinzip angewandt worden. Die jeweils zu präferierende Alternative ist durch Fettdruck und Unterstreichung hervorgehoben. Dabei gibt es einige Auffälligkeiten:

- Durch die Entscheidungsregeln / -prinzipien können grundverschiedene Risikoeinstellungen des Entscheidungsfällers abgebildet werden.

- Welche Alternative als optimal ausgewählt wird, variiert mit der Wahl der Entscheidungsregel / des Entscheidungsprinzips.

- Bei Entscheidungsprinzipien, die eine Linearkombination von zwei Entscheidungsregeln sind, können je nach Wahl des modifizierbaren Parameters auch andere Alternativen als die der einzelnen eingehenden Entscheidungsregeln optimal sein (zum Beispiel ⑥: $a_3$ optimal für $0 \leq \lambda \leq 0,588$; $a_1$ optimal für $0,588 \leq \lambda \leq 0,787$; $a_4$ optimal für $0,787 \leq \lambda \leq 1$).

Der zweite Punkt führt zurück zu der eingangs von Kapitel 3.2 sehr allgemein gegebenen Begriffs*skizze* für "rationale Entscheidungen". Bei Anwendung von sechs verschiedenen Entscheidungsregeln / -prinzipien auf das oben gegebene Problem mit fünf verschiedenen Alternativen werden abwechselnd vier der Alternativen als optimal betrachtet. Um Aussagen über die Rationalität dieser Ergebnisse machen zu können, ist es erforderlich, den Begriff der Rationalität zunächst formal zu definieren. Dazu werden im folgenden die grundlegenden Gedanken eines mehr **wissenschaftlichen Zugangs** zu Entscheidungen bei Ungewißheit ausgeführt.

Der Zugang erfolgt über ein Axiomensystem, wobei zwei verschiedene Arten solcher Systeme existieren:

1) Axiomensysteme, in denen eine rationale Nutzenfunktion in einer Entscheidungssituation unter Ungewißheit zugrunde gelegt wird.

2) Axiomensysteme für eine Risikoentscheidung, wobei an die Nutzenfunktion keinerlei einschränkende Forderungen gestellt werden.

Für beide Arten sind diverse Axiomensysteme formuliert worden. An dieser Stelle mag es genügen, stellvertretend für beide Klassen jeweils einen Vertreter näher vorzustellen. Das Axiomensystem von Milnor wird dabei exemplarisch für die Klasse 1) und das Axiomensystem von Bernoulli für Klasse 2) skizziert.

Das **Axiomensystem von Milnor** umfaßt neun Axiome, die eine Entscheidungsregel erfüllen muß, soll sie nach Milnor als rational gelten. Die Axiome lauten:

1. Die Alternativen sind vollständig in eine Rangordnung zu bringen.   (*Ordnung*)

2. Die Rangordnung ist unabhängig von der Bezeichnung der Zustände und Alternativen.                                                    (*Symmetrie*)

3. Eine Alternative $a_i$ wird einer Alternative $a_j$ vorgezogen, wenn für die Nutzen $u_{ik}>u_{jk}$ für alle Zustände k=1,...,m gilt.        (*Strenge Dominanz*)

4. Eine kleine Änderung eines einzelnen Nutzenwertes einer Alternative bewirkt maximal eine kleine Änderung im aggregierten Nutzenwert der Alternative, jedoch niemals eine sprunghafte Veränderung desselben.        (*Stetigkeit*)

5. Durch lineare Transformation der Nutzenmatrix ändert sich die Ordnung der Alternativen nicht.                                         (*Linearität*)

6. Durch Hinzunahme weiterer Alternativen ändert sich die Rangordnung der zuvor betrachteten Alternativen untereinander grundsätzlich nicht. Falls die neue Alternative jedoch für einen beliebigen, aber festen Zustand einen höheren Nutzen aufweist als alle bisher betrachteten Alternativen, so kann sich die Rangordnung der alten Alternativen untereinander doch ändern. (*Hinzufügen von Alternativen*)

7. Die Rangordnung der Alternativen bleibt unverändert, wenn man zu allen Nutzenwerten einer Spalte eine Konstante addiert.          (*Spaltenlinearität*)

8. Die Rangordnung zwischen zwei Alternativen ändert sich nicht, wenn eine neue Spalte in die Entscheidungsmatrix durch Verdopplung einer existierenden Spalte

eingefügt wird. *(Spaltenverdoppelung)*

9. Sind zwei Alternativen $a_i$ und $a_j$ äquivalent zueinander, so sind sie auch zu jeder Alternative mit Nutzen $\lambda u_{ik}+(1-\lambda)u_{jk}$ für $\lambda \in [0, 1]$, $k=1,...,m$ äquivalent.

*(Konvexität)*

Wer sich in das Axiomensystem von Milnor vertiefen will, sei auf die Originalarbeit aus dem Jahre 1959 verwiesen (Milnor, J.: *Games against Nature.* In: Thrall, R. M.; Coombs, C. H.; Davis, R. L. (Hrsg.): *Decision Process.* New York, London 1954, p. 49-59).

Das **Axiomensystem von Bernoulli** gilt als das bekannteste der zweiten Art, also für Entscheidungen bei Risiko. Bernoulli ordnet die Wahrscheinlichkeitsverteilungen, welche die verschiedenen Alternativen charakterisieren, mittels eines Präferenzenfunktionals mit dem Ziel, eine oder mehrere dieser Wahrscheinlichkeitsverteilungen als beste in dem Sinne zu bestimmen, daß der Entscheidungsfäller den zugrundeliegenden Alternativen die höchste Wertschätzung beimißt. Dazu werden folgende vier Axiome für die Nutzenwahrscheinlichkeitsverteilungen $w_i$ der Alternativen $a_i$, $i=1,...,n$, postuliert:

1. Es existiert ein Präferenzenfunktional $\psi$, welches jede der Nutzenwahrscheinlichkeitsverteilungen $w_i$, $i=1,...,n$, auf eine reelle Zahl $\psi(w_i)$ abbildet, so daß gilt: $\psi(w_i) \geq \psi(w_j)$ genau dann, wenn $w_j$ dem $w_i$ nicht vorgezogen wird.

   *(Ordinales Prinzip)*

2. Von zwei Alternativen, die mit gleicher Wahrscheinlichkeit je einen verschiedenen Nutzen erwarten lassen, ist die mit dem höheren Zielbeitrag vorzuziehen; hierbei spricht man von *Nutzendominanz.* Umgekehrt ist bei gleichem Zielbeitrag zweier Alternativen die zu wählen, bei der der entsprechende Nutzen mit höherer Wahrscheinlichkeit eintritt. Dies bezeichnet man als *Wahrscheinlichkeitsdominanz.* *(Dominanzprinzip)*

3. Der Entscheidungsfäller kann jeder Nutzenwahrscheinlichkeitsverteilung $w_i$, $i=1,...,n$, einen aus seiner Sicht gleichwertigen sicheren Nutzen $U_i$ zuordnen. Dieser sichere Nutzen $U_i$ heißt Sicherheitsäquivalent, und es gilt $\psi(w_i)=U_i$.

   *(Stetigkeitsprinzip)*

4. Die Präferenzbeziehung zweier zusammengesetzter Nutzenwahrscheinlichkeitsverteilungen $B_i$ und $B_j$, für die jeweils mit Wahrscheinlichkeit $0 \leq p \leq 1$ die Nutzenwahrscheinlichkeitsverteilung $w_i$ bzw. $w_j$ und mit Wahrscheinlichkeit $(1-p)$ die Nutzenwahrscheinlichkeitsverteilung $w_k$ gilt, ist identisch mit der Präferenzbeziehung zwischen $w_i$ und $w_j$.
   In Formeln: Ist $(B_i=pw_i(1-p)w_k)$ und $(B_j=pw_j(1-p)w_k)$ mit $w_i$, $w_j$, $w_k$ Nutzenwahr-

scheinlichkeitsverteilungen, $0 \leq p \leq 1$, und gilt $w_i \geq w_j$, dann gilt auch $B_i \geq B_j$ bzw. $pw_i(1\text{-}p)w_k \geq pw_j(1\text{-}p)w_k$.                    (*Unabhängigkeitsprinzip*)

Das Sicherheitsäquivalent ermöglicht es, die Risikoeinstellung des Entscheidungsfällers zu modellieren. Wird das Sicherheitsäquivalent kleiner als der Erwartungswert der Nutzenwahrscheinlichkeitsverteilung gewählt, so drückt dies Risikoaversion aus. Umgekehrt bringt man Risikosympathie zum Ausdruck, wenn das Sicherheitsäquivalent größer als der Erwartungswert der Nutzenwahrscheinlichkeitsverteilung ist.

Als Entscheidungsprinzip schlägt Bernoulli vor (*Bernoulli-Prinzip*), diejenige Alternative zu wählen, für die der Erwartungswert des (subjektiven) Nutzens (aus Sicht des Entscheidungsfällers) maximal ist. Das Präferenzfunktional hat dann die Gestalt $\psi(w)=E_w[u(x)]$, wobei $w$ eine Nutzenwahrscheinlichkeitsverteilung und $u(x)$ eine subjektive Nutzenfunktion des Entscheidenden ist.

Untersucht man die Entscheidungsregeln und -prinzipien (Minimax, Laplace, etc.) anhand der Bernoulli-Axiome auf Rationalität, so zeigt sich, daß diese pragmatischen Vorgehensweisen in der Regel nicht Bernoulli-rational sind. Ursächlich hierfür ist, daß sie die verschiedenen Alternativen im Hinblick auf Vorziehenswürdigkeit aufgrund von statistischen und anderen Maßzahlen, wie beispielsweise Minimum, Maximum oder Summe beurteilen, dabei die Nutzenwahrscheinlichkeitsverteilung als Ganzes aber nicht berücksichtigen.

**Güte der Information**

Wie zuvor bereits erfahren, ist es erforderlich, um Entscheidungen treffen zu können, einzelnen Alternativen Ergebnisse beizumessen, denen dann ein Nutzen zugeordnet wird. Die mathematischen Operationen, die sinnvoll angewendet werden können, um aus den Ergebnissen eine Aussage bezüglich der Wertschätzung von verschiedenen Alternativen in Relation zueinander oder spezieller zu einzelnen Alternativen aggregieren zu können, hängt vom **Skalenniveau** der Werte ab. Das Skalenniveau gibt Aufschluß über die Interpretations- und Weiterverarbeitungsmöglichkeiten der Information.

Weiterverarbeitungsmöglichkeit läßt sich hier spezifizieren als Menge von *zulässigen Transformationen*, die auf die Meßwerte (speziell die Ergebnisse) angewendet werden können, ohne deren Aussage zu verfälschen. An einem kleinen Beispiel wird dies unmittelbar verständlich: Als Ergebnisse mögen Temperaturwerte in °C vorliegen. Die Transformation:

$$t_f = \frac{9}{5}t_c + 32$$

bildet die Werte sinnerhaltend auf eine andere Skala gleichen Skalenniveaus ab, nämlich auf die °F-Skala.

Formal läßt sich der im Beispiel beschriebene Zusammenhang so beschreiben: X sei eine Menge von Objekten (zum Beispiel Kalenderjahre), und $\varphi$ sei eine Skala (zum Beispiel die Temperaturskala in °C), die jedem Objekt $x \in X$ in der Weise einen Meßwert $\varphi(x) \in \mathbb{R}$ zuordnet (zum Beispiel Jahresdurchschnittstemperatur in °C), daß die qualitative Beziehung zwischen den Objekten unverfälscht wiedergegeben wird. Dann heißt eine Abbildung $\Phi : \mathbb{R} \to \mathbb{R}$ eine *zulässige Transformation* (zum Beispiel obige Umrechnungsformel von °C auf °F), wenn die transformierte Funktion $\varphi' = \Phi \circ \varphi$ (zum Beispiel eine Temperaturskala in °F), welche jedem Objekt $x \in X$ den Wert $\varphi'(x) = \Phi(\varphi(x))$ zuordnet, die qualitative Beziehung zwischen den Objekten korrekt darstellt.

Grundsätzlich unterscheidet man zwischen Nominalskalen, Ordinalskalen und Kardinalskalen:

*Nominalskalen* klassifizieren qualitative Daten. Beispiele für Daten auf Nominalskalenniveau sind Startnummern von Sportlern und Matrikelnummern von Studenten. Die einzige Bedingung an eine Nominalskala ist, daß sie jedem Objekt eindeutig einen Meßwert zuordnen muß, also jedem Fußballspieler einer Mannschaft eine eindeutige Rückennummer oder jedem Studenten einer Hochschule eine eindeutige Matrikelnummer. Damit ist über die Zuordnung hinaus keine Rechenoperation mit Werten dieses Skalenniveaus sinnvoll möglich. Die statistische Auswertung von Werten auf Nominalskalenniveau ist auf Häufigkeitszahlen beschränkt. Zulässige Transformationen sind alle eindeutigen Funktionen; die Eindeutigkeit der Meßwerte bleibt erhalten.

*Ordinalskalen* ermöglichen Unterscheidungen in der Art "größer-kleiner" oder "mehr-weniger", jedoch ohne dabei Aussagen über das Ausmaß des Unterschieds zu machen. Beispiele für Daten auf Ordinalskalenniveau sind erreichte Ränge bei einem Tanzturnier oder Tabellenplätze der Fußballbundesliga. Eine Ordinalskala stellt eine Rangordnung der Objekte in der Form 1. Platz, 2. Platz etc. her. Vergleiche zwischen Werten auf ordinalem Skalenniveau sind zulässig. Nicht sinnvoll sind arithmetische Operationen wie Addition, Subtraktion oder Mittelwertbildung. Zulässige Transformationen sind alle streng monoton steigenden Funktionen; die Rangordnung der Elemente bleibt erhalten.

*Kardinalskalen* - auch als *metrische Skalen* bezeichnet - lassen sich unterscheiden in Intervallskalen, Ratioskalen und Absolutskalen. Bei *Intervallskalen* sind die Skalenabstände gleich bei gleichen Abständen der betrachteten Werte. Beispiele für Daten aus Intervallskalenniveau sind die Temperaturskala in °C oder die Uhrzeit. Da bei Werten dieses Skalenniveaus Abstände meßbar sind, kann man auch sinnvoll arithmetische Operationen wie Addition, Subtraktion oder Mittelwertbildung anwenden. Nicht sinnvoll zu bestimmen sind Quotienten von zwei oder mehr Werten auf Intervallskalenniveau, da kein oder allenfalls ein willkürlicher Nullpunkt für die Skala definiert ist. Zulässige Transformationen sind alle positiven linearen Funktionen $\Phi(r)=ur+v$ mit r, u, $v \in \mathbb{R}$, $u>0$; das Verhältnis der Intervalle zwischen den Werten bleibt erhalten.

*Ratioskalen* - auch *Verhältnisskalen* genannt - besitzen zusätzlich zu den Eigenschaften von Intervallskalen einen absoluten Nullpunkt. Beispiele sind die absolute Temperaturskala oder die Längenskala. So bedeutet eine "0" auf der Längenskala eine nichtexistierende räumliche Ausdehnung eines Objekts in der betrachteten Richtung. Zusätzlich zu den arithmetischen Operationen, die bei Intervallskalen sinnvoll anwendbar sind, sind bei Daten auf Ratioskalenniveau Quotienten (zum Beispiel: Strecke a ist halb so lang wie Strecke b) sinnvoll berechenbar. Zulässige Transformationen sind alle Ähnlichkeitsfunktionen $\Phi(r)=ur$ mit u, $r \in \mathbb{R}$, $u>0$; das Verhältnis der Meßwerte zueinander bleibt erhalten.

*Absolutskalen* stellen das höchste Skalenniveau dar. Beispiele für Daten auf Absolutskalenniveau sind Häufigkeiten oder Wahrscheinlichkeiten. Alle mathematischen Operationen sind mit Werten auf diesem Skalenniveau sinnvoll durchführbar. Werte einer Absolutskala sind dimensionslos, bestehen also lediglich aus einer reellen Zahl. Zulässige Transformationen sind alle Identitätsfunktionen $\Phi(r)=r$ mit $r \in \mathbb{R}$; die Meßwerte selbst bleiben erhalten.


**Anzahl verfolgter Ziele und Ausprägung des Lösungsraums**

Entscheidungssituationen sind auch nach der Anzahl der verfolgten Ziele und der Ausprägung des Lösungsraums unterscheidbar. In der Realität sind bei einer Entscheidungsfindung in der Regel mehrere Ziele zugleich zu berücksichtigen. So sind für ein Produktionsprogramm die Minimierung der Gesamtkosten, die Minimierung von Überstunden, die Maximierung der Kapazitätsauslastung, die Minimierung von Durchlaufzeiten, die Maximierung der Lieferbereitschaft sowie die Minimierung von Lagerbeständen einige wichtige Ziele, die simultan angestrebt werden.

Mehrzielsituationen weisen einige charakteristische Merkmale auf: Zunächst muß der Entscheidungsfäller festlegen, welche der möglichen Ziele im Problemkontext als *relevante Ziele* Berücksichtigung finden sollen. In der Regel wird es einen *Zielkonflikt* zwischen einigen oder allen dieser Ziele geben. So verhalten sich Lieferbereitschaft und Lagerbestände im zuvor angesprochenen Produktions- programm gegenläufig; eine Verringerung der Lagerbestände (erwünscht) verursacht auch eine Verringerung der Lieferbereitschaft (nicht erwünscht). Unabhängig von diesem Beispiel bedeutet Zielkonflikt, daß sich ein Ergebnis - ab eines gewissen Niveaus - hinsichtlich eines Ziels nur verbessern läßt, wenn es sich zugleich hinsichtlich mindestens eines anderen Ziels verschlechtert. Die *Unvergleichbarkeit der Einheiten*, in denen die Zielerreichung gemessen wird, ist ein weiteres Kennzeichen von Multikriteria Problemen, wie man Mehrzielentscheidungsprobleme auch nennt. Auch hier kann wieder exemplarisch auf das Zielepaar Lieferbereitschaft und Lagerbestände aus obigem Beispiel verwiesen werden. Während Lieferbereitschaft in Prozent der Aufträge, die umgehend beliefert werden können, ausgedrückt werden kann, werden Lagerbestände in Stück je Güterart angegeben.

Konkretisiert man das Beispiel durch einige Zahlenwerte für eine Betrachtung bei einer Güterart, so lassen sich leicht Zielkonflikt und Unvergleichbarkeit der Einheiten erfassen.

| Situation | Lieferbereitschaft | Lagerbestand |
|:---:|:---:|:---:|
| a | 30% | 60 St. |
| b | 80% | 160 St. |

In Situation a ist die Lieferbereitschaft mit 30% sehr niedrig, was ungünstig ist. Günstig stellt sich in dieser Situation hingegen der niedrige Lagerbestand von 60 St. dar, wodurch nur eine geringe Kapitalbindung verursacht wird. In Situation b ist die Lieferbereitschaft 80%, was im Vergleich zu Situation a deutlich besser ist. Die Kapitalbildung durch den hohen Lagerbestand von 160 St. ist in Situation b im Vergleich zu Situation a jedoch von Nachteil.

Lösungen für Multikriteriaprobleme werden entweder *ausgewählt* oder *berechnet*. Wie Lösungen ermittelt werden, hängt insbesondere von der Ausprägung des Lösungsraums ab. Ist der Lösungsraum durch eine endliche Menge von Alternativen beschrieben, die vor der Lösung des Entscheidungsproblems explizit angegeben werden, so entspricht die Lösungsfindung der *Auswahl* einer "besten" Alternative aus ebendieser Menge. Ist jedoch die Menge der Alternativen implizit als Zulässigkeitsbereich, der duch Restriktionen begrenzt ist, beschrieben, geschieht die Lösungsfindung durch *Berechnung* der "besten" Alternative als Element des Zulässigkeitsbereichs.

Die Entscheidungsfindung bei mehreren Zielen ist in die Bereiche Multi-Attribut-Decision-Making (MADM) und Multi-Objective-Decision-Making (MODM) gegliedert. MADM-Modelle zeichnen sich dadurch aus, daß sie abzählbar viele Alternativen umfassen. MODM-Modelle arbeiten hingegen auf einem kontinuierlichen Lösungsraum, über dem die Lösung zum Beispiel durch Anwendung mathematischer Programmierungsmodelle berechnet werden kann. Eine feinere Untergliederung sowie diverse Ansätze bzw. Algorithmen für das Gebiet der Multikriteria Analyse findet man z.B. in Zimmermann, H.-J.; Gutsche, L.: *Multi-Criteria Analyse*. Springer-Verlag, Berlin 1991.


## 3.3 AHP - Analytic Hierarchy Process

Der in diesem Kapitel vorgestellte Ansatz hat zum Ziel, den Entscheidungsfäller in der Entscheidungsfindung und bei der Kommunikation seiner Entscheidung zu unterstützen. Vor dem Hintergrund von psychologischen Studien, in denen gezeigt wurde, daß der Mensch nur in der Lage ist, fünf bis höchstens neun Dinge gleichzeitig gegeneinander abzuwägen, baut das AHP auf einer Strukturierung des Problems auf, welche die Voraussetzung für die Konzentration auf Teilaspekte schafft, was zur erfolgreichen Handhabung komplexer Entscheidungssituationen unerläßlich ist. Unter Berücksichtigung aller Teilbetrachtungen wird dann nachvollziehbar ein Entscheidungsvorschlag hergeleitet. Dies bedeutet sowohl, daß Entscheidungen anderen Personen leichter erklärt werden können, als auch, daß der gesamte Prozeß der Entscheidungsfindung sich durch eine erhöhte Transparenz auszeichnet. Dabei ist es gerechtfertigt, von einem Prozeß zu sprechen, da AHP dem Entscheidungsfäller Hinweise auf die Ursachen von Widersprüchen in den von ihm gemachten Angaben gibt und ihn auffordert, solche Widersprüchlichkeiten zu beseitigen. Dazu muß er die verfügbaren Informationen überprüfen und anschließend präzisieren. Dieser Schritt ist gegebenenfalls wiederholt anzuwenden.

Für AHP (<u>A</u>nalytic <u>H</u>ierarchy <u>P</u>rocess) ist der Name Programm. Die Philosophie des AHP ist, zunächst den Entscheidungsprozeß hierarchisch, nämlich in Ebenen, zu strukturieren. Dies ermöglicht die Konzentration auf modulare und überschaubare Teilprobleme. Diese Teilprobleme werden zunächst einzeln bearbeitet, indem der Entscheidungsfäller numerische Bewertungen in diesen kleinen Teilproblemen vornimmt. Der Prozeß der Entscheidungsfindung wird nun durch AHP in der Form unterstützt, daß aus den in den Teilproblemen vorgenommenen Bewertungen für die endlich vielen im voraus explizit angegebenen Alternativen Bewertungen bezüglich des sogenannten Erfolgsziels gemacht werden.

Die abstrakt beschriebene Philosophie wird an einem Beispiel deutlicher: Eine Person will eine Immobilie kaufen, um in ihr zu wohnen. Es stehen drei Objekte A, B und C zur Auswahl. Der Person sind bei der Entscheidungsfindung finanzielle Aspekte, das Wohnumfeld, der Zustand der Immobilie und die verkehrstechnische Lage wichtig. Eine hierarchische Darstellung dieses Entscheidungsproblems ist in Abb. 3.2 dargestellt.

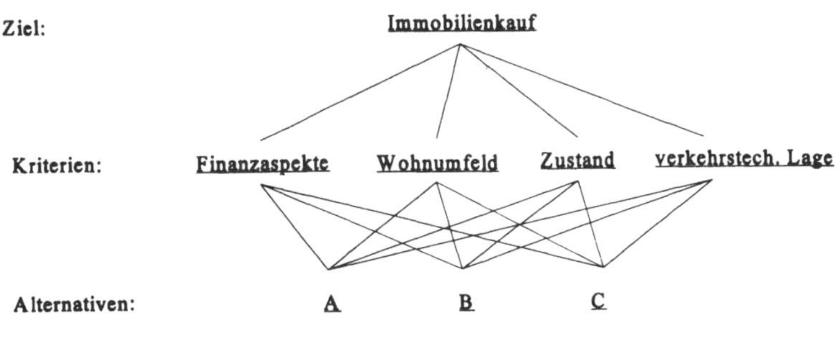


**Abb. 3.2:** *Hierarchisch strukturierte Entscheidungssitation "Immobilienkauf"*

An Abb. 3.2 läßt sich der **Hierarchie**-Begriff, wie er im AHP verwendet wird, verdeutlichen. Die Hierarchie ist in Ebenen untergliedert. Auf der obersten Ebene, der Ebene 0, ist genau ein Ziel angeordnet. Dieses Ziel wird als *Erfolgsziel* bezeichnet und charakterisiert, was mit der Entscheidung angestrebt wird. Auf der nächst niedrigeren Ebene (Ebene 1) sind die Kriterien angeordnet. Die Kriterien beeinflussen die Erreichung des Erfolgsziels auf der Ebene 0, ohne sich untereinander zu beeinflussen. Die Kriterien ihrerseits werden ausschließlich von Elementen, die auf der nächst niedrigeren Ebene (Ebene 2) angeordnet sind, beeinflußt. In dem angeführten Beispiel sind das die Alternativen A, B und C. Die Alternativen bilden stets die unterste Ebene in der Hierarchie. Häufig findet man zwischen den Kriterien und den Alternativen noch eine oder auch mehrere Zwischenebenen. So könnte man im gegebenen Beispiel Finanzaspekte durch die Unterkriterien Kaufpreis, Kosten für Umgestaltung und laufende Unterhaltungskosten darstellen. Diese Gruppe von Unterkriterien würde dann ausschließlich das Kriterium Finanzaspekte, nicht aber die Kriterien Umfeld, Zustand und Lage beeinflussen. Die Unterkriterien ihrerseits würden dann von den Alternativen A, B und C beeinflußt, die jedoch dann keinen direkten Einfluß mehr auf das Kriterium Finanzaspekte hätten. Aus Platzgründen wird das Beispiel hier ohne Unterkriterien betrachtet. Die Erweiterung um solche mag der Leser als Übung für die hierarchische Modellierung von Entscheidungsproblemen bearbeiten.

Das Entscheidungsproblem wird nun sukzessiv durch Abarbeitung von Teilproblemen gelöst. Für das erste zu betrachtende Teilproblem werden die Kriterien Finanzaspekte, Umfeld, Zustand und Lage paarweise auf ihre Wichtigkeit im Hinblick auf das Erfolgsziel Immobilienkauf verglichen, welches sie unmittelbar beeinflussen. Der Entscheider muß also für alle Kriterienpaare (x, y) auf der Ebene der Kriterien die Frage beantworten:

*Wie wichtig ist mir Kriterium x im Vergleich zu Kriterium y im Hinblick auf das Erfolgsziel als unmittelbar beeinflußte Größe?*

Dieser Paarvergleich geschieht analytisch, das heißt, es werden Zahlenwerte benutzt, um solche Wichtigkeiten auszudrücken. Die Ergebnisse der Paarvergleiche werden in sogenannten *Paarvergleichsmatrizen* eingetragen. Paarvergleichsmatrizen sind quadratische Matrizen, die als Zeilen- und als Spaltenbeschriftung die Namen der Elemente aufweisen, die miteinander verglichen werden. Die Paarvergleichsmatrix kann mit dem Namen des Elements bezeichnet werden, welches durch die miteinander zu vergleichenden Elemente unmittelbar beeinflußt wird. Für die Bewertung der Paarvergleiche mit Zahlen gibt Thomas L. Saaty, auf den das AHP zurückgeht, unter anderem eine *neun-Punkte-Skala* samt Interpretation an:

| Wert | Interpretation |
|:---:|:---|
| 1 | beide miteinander verglichenen Elemente haben die gleiche Bedeutung für das nächsthöhere Element |
| 3 | etwas größere Bedeutung eines Elements im Vergleich zu einem anderen Element im Hinblick auf das nächsthöhere Element |
| 5 | erheblich größere Bedeutung eines Elements im Vergleich zu einem anderen Element im Hinblick auf das nächsthöhere Element |
| 7 | sehr viel größere Bedeutung eines Elements im Vergleich zu einem anderen Element im Hinblick auf das nächsthöhere Element |
| 9 | ein Element ist im Vergleich zu einem anderen Element absolut dominierend im Hinblick auf das nächsthöhere Element |
| 2, 4, 6, 8 | Zwischenwerte: Zwischen zwei benachbarten Bewertungen wird ein Kompromiß getroffen |

Damit stehen für den Paarvergleich die Werte 1, 2, ..., 9 und deren Kehrwerte $\frac{1}{1}, \frac{1}{2}, ..., \frac{1}{9}$ zur Verfügung. Die Bedeutung der Kehrwerte wird an einem auf der nächsten Seite folgenden Beispiel verdeutlicht.

Es wird vorausgesetzt, daß der Entscheidungsfäller die relative Wichtigkeit von zwei Elementen im Hinblick auf das nächsthöher angeordnete Element in der Hierarchie beziffern kann. Sind dabei n Elemente miteinander zu vergleichen, so muß der Entscheidungsfäller $\frac{1}{2} \cdot n \cdot (n-1)$ Paarvergleiche vornehmen. Die Paarvergleichsmatrix der Kriterien im Hinblick auf das Erfolgsziel könnte für das Beispiel so aussehen, wobei die vorzunehmenden Paarvergleiche hervorgehoben sind:

| Immobilienkauf | Finanzen | Umfeld | Zustand | Lage |
|---|---|---|---|---|
| Finanzen | 1 | **1/8** | **1/4** | **1/2** |
| Umfeld | 8 | 1 | **2** | **4** |
| Zustand | 4 | 1/2 | 1 | **2** |
| Lage | 2 | 1/4 | 1/2 | 1 |

Überlegen wir kurz, warum die übrigen Paarvergleiche nicht explizit angestellt werden müssen: Die Elemente auf der Hauptdiagonalen der Paarvergleichsmatrix müssen den Wert 1 haben, denn das ist die einzig sinnvolle Antwort auf die Frage "Wie wichtig ist mir das Kriterium x (z.B. Finanzen) im Vergleich zum Kriterium x (dann ebenfalls Finanzen) im Hinblick auf das nächst höhere Element Immobilienkauf?" Die Elemente unterhalb der Hauptdiagonalen können aus den Elementen oberhalb der Hauptdiagonalen unmittelbar abgeleitet werden. Wenn die Paarvergleiche stimmig sind und die Antwort auf die Frage "Wie wichtig ist mir x (z.B. Umfeld) im Vergleich zu y (z.B. Lage) im Hinblick auf z (Immobilienkauf)?" lautet a (hier: 4), dann kann die Antwort auf die Frage "Wie wichtig ist mir y (hier: Finanzen) im Vergleich zu x (hier: Umfeld) im Hinblick auf z (hier: Immobilienkauf)?" nur 1/a (hier: 1/4) sein.

Falls der Entscheidungsfäller die Paarvergleichsmatrix $A=(a_{ij})_{1\leq i,j\leq n}$ völlig widerspruchsfrei angegeben hat, so gilt folgende *Konsistenzbedingung*:

$$a_{ik}\cdot a_{kj}=a_{ij} \quad \text{für alle } 1\leq i, j, k\leq n.$$

Dies bedeutet: Ist dem Entscheidungsfäller Kriterium i $a_{ik}$ mal so wichtig wie Kriterium k und ist ihm Kriterium k $a_{kj}$ mal so wichtig wie Kriterium j, so ergibt sich, daß ihm Kriterium i $a_{ik}\cdot a_{kj}$ mal so wichtig ist wie Kriterium j, was durch den Eintrag $a_{ij}$ in der Matrix A ausgedrückt ist.

Gilt $a_{ij}>0$ für alle $1\leq i,j\leq n$, so folgt aus der Konsistenzbedingung, daß A eine *reziproke Matrix* ist, d.h., es gilt

$$a_{ij}=\frac{1}{a_{ji}} \quad \textit{für alle } 1\leq i,j\leq n.$$

Weiter folgt aus der Konsistenzbedingung: Es existiert ein *Gewichtevektor* $w=(w_1,...,w_n)^T\in\mathbb{R}^n$ mit $w_i>0$ für $1\leq i\leq n$, so daß gilt

$$a_{ij}=\frac{w_i}{w_j} \quad \textit{für alle } 1\leq i,j\leq n.$$

Fordert man die Normierung des Gewichtevektors w derart, daß $\sum\limits_{i=1}^{n} w_i = 1$ gilt, so ist w eindeutig bestimmt. Dies bedeutet, daß im Falle einer völlig konsistenten Paarvergleichsmatrix A die gesamte Information über die relative Wichtigkeit der Kriterien 1,...,n zueinander durch genau einen Gewichtevektor $w \in \mathbb{R}^n$ dargestellt werden kann. In diesem Fall, also dem Fall einer völlig konsistenten Paarvergleichsmatrix A, können die Gewichte $w_i$ durch Normierung einer beliebigen Spalte j der Matrix A berechnet werden:

$$w_i = \frac{a_{ij}}{\sum\limits_{k=1}^{n} a_{kj}} \qquad \textit{für alle } 1 \le i \le n, \textit{ mit } 1 \le j \le n.$$

Das AHP nutzt diese Zusammenhänge, um aus den Paarvergleichsmatrizen, die der Entscheidungsfäller ausfüllen muß, für jedes Teilproblem einen solchen Gewichtevektor w zu bestimmen. Leider unterlaufen den menschlichen Entscheidungsfällern beim Ausfüllen der Paarvergleichsmatrizen Fehler, so daß diese Matrizen nicht völlig konsistent sind. Folglich kann w nicht mehr durch Normierung einer beliebigen Spalte j aus A berechnet werden; aufgrund der Inkonsistenz repräsentieren die verschiedenen Spalten unterschiedliche Wichtigkeitsverhältnisse der betrachteten Kriterien. Nach Saaty läßt sich das Problem mit Hilfe des *Eigenvektors* zum größten *Eigenwert* von A lösen. Der Gedanke fußt auf folgendem Fakt: Ist $A \in \mathbb{R}^{n \times n}$ eine völlig konsistente reziproke Matrix in obigem Sinne, so besitzt A den Eigenwert n (gleich Dimension der Matrix A) und den zugehörigen Eigenvektor $w \in \mathbb{R}^n$; d.h., es gilt $A \cdot w = n \cdot w$. Die übrigen n-1 Eigenwerte der Matrix A haben bei völliger Konsistenz den Wert null.

Bei Inkonsistenzen der Matrix A geht diese Eigenschaft verloren. Jedoch ändern sich die Eigenwerte von A nur um einen kleinen Betrag, wenn die Koeffizienten der Matrix A nur geringfügig gestört sind. Saaty's Idee war es nun, den gesuchten Gewichtevektor w als den normierten Eigenvektor zum größten Eigenwert $\lambda_{max}$ von A zu berechnen. Konkret geschieht das durch die Abarbeitung der nachfolgenden drei Schritte:

1. Berechne den größten Eigenwert $\lambda \in \mathbb{R}$ als $\lambda_{max}$ für die Matrix A durch Lösen der Gleichung **det(A-$\lambda$I)=0**, wobei $I \in \mathbb{R}^{n \times n}$ die Einheitsmatrix ist.

2. Bestimme den Eigenvektor $\tilde{w} \in \mathbb{R}^n$ zum Eigenwert $\lambda_{max}$ mit $\tilde{w} \ne 0 \in \mathbb{R}^n$, $\tilde{w}_i \ge 0$ für $1 \le i \le n$ als Lösung des linearen Gleichungssystems $(A - \lambda_{max} \cdot I) \cdot \tilde{w} = 0$.

3. Berechne die Komponenten $w_i$ des Gewichtsvektor w mittels der Formel

$$w_i = \frac{\tilde{w}_i}{\sum_{j=1}^{n} \tilde{w}_j} \qquad \textit{für alle } 1 \leq i \leq n.$$

Für eine völlig konsistente Paarvergleichsmatrix gilt $\lambda_{max}$=n. Im Falle einer inkonsistenten Matrix ist $\lambda_{max}$>n. Das nutzt man zur Konstruktion einer Maßgröße für die Konsistenz der Matrix A, den *Konsistenzindex* KI(A) mit

$$KI(A) = \frac{\lambda_{max} - n}{n - 1}.$$

Aus dem Verhältnis von KI(A) zu einem *Random Index* RI(n) kann nun der Konsistenzwert KW(A) der Matrix A berechnet werden:

$$KW(A) = \frac{KI(A)}{RI(n)}.$$

Der *Konsistenzwert* wird benutzt, um zu beurteilen, ob der Entscheider die Paarvergleiche genügend konsistent angegeben hat. Ist KW(A)≤0,1, so wird A als ausreichend konsistent eingeschätzt; anderenfalls sollte der Entscheidungsfäller die angegebenen Paarvergleiche nochmals überarbeiten. In der damit einhergehenden Rückkopplung tritt der Prozeßcharakter des AHP deutlich zutage.

Die Werte für RI(n), den Random Index, kann man der nachfolgend abgedruckten Tabelle entnehmen. Die Werte RI(n) wurden als durchschnittliche Konsistenzindizes für reziproke Zufallsmatrizen $A \in \mathbb{R}^{n \times n}$ berechnet, wobei die Koeffizienten der Matrizen A aus den Werten 1/9, 1/8, ..., 1/2, 1, 2, ..., 8, 9 der Saatyschen neun-Punkte-Skala gewählt wurden.

| n | RI(n) | | n | RI(n) |
|---|---|---|---|---|
| 3 | 0,58 | | 10 | 1,49 |
| 4 | 0,90 | | 11 | 1,51 |
| 5 | 1,12 | | 12 | 1,48 |
| 6 | 1,24 | | 13 | 1,56 |
| 7 | 1,32 | | 14 | 1,57 |
| 8 | 1,41 | | 15 | 1,59 |
| 9 | 1,45 | | | |

Nun bleibt als Aufgabe noch, aus den Gewichtevektoren, die jeweils Aufschluß über die Bedeutung von einzelnen Elementen einer Gruppe auf der Ebene k im Hinblick auf ein Element der Ebene k-1 geben, eine Bewertung der Alternativen im Hinblick auf das Erfolgsziel zu bestimmen. Die Bewertung einer einzelnen Alternative ergibt sich aus der Summe über die Bewertung aller Pfade, die von dieser Alternative zum Erfolgsziel führen. Dabei berechnet sich eine Pfadbewertung als Produkt der Gewichte der Beziehungen, die ein Pfad repräsentiert. Ein Pfad selbst sei hier die Verbindung von einer Alternative als Element der untersten Ebene über die in der Hierarchie abgebildeten Beziehungen zu dem Erfolgsziel, wobei ein Pfad stets nur von einer niedrigeren zu einer höheren Ebene führt.

Eine einfache Möglichkeit, die *Alternativenbewertungen* auszurechnen, ist, die Gewichte zwischen den obersten drei Ebenen zu aggregieren, so daß diese Aggregation sinnerhaltend die Beziehungen zwischen den Elementen der drittobersten zu dem Element der obersten Schicht wiedergibt. In Abb. 3.3 ist die Aggregation der Gewichte skizziert. Die in der Abbildung benutzten Symbole sind:

- $x_{i,k}$ für das i-te Element auf der k-ten Ebene. $x_{0,0}$ ist das Erfolgsziel.

- $w(x_{i,k}, x_{j,l})$ für das Gewicht von $x_{i,k}$ als Element einer niedrigeren Ebene im Hinblick auf $x_{j,l}$ als Element einer höheren Ebene (d.h. l<k).

- m(k) für die Anzahl der Elemente auf der k-ten Ebene.

Mit Bezug auf die Abb. 3.3 wird das Gewicht $w(x_{j0,k}, x_{0,0})$ berechnet gemäß

$$w(x_{j_0,k}, x_{0,0}) = \sum_{i=0}^{m(k-1)} w(x_{j_0,k}, x_{i,k-1}) \cdot w(x_{i,k-1}, x_{0,0}).$$

Diese Berechnung führt man für alle Elemente der Ebene k durch und erhält so die Gewichte ebendieser Elemente mit Blick auf das Erfolgsziel. Die so berechneten Gewichte beinhalten alle Informationen, die zuvor in allen Gewichten zwischen den Ebenen k und k-1 sowie k-1 und 0 gemeinsam repräsentiert waren. In der vereinfachten Hierarchie, die in Abb. 3.3 rechts angedeutet ist, wird Ebene k zur zweitobersten Ebene unmittelbar unter der Ebene 0. Die Berechnung kann somit für weitere Ebenen iteriert werden. Bei der nächsten Iteration wäre Ebene 0 die oberste Ebene, Ebene k die zweitoberste Ebene und Ebene k+1 die drittoberste Ebene. Die Aggregation der Gewichte zwischen diesen Ebenen würde die Gewichte für die Elemente der Ebene k+1 im Hinblick auf das Erfolgsziel liefern.

Nachdem wir uns bislang mit den Grundlagen des AHP beschäftigt haben, werden nun die vier *Grundsätze*, die für die Anwendbarkeit des AHP erfüllt sein müssen, unmittelbar einleuchten:

1. Der Entscheidungsfäller muß für je zwei Alternativen i und j aus der endlichen Menge aller Alternativen einen Wert $a_{ij}$ für den Vergleich dieser beiden im Hinblick auf ein Kriterium aus der Menge aller Kriterien auf einer Ratio-Skala beziffern können, so daß für alle $1 \le i,j \le n$ gilt:

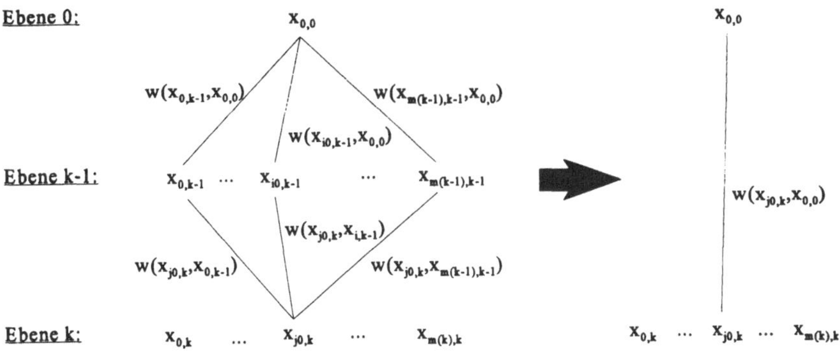


***Abb. 3.3:*** *Vorgehensweise zur Aggregation der Gewichte im AHP*

$$a_{ij} = \frac{1}{a_{ji}}$$

2. Für alle Einträge $a_{ij}$ einer Paarvergleichsmatrix A gilt $a_{ij} < \infty$. Anderenfalls würde der Entscheidungsfäller eine Alternative einer anderen gegenüber hinsichtlich eines Kriteriums unendlich stark bevorzugen; folglich läge keine wirkliche Entscheidungssituation vor.

3. Das Entscheidungsproblem ist hierarchisch darstellbar. Dies bedeutet, daß sich Erfolgsziel, Kriterien, gegebenenfalls Unterkriterien und Alternativen in Ebenen anordnen lassen und die Beziehungen zwischen diesen Gruppen durch Verbindungen zwischen den Ebenen darstellen lassen. Läßt man die Ebene der Alternativen weg, so ist die Hierarchie graphentheoretisch als Baumstruktur beschreibbar.

4. Es müssen *alle* Kriterien, Alternativen und deren Bewertungen in der Hierarchie dargestellt werden. Berücksichtigt man nur einen Teil der Alternativen (bzw. Kriterien), so kann es aufgrund der Bewertung mittels relativer Vergleiche zu einer veränderten Rangfolge unter den letztlich betrachteten Alternativen im Unterschied zu der Rangfolge dieser unter allen Alternativen kommen.

Die algorithmische Vorgehensweise zur Anwendung des AHP kann auf abstraktem Niveau so zusammengefaßt werden:

| | |
|---|---|
| *Entscheidungsproblem hierarchisch strukturieren* | |
| | *Paarvergleiche durchführen* |
| | *Konsistenzwerte berechnen* |
| *until* *ausreichende Konsistenz erreicht* | |
| *Gewichtevektoren berechnen* | |
| *Alternativenbewertung vornehmen* | |
| *Entscheidungsvorschlag auswählen* | |

Die *Interpretation* der Alternativenbewertung geschieht in Abhängigkeit von der Optimierungsrichtung: Soll das Erfolgsziel maximiert werden, so sind Alternativen mit höherem Gewicht gegenüber solchen mit niedrigerem Gewicht zu bevorzugen. Ist das Erfolgsziel zu minimieren, so sind Alternativen mit niedrigerer Alternativenbewertung gegenüber solchen mit höherer Alternativenbewertung vorzuziehen.

Wenden wir nun die Theorie auf das eingangs zu diesem Kapitel formulierte Beispiel an. Dazu sind noch einige Angaben über die Alternativen bezüglich der Kriterien erforderlich: Alternative A ist unter finanziellen Gesichtspunkten als eher aufwendig einzuschätzen, B als günstig und C als sehr billig. Vom Umfeld her ist A als sehr gut einzustufen, C als durchschnittlich und B als ungünstig. Der Zustand des Objekts A wird als gut eingestuft, der Zustand von B als hervorragend und der von C als sanierungsbedürftig. Von der Lage her wird A als sehr günstig, B als günstig und C als eher ungünstig gelegen beurteilt.

Der Entscheidungsfäller hat für die dem Leser so verbal vorgestellten Objekte die nachfolgend abgedruckten (zum Teil inkonsistenten) Paarvergleichsmatrizen angegeben:

| Finanzen | A | B | C |
|---|---|---|---|
| A | 1 | 1/3 | 1/6 |
| B | 3 | 1 | 1/2 |
| C | 6 | 2 | 1 |

| Umfeld | A | B | C |
|---|---|---|---|
| A | 1 | 6 | 3 |
| B | 1/6 | 1 | 1/3 |
| C | 1/3 | 3 | 1 |

| Zustand | A | B | C |
|---|---|---|---|
| A | 1 | 1/2 | 5 |
| B | 2 | 1 | 8 |
| C | 1/5 | 1/8 | 1 |

| Lage | A | B | C |
|---|---|---|---|
| A | 1 | 2 | 3 |
| B | 1/2 | 1 | 2 |
| C | 1/3 | 1/2 | 1 |

Die Paarvergleichsmatrix Immobilienkauf für die Kriterien mit Blick auf das Erfolgsziel war zuvor schon angegeben worden.

Der größte Eigenwert zur Matrix Finanzen ist 3. Hieraus folgt, daß die Matrix völlig konsistent ist. Entsprechend ist KW(Finanzen)=0.

Betrachten wir die Matrix Umfeld: Der größte Eigenwert ist 3,0183. Offensichtlich hat der Entscheidungsfäller diesmal die Paarvergleiche nicht völlig konsistent angegeben. Der Konsistenzwert KW(Umfeld) muß also entscheiden, ob die Paarvergleichsmatrix noch akzeptabel ist oder korrigiert werden sollte.

$$KW(Umfeld) = \frac{KI(Umfeld)}{RI(3)} = \frac{\frac{3,0183-3}{3-1}}{0,58} = 0,016 < 0,1$$

Die Matrix Umfeld ist somit hinreichend konsistent und muß nicht korrigiert werden.

Für die Matrix Zustand hat der größte Eigenwert den Wert 3,0055. Auch diese Matrix ist folglich nicht völlig konsistent. Da KW(Zustand)=0,070<0,1 ist, wird die Paarvergleichsmatrix als ausreichend konsistent akzeptiert.

Die Matrix Lage besitzt als größten Eigenwert 3,0092. Entsprechend ist auch diese Matrix nicht völlig konsistent. Der Konsistenzwert ist KW(Lage)=0,079<0,1. Die Paarvergleichsmatrix wird folglich als ausreichend konsistent akzeptiert.

Die Matrix Immobilienkauf war bewußt völlig konsistent gewählt. Entsprechend besitzt sie den Eigenwert 4 (Dimension der Matrix n=4) und den Konsistenzwert KW(Immobilienkauf)=0.

Da alle Paarvergleichmatrizen ausreichend konsistent sind, sind im folgenden Schritt zunächst die Eigenvektoren zu obigen Eigenwerten zu bestimmen, um anschließend daraus die Gewichtevektoren zu berechnen.

Für die Matrix Finanzen lautet der Eigenvektor zum Eigenwert 3 $(1, 3, 6)^T$. Der Gewichtevektor ergibt sich dann zu $(0,1, 0,3, 0,6)^T$.

Der Eigenvektor der Matrix Umfeld zum Eigenwert 3,0183 ist $(1, 0,1456, 0,3816)^T$. Der zugehörige Gewichtevektor ist $(0,6548, 0,0953, 0,2496)^T$.

Der Eigenvektor zur Matrix Zustand und dem Eigenwert 3.0055 ist $(4,6403, 8,6195, 1)^T$. Der Gewichtevektor ist $(0,3254, 0,6045, 0,0701)^T$.

Für die Matrix Lage ergibt sich der Eigenvektor zum Eigenwert 3,0092 zu $(1, 0,5503, 0,3029)^T$. Der entsprechende Gewichtevektor ist $(0,5396, 0,2970, 0,1634)^T$.

Für die Matrix Immobilienkauf ist der Eigenvektor zum Eigenwert 4 $(1, 8, 4, 2)^T$. Der zugehörige Gewichtevektor berechnet sich als $(0,0667, 0,5333, 0,2667, 0,1333)^T$.

Die Abb. 3.4 faßt den erreichten Stand des Entscheidungsprozesses zusammen. Es bleibt noch die Alternativenbewertung hinsichtlich des Erfolgsziels mittels der Gewichteaggregation zu berechnen und aus dem Ergebnis dieses Schrittes eine Alternative als Entscheidungsvorschlag auszuwählen. Das Ergebnis der Alternativenbewertung ist in Abb. 3.5 ausgewiesen. Da das Erfolgsziel im Beispiel zu maximieren ist, lautet der Entscheidungsvorschlag, Alternative A zu wählen.

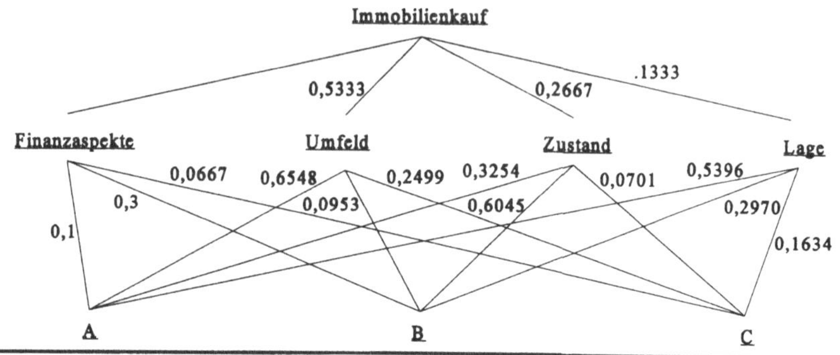


***Abb. 3.4:*** *Aus Paarvergleichsmatrizen berechnete Gewichte*

Falls Sie als Leser sich an dem vorgestellten Beispiel mit hierarchischer Modellierung von Entscheidungssituationen vertrauter machen möchten, sind Sie eingeladen, das Beispiel nachzurechnen und auszuweiten. Das Beispiel kann leicht ausgeweitet werden, indem man die Hierarchie durch Einfügen von Unterkriterien (z.B. finanzielle Aspekte: Kaufpreis, Kosten für eine eventuelle Umgestaltung der Immobilie, zu erwartende Kosten für den Unterhalt etc.) ergänzt.

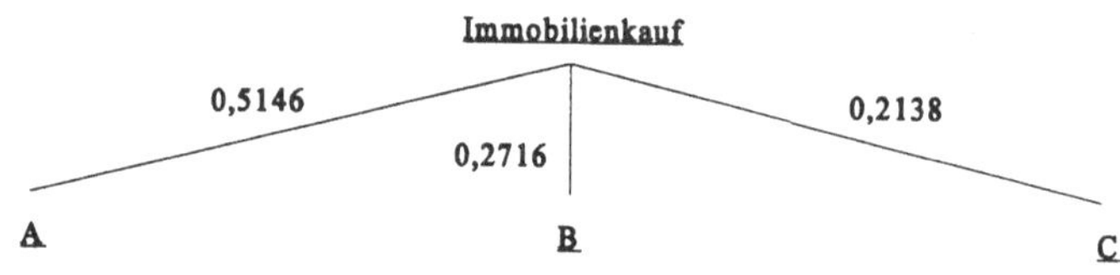


***Abb. 3.5:*** *Alternativenbewertung*

## 3.4 Fuzzy Set Theorie

Wählt man zur Fuzzy Set Theorie - oder auch Theorie der unscharfen Mengen - einen Zugang aus mengentheoretischer Sicht, so stellen sich Fuzzy Sets als eine Verallgemeinerung klassischer Mengen dar. Daß diese "unscharfen Mengen" sehr wohl exakt und konkret angegeben werden können und mit ihrer Hilfe präzise Aussagen formuliert werden können, soll u.a. in diesem Abschnitt vermittelt werden.

In der klassischen Mengentheorie ist für jedes Element zweiwertig entscheidbar, ob das Element einer Menge angehört oder nicht. Ein Beispiel: Die Menge der heißen Tage im Jahr sei für Aachen zu bestimmen, wobei ein Tag zum Element dieser Menge wird, wenn die vom Wetteramt für Aachen gemessene Tageshöchsttemperatur 30,0 °C erreicht oder übersteigt. Dementsprechend gehört ein Tag, für den eine Tageshöchsttemperatur von 35 °C gemessen wurde, ebenso zur Menge der heißen Tage wie ein Tag, für den 31 °C gemessen wurden. Ebenso gehört ein Tag, für den 15 °C gemessen wurden, nicht zu dieser Menge. Soweit entspricht dies zweifellos auch dem Verständnis, wenn sich zwei Menschen verbal über die Zuordnung dieser Tage zur Menge der heißen Tage verständigen würden. Soweit diese Menschen das Problem nicht als Mathematiker behandeln, würde dieses Verständnis vermutlich spätestens dann auf eine harte Probe gestellt, wenn eine Einigung über die Zuordnung eines Tages mit einer gemessenen Temperatur von 29,9 °C erzielt werden soll. Nach der klassischen Mengentheorie ist dieser Tag entsprechend der Definition nicht Element der Menge der heißen Tage; die Ausprägung des Meßwertes ist jedoch so, daß viele Personen intuitiv den Tag auch der Menge der heißen Tage zuordnen würden, wobei dies eventuell mit einer anderen Wertigkeit ("nicht ganz, aber doch") geschehen würde, als dies bei einer Temperatur von 35 °C der Fall wäre. Diesem Phänomen, welches häufig im Zusammenhang mit starr definierten Grenzen auftritt, trägt die Fuzzy Set Theorie Rechnung, indem sie die Zugehörigkeit von Elementen zu einer Menge von der ja/nein Modellierung zu einer mehr/weniger Darstellung verallgemeinert. Für ein Element einer unscharfen Menge wird graduell unterschieden, ob es zu der Menge gehört oder nicht. An obigem Beispiel bedeutet dies: Die Tage mit Temperaturen größer oder gleich 30 °C gehören zum maximal möglichen Grad zur Menge der heißen Tage. Der Tag mit 29,9 °C gehört ebenfalls zur Menge der heißen Tage, jedoch zu einem geringeren Grad als die Tage mit 31 °C und 35 °C.

Was an dem Beispiel "Menge der heißen Tage" verbal motiviert wurde, wird nun durch die Definition des Begriffs der unscharfen Menge konkretisiert. Dazu sei als Konvention vereinbart, daß klassische Mengen durch lateinische Großbuchstaben und unscharfe Mengen durch lateinische Großbuchstaben mit Tilde (~) bezeichnet werden.

*Definition:* Es sei X eine (klassische) Menge, dann heißt $\tilde{A}=\{(x,\mu_{\tilde{A}}(x))|x\in X\}$ eine *unscharfe Menge* (Fuzzy Set) auf X. $\mu_{\tilde{A}}\colon X\to\mathbb{R}_{\geq 0}$ heißt *Zugehörigkeitsfunktion* (membership function). Gilt für alle $x\in X$: $0\leq\mu_{\tilde{A}}(x)\leq 1$, so heißt $\tilde{A}$ *normierte unscharfe Menge.*

Das Fuzzy Set, welches "heiß" zu obigem Beispiel näher beschreibt, könnte beispielsweise durch folgende Formel oder äquivalent dazu durch den Graphen in Abb. 3.6 beschrieben werden.

$$\tilde{A}=\{(x,\mu_{\tilde{A}}(x))|\ x\ ist\ Temperatur\ in\ °C,\ \mu(x)=\begin{cases} 0,\ falls\ x\leq 28 \\ \frac{1}{2}x-14,\ falls\ 28<x\leq 30 \\ 1,\ sonst \end{cases}$$

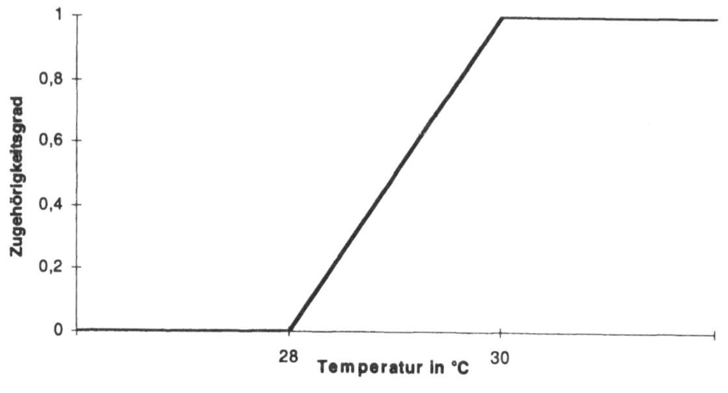


**Abb. 3.6:** *Unscharfe Menge "heiß" in bezug auf die Tagestemperatur*

An dieser Stelle sei noch auf die Semantik des Begriffs "Unschärfe" bei Fuzzy Sets hingewiesen: Mit Hilfe eines Fuzzy Sets kann in dem Sinne Unschärfe modelliert werden, daß eine graduelle Zugehörigkeit von Elementen zu diesem Fuzzy Set darstellbar ist. Diese Darstellung erfolgt durch präzise Angabe der Zugehörigkeitsfunktion, so daß schließlich das Fuzzy Set exakt definiert ist. Mit anderen Worten: *Es ist nichts unscharf an unscharfen Mengen!*

Für den Fall, daß die Basisvariable x über einer diskreten Menge X definiert ist, ist die Enumeration aller $x\in X$, welche einen Zugehörigkeitsgrad echt größer Null zum zu beschreibenden Fuzzy Set haben, ebenfalls eine gebräuchliche Darstellungsweise.

Auch hierzu ein Beispiel: Mehrere Wohnungen seien allein durch die Anzahl ihrer Räume charakterisiert. Die Anzahl der Räume reiche von eins bis acht. Die Basisvariable x ist also Element der Menge X={1, 2, 3, 4, 5, 6, 7, 8}. Für eine fünfköpfige Familie könnte dann eine unscharfe Menge "attraktive Wohnung" wie folgt beschrieben sein: $\tilde{A}$={(2, 0.1), (3, 0.4), (4, 0.8), (5, 1), (6, 1), (7, 0.8), (8, 0.2)}.

Einige Elemente der Basisvariablen $x \in X$ von unscharfen Mengen sind besonders hervorzuheben: Die Menge aller Elemente der Basisvariable x eines Fuzzy Sets $\tilde{A}$ mit einem Zugehörigkeitsgrad echt größer Null zum Fuzzy Set heißt *stützende Menge* oder auch *Support* (im Zeichen: $S_{\tilde{A}}$). Die Menge aller Elemente der Basisvariable x, für die gilt $\mu_{\tilde{A}}(x) \geq \alpha$, heißt *$\alpha$-Schnitt* oder auch *$\alpha$-Cut* (im Zeichen: $S_{\alpha}$). Sowohl die stützende Menge als auch der Alphaschnitt sind "scharfe" Mengen, also keine Fuzzy Sets.

Für das Wohnungsbeispiel lassen sich die stützende Menge und der $\alpha$-Schnitt für $\alpha$=0.5 so angeben: $S_{\tilde{A}}$={2, 3, 4, 5, 6, 7, 8} und $S_{0.5}$={4, 5, 6, 7}.

Eine spezielle Art der unscharfen Menge ist die unscharfe Zahl: Eine *unscharfe Zahl* ist definiert als eine konvexe, auf das Intervall [0, 1] normierte unscharfe Menge auf $\mathbb{R}$, wobei nur ein Element $x_0 \in \mathbb{R}$ mit Zugehörigkeitsgrad 1 existiert. Ein Fuzzy Set $\tilde{A}$ ist genau dann konvex, wenn alle seine $\alpha$-Schnitte konvex sind.

Ein Beispiel für die unscharfe Zahl "ungefähr 10" ist in Abb. 3.7 abgedruckt.

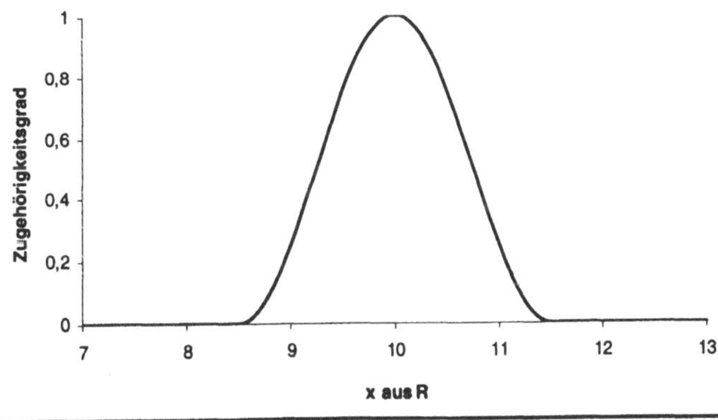


***Abb. 3.7:*** *Unscharfe Zahl "ungefähr 10"*

Mit dem Konzept der unscharfen Zahlen wurde zuvor bereits ein Hilfsmittel eingeführt, welches es gestattet, mit Termen, wie beispielsweise "ungefähr 10", die

Menschen sehr wohl interpretieren können, auch in formalen Modellen umzugehen. Auf der nächsthöheren Abstraktionsstufe findet sich das Konzept der linguistischen Variablen als eine Verallgemeinerung einer Grundidee der unscharfen Zahlen. Lotfi Zadeh, der Begründer der Fuzzy Set Theorie, der auch heute noch die Arbeiten auf diesem Gebiet durch visionäre Ideen inspiriert, schrieb 1973 in einem Memorandum mit dem Titel "The concept of a linguistic variable and its application to approximate reasoning"(Memorandum ERL-M 411, Berkeley, October 1973):

> IN RETREATING FROM PRECISION IN THE FACE OF OVERPOWERING COMPLEXITY, IT IS NATURAL TO EXPLORE THE USE OF WHAT MIGHT BE CALLED *LINGUISTIC* VARIABLES, THAT IS, VARIABLES WHOSE VALUES ARE NOT NUMBERS BUT WORDS OR SENTENCES IN A NATURAL OR ARTIFICIAL LANGUAGE.
>
> THE MOTIVATION FOR THE USE OF WORDS OR SENTENCES RATHER THAN NUMBERS IS THAT LINGUISTIC CHARACTERIZATIONS ARE, IN GENERAL, LESS SPECIFIC THAN NUMERICAL ONES.

Die Gedanken Zadehs kann der Leser vermutlich besonders leicht nachvollziehen, wenn er sich folgende Situation vergegenwärtigt, die er wahrscheinlich so oder ähnlich selbst bereits erlebt hat: Eine Person soll ein Auto rückwärts einparken. Eine andere Person weist den Fahrer durch Kommandos wie "etwas weiter nach links", "etwas nach rechts" und ähnliche Anweisungen ein. Der fahrenden Person bereitet die Interpretation dieser vagen Kommandos keinerlei Probleme. Im Gegenteil ist die Person eher fähig, diese Anweisungen umzusetzen, als viel präzisere Anweisungen wie "12° 17' nach links einlenken" oder "21,3 cm vorfahren". Die Exaktheit der Angaben steigert die Komplexität des Informationsverarbeitungsproblems soweit, daß die fahrende Person nicht mehr in der Lage ist, die Anweisungen umzusetzen. Das Konzept der linguistischen Variablen ermöglicht es, die am Beispiel "Auto parken" gezeigten Vorteile in mathematischen Modellen zu nutzen.

***Definition:*** Eine *linguistische Variable* ist eine Variable, deren Werte sprachliche Konstrukte - sogenannte Terme - sind. Die *Terme* werden inhaltlich durch unscharfe Mengen auf einer Basisvariablen definiert.

Beispielhaft beschäftigen wir uns nun mit der linguistischen Variablen "Körpergröße eines Mannes". Diese Variable möge als Werte die Terme "klein", "normal" oder "groß" besitzen, die jeweils durch eine unscharfe Menge über der Basisvariablen "Körpergröße in cm" zu spezifizieren sind. In Abb. 3.8 und 3.9 sind die Terme exemplarisch spezifiziert und in zwei unterschiedlichen Darstellungsformen wiedergegeben. Der wesentliche Unterschied zwischen diesen Darstellungsformen ist, daß einmal die Terme über dem gesamten Wertebereich der Basisvariablen (Abb. 3.8) definiert werden und einmal nur für diskrete Werte der Basisvariablen (Abb.

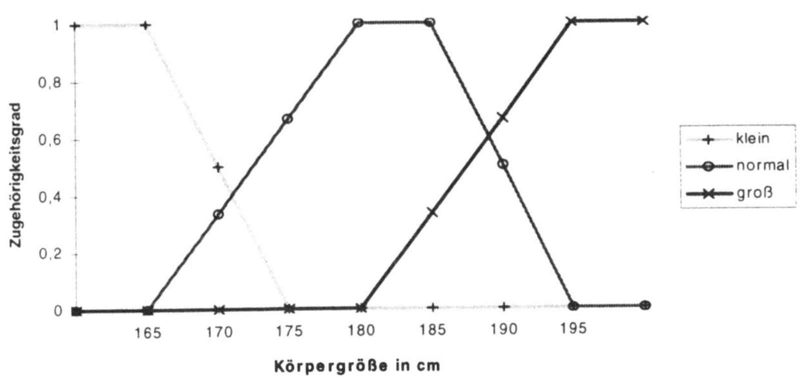


*Abb. 3.8: Definition der Terme "klein", "normal", "groß" als Werte der linguistischen Variablen "Körpergröße eines Mannes"*

3.9). Grundsätzlich eignet sich die Darstellungsweise aus Abb. 3.9 weniger im Falle einer kontinuierlichen Basisvariablen. In diesen Diagrammen werden nur für einige wenige der vielen möglichen Werte der Basisvariablen Zugehörigkeitsgrade angegeben. Da sie jedoch in der Literatur in dieser Verwendung des öfteren anzutreffen ist, ist sie hier beschrieben.

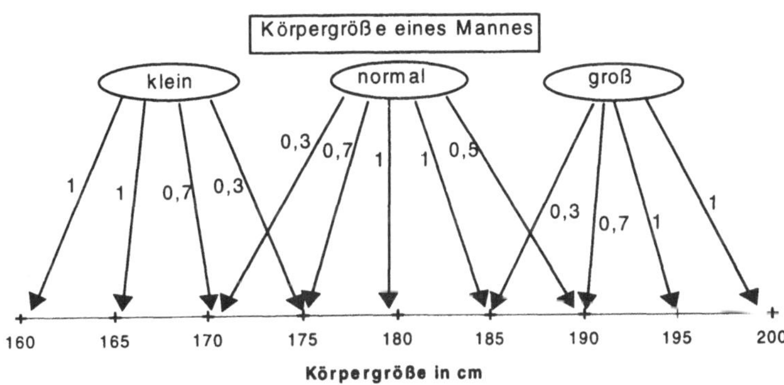


*Abb. 3.9: Definition der Terme "klein", "normal", "groß" als Werte der linguistischen Variablen "Körpergröße eines Mannes"*

**Verknüpfungsoperatoren**

Um unscharfe Mengen weiter verarbeiten zu können, bedarf es sogenannter *Verknüpfungsoperatoren*. Sollen beispielsweise die zwei gegebenen Fuzzy Sets "große Wohnung" und "preiswerte Wohnung" in dem Sinne miteinander verknüpft werden, daß große *und* preiswerte Wohnungen identifiziert werden können, so benötigt man einen Verknüpfungsoperator, mit dem man dieses *und* als Verbindung der beiden Fuzzy Sets "große Wohnung" sowie "preiswerte Wohnung" realisieren kann.

In der klassischen Mengentheorie, als deren Erweiterung - wie eingangs dieses Kapitels gezeigt - die Fuzzy Set Theorie interpretiert werden kann, stehen als Grundoperatoren Durchschnitt, Vereinigung und Komplementbildung zur Verfügung. Modelliert man das Beispiel mit der großen *und* preiswerten Wohnung mittels klassischer Mengen, so würde das *und* durch den Durchschnittsoperator abgebildet. Ein *oder* würde durch den Vereinigungsoperator modelliert, und *nicht* wird durch die Komplementbildung bezüglich einer Grundmenge umgesetzt.

In der zweiwertigen Aussagenlogik sind ebenfalls Verknüpfungsoperatoren für *und, oder* sowie *nicht* definiert. Diese Operatoren, auch als "logisches und", "inklusives oder" sowie "Negation" bezeichnet, sind für zwei logische Variablen a, b$\in\{0, 1\}$, wobei $1\triangleq$wahr und $0\triangleq$falsch sei, so definiert:

<table>
<tr><td colspan="3">logisches und</td></tr>
<tr><td>a</td><td>b</td><td>a∧b</td></tr>
<tr><td>0</td><td>0</td><td>0</td></tr>
<tr><td>0</td><td>1</td><td>0</td></tr>
<tr><td>1</td><td>0</td><td>0</td></tr>
<tr><td>1</td><td>1</td><td>1</td></tr>
</table>

<table>
<tr><td colspan="3">inklusives oder</td></tr>
<tr><td>a</td><td>b</td><td>a∨b</td></tr>
<tr><td>0</td><td>0</td><td>0</td></tr>
<tr><td>0</td><td>1</td><td>1</td></tr>
<tr><td>1</td><td>0</td><td>1</td></tr>
<tr><td>1</td><td>1</td><td>1</td></tr>
</table>

<table>
<tr><td colspan="2">Negation</td></tr>
<tr><td>a</td><td>¬a</td></tr>
<tr><td>0</td><td>1</td></tr>
<tr><td>1</td><td>0</td></tr>
</table>

Sucht man nach einer mathematischen Beschreibung für die aussagenlogischen Verknüpfungen, so könnte man zum Beispiel das Minimum benutzen, um das *logische und* sowie das Maximum, um das *inklusive oder* auszudrücken. Diese Beziehungen zwischen *logischem und* sowie Minimum und *logischem oder* sowie Maximum hat Zadeh benutzt, um Grundoperationen auf Fuzzy Sets zu definieren:

*Definition:* $\tilde{A}$, $\tilde{B}$ seien unscharfe Mengen über der (klassischen) Menge X. Dann heißt $\tilde{A}\cap\tilde{B}=\{(x,\mu_{\tilde{A}\cap\tilde{B}}(x))|\mu_{\tilde{A}\cap\tilde{B}}(x)=\min\{\mu_{\tilde{A}}(x),\mu_{\tilde{B}}(x)\}, x\in X\}$ die *Schnittmenge* von $\tilde{A}$ und $\tilde{B}$; der Operator $\cap$ wird hier durch den *Minimum-Operator* ausgedrückt. Die unscharfe Menge $\tilde{A}\cup\tilde{B}=\{(x,\mu_{\tilde{A}\cup\tilde{B}}(x))|\mu_{\tilde{A}\cup\tilde{B}}(x)=\max\{\mu_{\tilde{A}}(x),\mu_{\tilde{B}}(x)\}, x\in X\}$ heißt die *Vereinigungsmenge* der Fuzzy Sets $\tilde{A}$ und $\tilde{B}$; der Operator $\cup$ wird hier durch den

*Maximum-Operator* ausgedrückt. Falls $\tilde{A}$ eine normierte unscharfe Menge ist, so ist das *Komplement* von $\tilde{A}$ definiert durch $\tilde{A}^{C}=\{(x,1-\mu_{\tilde{A}}(x))|x\in X\}$.

Um mit den soeben eingeführten Operatoren vertrauter zu werden, wenden wir nun den Minimum-Operator auf das Beispiel der großen und preiswerten Wohnungen an. Dazu sind zunächst die beiden Fuzzy Sets "große Wohnung" und "preiswerte Wohnung" zu konkretisieren. Beide seien über der Basisvariablen $x\in X=\{1,2,...,8\}$ definiert, wobei x für die Anzahl der Zimmer der Wohnung stehe. Mit:

$\tilde{A}$ = "*große Wohnung*" = $\{(1,0),(2,0.1),(3,0.4),(4,0.6),(5,0.8),(6,1.0),(7,1.0),(8,1.0)\}$

$\tilde{B}$ = "*preiswerte Wohnung*"
   = $\{(1,1.0),(2,1.0),(3,0.9),(4,0.8),(5,0.6),(6,0.4),(7,0.2),(8,0.1)\}$

ergibt sich bei Anwendung des Minimum-Operators die Schnittmenge als unscharfe Menge $\tilde{A}\cap\tilde{B}=\{(1,0),(2,0.1),(3,0.4),(4,0.6),(5,0.6),(6,0.4),(7,0.2),(8,0.1)\}$.

Um durch Anwendung des Minimumoperators zum Begriff der unscharfen Entscheidung zu gelangen, ist es notwendig, die zu schneidenden unscharfen Mengen zweckgebunden zu interpretieren: Zweck mindestens einer Menge ist es, die Zielsetzung des Entscheidungsfällers zu modellieren, während ebenfalls mindestens eine Menge die Restriktionen des Problems beschreibt. Dann gilt:

***Definition:*** Ist ein Entscheidungsproblem in seinen Zielsetzungen durch die unscharfen Mengen $\tilde{Z}_i$, $i\in I$ mit $I$ als nicht-leerer Indexmenge der Zielsetzungen, und in seinen Restriktionen durch die unscharfen Mengen $\tilde{R}_j$, $j\in J$ mit $J$ als nicht-leerer Indexmenge der Restriktionen, beschrieben, so ist die unscharfe Menge $\tilde{E}$ - für Entscheidung - die Schnittmenge aller relevanten unscharfen Mengen:

$$\tilde{E}=(\bigcap_{i\in I}\tilde{Z}_i)\cap(\bigcap_{j\in J}\tilde{R}_j)$$
$$=\{(x,\mu_{\tilde{E}}(x)|x\in X,\ \mu_{\tilde{E}}(x)=\min\{\mu_{\tilde{Z}_i}(x),\mu_{\tilde{R}_j}(x)|i\in I,j\in J\}\}$$

Bei dieser Schreibweise repräsentiert $\mu_{\tilde{Z}_i}(x)$, $i\in I$ den Grad der Zielerfüllung in bezug auf Ziel $i$ für $x\in X$. Entsprechend charakterisiert $\mu_{\tilde{R}_j}(x)$, $j\in J$ den Grad, zu dem die Restriktion $j$ als Begrenzung des Lösungsraums für $x\in X$ erfüllt ist.

Zum besseren Verständnis besprechen wir in Anlehnung an die Literatur ein Beispiel, in dem ein Vorstand das Ziel verfolgt, den Aktionären eine *attraktive* Dividende anzubieten, wobei die Restriktion beachtet werden muß, daß die Dividende aus lohnpolitischen Erwägungen zugleich *bescheiden* sein soll. Was im Beispiel unter *attraktiv* und *bescheiden* verstanden wird, ist durch die unscharfen Mengen $\mu_{\tilde{Z}}$ und $\mu_{\tilde{R}}$ charakterisiert. Die unscharfe Entscheidung ergibt sich dann entsprechend obiger Definition zu $\mu_{\tilde{E}}=\min\{\mu_{\tilde{Z}}(x),\mu_{\tilde{R}}(x)|x\in X\}$, wobei x die Dividende in % ausdrückt. In Abb. 3.10 sind die Zusammenhänge visualisiert.

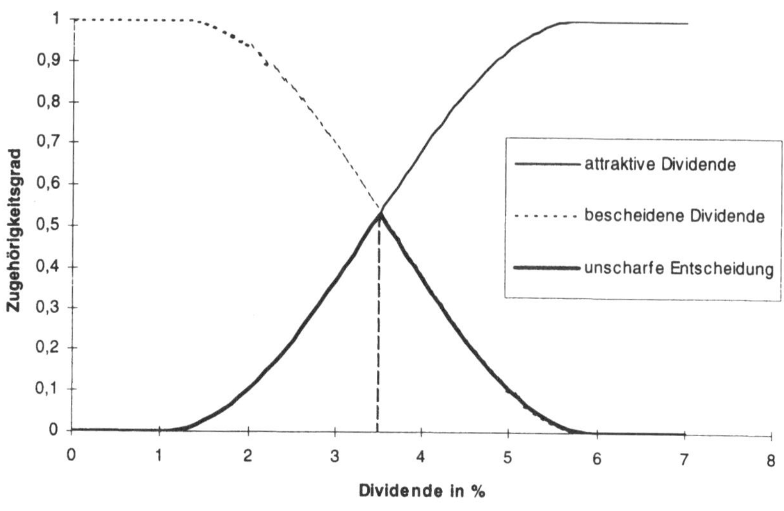


**Abb. 3.10:** *Unscharfe Menge Entscheidung*

Algebraisch sind die Zugehörigkeitsfunktionen für attraktiv und bescheiden so charakterisiert:

$$\mu_{\tilde{Z}}(x) = \begin{cases} 0 & \textit{falls } x \leq 1 \\ \dfrac{1}{2}\sin\left( \dfrac{(x-1)\pi}{4,8} + \dfrac{3}{2}\pi \right) + \dfrac{1}{2} & \textit{falls } 1 < x \leq 5,8 \\ 1 & \textit{falls } x > 5,8 \end{cases}$$

$$\mu_{\tilde{R}}(x) = \begin{cases} 1 & \textit{falls } x \leq 1,2 \\ \dfrac{1}{2}\cos\left( \dfrac{(x-1,2)\pi}{4,8} \right) + \dfrac{1}{2} & \textit{falls } 1,2 < x \leq 6 \\ 0 & \textit{falls } x > 6 \end{cases}$$

Um aus der unscharfen Menge Entscheidung zu einer speziellen Lösung im Sinne von einem x zu gelangen, das als Lösung gewählt werden kann, gibt es eine Anzahl von Verfahren. Eine Möglichkeit besteht darin, das $x \in \mathbb{R}$ zu wählen, für welches $\mu_{\tilde{E}}(x)$ den höchsten Zugehörigkeitsgrad besitzt. Dies ist im Beispiel x=3,5 %. Diese Auswahl eines "scharfen" Entscheidungsvorschlags aus einer unscharfen Menge bezeichnet man als *Defuzzifizierung*.

Bevor wir uns einem anderen Thema zuwenden, soll noch kurz der Unterschied zwischen Zugehörigkeitsfunktionen der Fuzzy Set Theorie und Dichtefunktionen der Wahrscheinlichkeitstheorie besprochen werden. Den entscheidenden Unterschied in der Interpretation kann man sich an einem kleinen Beispiel veranschaulichen, das auf J. Bezdek zurückgeht: Es mögen zwei Kästen F und W mit je zehn identisch aussehenden gefüllten Flaschen bereitstehen. Der Kasten F sei beschriftet mit "trinkbar zum Grade 0,9", und der Kasten W sei beschriftet mit "Wahrscheinlichkeit für Trinkbarkeit = 0,9". Wenn Sie nun eine Flasche nehmen und trinken müßten, aus welchem Kasten würden Sie wählen?

Der Inhalt aller Flaschen im Kasten F ist trinkbar, nämlich zum Grade 0,9. Wenn man die Trinkbarkeit eines Pils-Bieres mit Grad 1,0 bewertet, so könnte zum Beispiel ein Alt-Bier mit "trinkbar zum Grade 0,9" bewertet sein. So ist die Interpretation der Beschriftung von Kasten F, nämlich als Zugehörigkeitsgrad der Fuzzy Set Theorie. Demgegenüber kann die Wahrscheinlichkeitsaussage bezüglich der Flaschen im Kasten W als Aussage über Erwartungswerte verstanden werden: Es ist zu erwarten, daß neun der zehn Flaschen in Kasten W eine trinkbare und eine Flasche eine nicht trinkbare Flüssigkeit beinhaltet. Beispielsweise könnten vier Flaschen mit Pils- und fünf Flaschen mit Alt-Bier gefüllt sein, während eine zehnte Flasche Salzsäure enthält.

Somit ist der wesentliche Unterschied, daß Zugehörigkeitsfunktionen als graduelle Mengenzugehörigkeit interpretiert werden, während Dichtefunktionen relative Häufigkeiten verkörpern.


**Literatur zu Kapitel 3**

Domschke, W.; Drexel, A.: *Einführung in Operations Research.* 4., verb. Aufl., Springer, Berlin 1995.

Laux, H.: *Entscheidungstheorie.* 3. durchges. Aufl., Springer, Berlin 1995.

Laux, H.: *Entscheidungstheorie. Band 2: Erweiterungen und Vertiefung.* 3. Aufl., Springer, Berlin 1993.

Nitzsch, v., R.: *Entscheidungslehre.* 3. Aufl., Verlag der Augustinus Buchhandlung, Aachen 1996.

Zimmermann, H.-J.: *Fuzzy Sets, Decision Making and Expert Systems.* Kluwer, Boston 1986.

Zimmermann, H.-J.; Gutsche, L.: *Multi-Criteria Analyse. Einführung in die Theorie der Entscheidungen bei Mehrfachzielsetzungen.* Springer, 1991.

Zimmermann, H.-J.: *Operations Research - Methoden und Modelle.* 2. überarb. Aufl., Vieweg, Wiesbaden 1992.

Zimmermann, H.-J.: *Fuzzy Set Theory and its Applications.* 3. Aufl., Kluwer, Boston 1996.

# 4 Analytische Optimierungsmodelle im Operations Research und ausgewählte Lösungsverfahren

In diesem Kapitel wird eine Auswahl typischer Klassen von Modellen behandelt, die im Operations Research zur quantitativen Beschreibung von Aufgabenstellungen aus der Wirtschaft entwickelt wurden.

Charakteristisch für diese Modelle ist die Benutzung mathematisch-analytischer Hilfsmittel wie Variablen und Parametern sowie analytischer Ausdrücke, die mit Hilfe derartiger Quantitäten gebildet werden und in relationalen Beziehungen zueinander stehen können. Speziell konzentrieren wir uns in diesem Kapitel auf einkriterielle Optimierungsprobleme, d.h. auf das konstruktive Auffinden einer Lösung, die zum Bereich der zulässigen Lösungen gehört und darüber hinaus eine reellwertige Zielfunktion, die die Nützlichkeit von Lösungen bewertet, maximiert bzw. minimiert. Im Gegensatz zum Kapitel 3, wo ein Entscheidungsproblem in der Auswahl aus einer endlichen Menge von explizit gegebenen Objekten (Entscheidungsalternativen) besteht, ist es für die hier behandelten analytischen Optimierungsmodelle typisch, daß die Entscheidungsalternativen durch reellwertige Entscheidungsvariablen modelliert werden und die Menge zulässiger Entscheidungen durch endlich viele explizit gegebene Restriktionen (Relationen von analytischen Ausdrücken in Abhängigkeit von den Entscheidungsvariablen und Parametern) beschrieben wird.

Die Entscheidungsalternativen sind also nicht explizit von vornherein bekannt, sondern müssen gegebenenfalls durch aufwendige Algorithmen berechnet werden. Dabei weiß man von vornherein nicht, ob die Menge zulässiger Lösungen aus endlich oder unendlich vielen Alternativen besteht oder ob es vielleicht keine zulässige Lösung gibt.

Wir wollen nachfolgend an mehreren repräsentativen Beispielen den Abstraktionsprozeß von der verbal formulierten Aufgabenstellung zum analytischen Optimierungsmodell - also die Modellierung - demonstrieren.

Hat er die Aufgabe, ein geeignetes mathematisches Modell zu finden, mehrfach für unterschiedliche Aufgabentypen gelöst, entwickelt der "menschliche Modellierer" ein Gefühl für die richtige Vorgehensweise. Er weiß dann, wie man geschickt modelliert und was man nicht tun sollte (ohne daß das entstehende Modell deshalb als "falsch" anzusehen wäre). Ein adäquates Modell muß eine Lösung in akzeptabler Zeit erlauben. Deshalb sollten bei der Modellierung schon Kenntnisse über die für die entsprechenden Modellklassen verfügbaren Lösungsverfahren einfließen. Häufig ist dieses Wissen entscheidend für den Erfolg einer modellbasierten Lösungsfindung. Deshalb schließen wir unmittelbar an die Behandlung einer Klasse von Modellen (z.B. die Zuteilungs- und Zuordnungsprobleme) die Behandlung ausgewählter Lösungsverfahren für diese Klasse an. Dabei zeigen wir einen der wichtigsten Vorteile analytischer Modelle (z.B. vom Optimierungstyp). Diese Repräsentationsform gestattet die Verallgemeinerung spezieller Modelle hin zu einer genügend allgemeinen, aber auch genügend speziellen Klasse. Ein derartiges generisches Modell, z.B. als Basis für die Formulierung des linearen Optimierungsproblems:

$$
\begin{array}{ll}
\text{finde ein} & x \in \mathbb{R}^n \\
\text{so, daß} & A \cdot x \le b \,,\, x \ge 0 \\
\text{und} & z = c^T \cdot x \rightarrow \max \ (\text{maximiere } z),
\end{array}
$$

erlaubt die mathematische Analyse mit dem Ziel, Eigenschaften nachzuweisen, die die Grundlage für effiziente Lösungsalgorithmen bilden.

Ein Nachteil analytischer Optimierungsmodelle ist die Tatsache, daß diese Repräsentationsform die Implementierung des Modells auf dem Computer noch nicht leistet. Die Implementierung der Komponenten und speziellen Daten eines solchen Modells ist deshalb eine zusätzliche, häufig außerordentlich aufwendige Arbeit.

Nachfolgend wollen wir dies näher erläutern und später noch an einem Beispiel präzisieren. Analytische Optimierungsmodelle sind dadurch gekennzeichnet, daß die Bedeutung der Variablen, Parameter, Restriktionen und der Zielfunktion bei dieser Repräsentationsform verloren geht. Deshalb kann man ein derartiges Modell nur verstehen, wenn man eine sorgfältige und saubere Beschreibung aller Modellkomponenten hat. Diese Beschreibung wird vom Modellierer gegeben, steht *neben* den analytischen Ausdrücken und ist wesentlicher Bestandteil der Expertise eines Benutzers. Die in gewisser Weise zweigeteilte Repräsentation von Syntax (analytische Ausdrücke) und Semantik (Beschreibung der Bedeutung der Modellkomponenten, z.B. der Konstanten und der Entscheidungsvariablen) ist ein Grund dafür, daß diese Modellrepräsentation nicht ohne zusätzliche syntaktische Festlegungen vom Computer interpretierbar ist. Wir werden in 4.3 zum Abschluß an einem Beispiel zeigen, wie man die framebasierte Wissensrepräsentation aus Abschnitt 2.3 mit einem analytischen Optimierungsmodell derart verbinden kann, daß das entstehende Modell vom Computer interpretierbar ist.

Dem Leser wird empfohlen, diese einleitenden Bemerkungen nochmals nach der Lektüre von 4.1 und 4.2 zu lesen, da erst dann eine gute Grundlage vorhanden ist, um sie komplett zu verstehen. Bis dahin seien diese einleitenden Abschnitte als programmatischer Leitfaden für die nachfolgenden Abschnitte zu verstehen.

# 4.1  Lineare und Ganzzahlige Optimierung

## 4.1.1  Modellierungsbeispiele für Lineare und Ganzzahlige Optimierungsprobleme

### *Fallbeispiel 1: Produktionsplanung*

Ein Betrieb stellt Bauholz und Sperrholz her. Dazu verfügt er sowohl über ein Sägewerk als auch über eine Fertigungslinie für Sperrholz. Die Rohstoffe (Ressourcen) für dieses Produktionsprogramm sind Fichte und Tanne. Im Planungszeitraum stehen 32.000 Festmeter Fichte und 72.000 Festmeter Tanne zur Verfügung. Um 1.000 Festmeter Bauholz herzustellen, sind 1.000 Festmeter Fichte und 3.000 Festmeter Tanne notwendig. Für 1.000 m² Sperrholz dagegen benötigt man 2.000 Festmeter Fichte und 4.000 Festmeter Tanne.

Bereits existierende Verkaufsverträge binden die Produktion von 4.000 Festmeter Bauholz und 12.000 m² Sperrholz. Diese Verträge müssen auf jeden Fall erfüllt werden.

Der Deckungsbeitrag für Bauholz beträgt 40.000 DM pro 1.000 Festmeter Bauholz und 60.000 DM für 1.000 m² Sperrholz.

Wieviel Festmeter Bauholz und wieviel Quadratmeter Sperrholz sollte der Betrieb produzieren, um den Gesamtdeckungsbeitrag zu maximieren?

*Modellierung:*

Die erste Frage ist die nach Entscheidungsvariablen, Parametern (Konstanten) und einer vernünftigen Skalierung dieser Modellparameter. Sieht man sich die gegebenen Zahlen in der Aufgabenstellung an, kommt man leicht auf die Idee, die Entscheidungsvariablen und Parameter als Vielfache von 1.000 zu definieren. Eine solche Skalierung erlaubt die Benutzung von "kleineren" Zahlen im Modell, was schon rein gefühlsmäßig ein Vorteil ist.

Wir haben also:

*Rohstoffe:*
　　　- 32 (in Tausend Festmetern) Einheiten Fichte
　　　- 72 (in Tausend Festmetern) Einheiten Tanne

*Rohstoffverbrauch für die Produktion:*
　　　- 1 Einheit Fichte und 3 Einheiten Tanne für 1 Einheit Bauholz
　　　- 2 Einheiten Fichte und 4 Einheiten Tanne für 1 Einheit Sperrholz

(Einheit Fichte, Tanne, Bauholz entspricht jeweils 1.000 Festmetern, Einheit Sperrholz entspricht 1.000 m²)

*Mindestproduktion:*
- 4 Einheiten Bauholz
- 12 Einheiten Sperrholz

*Deckungsbeitrag:*
- 40 Geldeinheiten für 1 Einheit Bauholz
- 60 Geldeinheiten für 1 Einheit Sperrholz
  (1.000 DM entspricht einer Geldeinheit)

Als Entscheidungsvariablen benutzt man sinnvollerweise die gesuchten Größen und benutzt als Dimensionen die oben eingeführten Einheiten.

*Entscheidungsvariablen:*

$x_1$ : Produktion Bauholz (in 1.000 Festmetern)

$x_2$ : Produktion Sperrholz (in 1.000 m²)

Damit sind die Entscheidungsvariablen reellwertige Größen, gemessen in unterschiedlichen Einheiten.

*Material- (Rohstoff-) verbrauch:*

Stellt man $x_1$ Einheiten Bauholz und $x_2$ Einheiten Sperrholz her, so ist der Verbrauch von

Fichte:     $1 \cdot x_1 + 2 \cdot x_2$
Tanne:      $3 \cdot x_1 + 4 \cdot x_2$

*Gesamtdeckungsbeitrag:*

Wählt man das Produktionsprogramm wie oben, so ist der Gesamtdeckungsbeitrag:

$$40 \cdot x_1 + 60 \cdot x_2$$

Damit haben wir analytische (in diesem Fall lineare) Ausdrücke in den Entscheidungsvariablen modelliert:

$$1 \cdot x_1 + 2 \cdot x_2$$
$$3 \cdot x_1 + 4 \cdot x_2$$
$$40 \cdot x_1 + 60 \cdot x_2$$

deren Bedeutung für die in der verbalen Aufgabenstellung formulierte Problematik offensichtlich ist.

Dies versetzt uns in die Lage, Restriktionen und die Zielfunktion mit Hilfe von Relationen auszudrücken:

*Restriktionen:*

- Die Entscheidungsvariablen sind nicht negativ:

$$x_1 \geq 0, \ x_2 \geq 0$$

- Die Verträge zur Lieferung von Bauholz und Sperrholz sind einzuhalten:

Bauholz: $x_1 \geq 4$

Sperrholz: $x_2 \geq 12$

- Die Produktion kann nicht mehr Fichte bzw. Tanne verbrauchen, als vorhanden ist:

Fichte: $1 \cdot x_1 + 2 \cdot x_2 \leq 32$

Tanne: $3 \cdot x_1 + 4 \cdot x_2 \leq 72$

*Zielfunktion:*

Der Gesamtdeckungsbeitrag Z sei unter Einhaltung aller Restriktionen maximal:

$$Z = 40 \cdot x_1 + 60 \cdot x_2 \to \text{max.}$$

*Zusammenfassung:*

Gesucht sind $x_1$ und $x_2$ derart, daß

$$
\left.
\begin{array}{lll}
\text{(I)} & 1 \cdot x_1 + 2 \cdot x_2 \leq 32 \\
\text{(II)} & 3 \cdot x_1 + 4 \cdot x_2 \leq 72 \\
\text{(III)} & x_1 \qquad\ \geq 4 \\
\text{(IV)} & \qquad x_2 \geq 12 \\
& x_1, x_2 \geq 0
\end{array}
\right\} \quad (*)
$$

erfüllt sind und dabei Z

$$Z = 40 \cdot x_1 + 60 \cdot x_2 \to \text{max,}$$

d.h. den maximalen Wert annimmt.

Weitere Restriktionen gibt es offensichtlich nicht, da die Variablen $x_1$ und $x_2$ natürlich auch Bruchteile der gewählten Einheiten sein können. Da wir nur 2 Variablen haben, können wir die Punktmenge aller $x_1, x_2$, die die Restriktionen $(*)$ erfüllen, im $\mathbb{R}^2$ graphisch darstellen. Die Höhenlinien der Zielfunktion Z sind parallele Geraden $40 \cdot x_1 + 60 \cdot x_2 = c$ im $\mathbb{R}^2$. Damit ergibt sich die gesuchte optimale Lösung, indem man eine Höhenlinie $40 \cdot x_1 + 60 \cdot x_2 = c_0$ so lange in Richtung wachsender $c$, $c \geq c_0$, verschiebt, bis (bei weiterem Verschieben) der Durchschnitt dieser Höhenlinie mit der durch $(*)$ charakterisierten Punktmenge leer werden würde.

Der bei dieser Prozedur gefundene Punkt stellt die optimale Lösung dar.

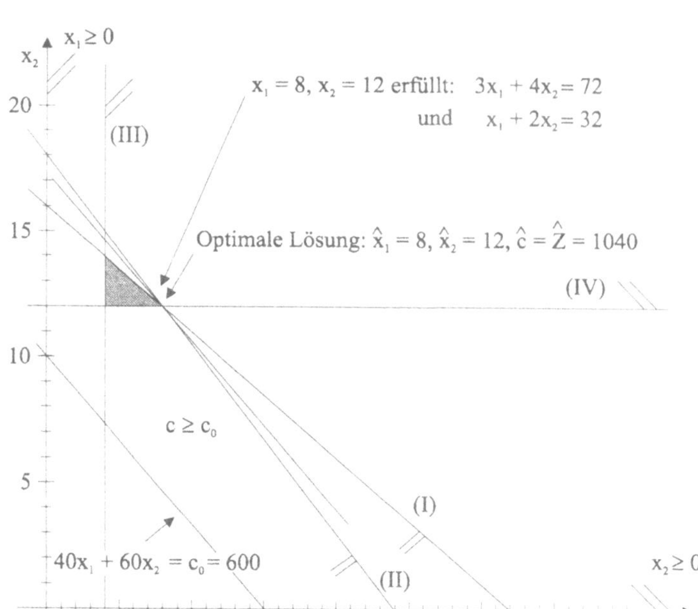


***Abb. 4.1****: Graphische Lösung für Fallbeispiel 1*

## *Fallbeispiel 2: Produktionsplanung*

Eine Stahlgießerei hat zu entscheiden, wieviel Tonnen Stahl und wieviel Tonnen Schrott sie für bestimmte Gußstücke verwenden soll, die von einem Kunden in Auftrag gegeben wurden. Dabei betragen die Kosten pro Tonne Stahl 3 Geldeinheiten, dagegen für Schrott 5 Geldeinheiten pro Tonne (Schrott muß noch vorbearbeitet werden). Ein Kundenauftrag umfaßt mindestens 5 Tonnen zu fertigende Gußstücke. Auf Lager liegen 4 Tonnen Stahl und 6 Tonnen Schrott bereit, um den Kundenauftrag zu erfüllen. Das Mischungsverhältnis von Schrott zu Stahl darf 7/8 nicht überschreiten. Das Schmelzen einer Tonne Stahl dauert 3 Stunden, einer Tonne Schrott dagegen 2 Stunden. Die Schmelz- und Gießanlage steht maximal 18 Stunden für den Kundenauftrag zur Verfügung.

Wie kann man die Kundenanfrage mit minimalen Kosten realisieren?

*Modellierung:*

Wir gehen analog wie in Fallbeispiel 1 vor.

*Rohstoffe:*
- 4 Einheiten (Tonnen) Stahl
- 6 Einheiten (Tonnen) Schrott

*Produktionsrestriktionen:*
- Mischungsverhältnis Schrott/Stahl $\leq 7/8$
- Schmelzen einer Tonne Stahl dauert 3 Stunden
- Schmelzen einer Tonne Schrott dauert 2 Stunden

Die Anlage ist insgesamt 18 Stunden für Schmelzprozesse verfügbar.

*Geforderte Mindestproduktion:*

5 Tonnen Gußstücke sind mindestens herzustellen (Einheit = Tonne). Das Gewicht eines Gußstückes ergibt sich aus dem Gewicht des Stahls plus dem Gewicht des Schrottanteils. Die Einheit ist jeweils eine Tonne.

*Kosten:*
- Eine Einheit Stahl kostet 3 Geldeinheiten.
- Eine Einheit Schrott kostet 5 Geldeinheiten.

*Entscheidungsvariablen:*
- $x_1$ : Gewicht des verwendeten Stahls (Einheit = Tonne)
- $x_2$ : Gewicht des verwendeten Schrottes (Einheit = Tonne)

für die Herstellung der Gußstücke.

Wie beim Fallbeispiel 1 können nun die analytischen Ausdrücke gebildet werden:

- Mischungsverhältnis Schrott/Stahl:

  $x_2/x_1$

- Schmelzdauer für den Kundenauftrag:

  $3 \cdot x_1 + 2 \cdot x_2$

- Gesamtproduktion (Gewicht Gußstücke):

  $x_1 + x_2$

- Gesamtkosten:

  $3 \cdot x_1 + 5 \cdot x_2$

Indem diese analytischen Ausdrücke mit den gegebenen Relationen kombiniert werden, erhalten wir folgende

*Restriktionen:*

- Die Entscheidungsvariablen sind nicht negativ:
  $$x_1 \geq 0, x_2 \geq 0$$

- Der Kundenauftrag über mindestens 5 Tonnen Gußstücke ist zu realisieren:
  $$x_1 + x_2 \geq 5$$

- Die Produktionsrestriktion ist einzuhalten:
  $$x_2/x_1 \leq 7/8 \quad \text{d.h.: } 7 \cdot x_1 - 8 \cdot x_2 \geq 0$$

- Die Schmelzanlage ist 18 Stunden verfügbar:
  $$3 \cdot x_1 + 2 \cdot x_2 \leq 18$$

- Ausschließlich die vorhandenen Lagervorräte dürfen für den Auftrag eingesetzt werden.
  $$x_1 \leq 4$$
  $$x_2 \leq 6$$

*Zielfunktion:*

Die Gesamtkosten Z seien unter Einhaltung aller Restriktionen minimal.
$$Z = 3 \cdot x_1 + 5 \cdot x_2 \rightarrow \min$$


*Zusammenfassung: Gesamtmodell*

Gesucht sind $x_1$, $x_2$ derart, daß

$$\left. \begin{array}{rcl} x_1 + x_2 & \geq & 5 \\ 3 \cdot x_1 + 2 \cdot x_2 & \leq & 18 \\ 7 \cdot x_1 - 8 \cdot x_2 & \geq & 0 \\ x_1 & \leq & 4 \\ x_2 & \leq & 6 \\ x_1 & \geq & 0 \\ x_2 & \geq & 0 \end{array} \right\} \quad (**)$$

erfüllt sind und die Zielfunktion Z

$$Z = 3 \cdot x_1 + 5 \cdot x_2 \rightarrow \min$$

ihren minimalen Wert annimmt.

Ein vergleichender Blick auf die Restriktionen (*) bzw. (**) der beiden Fallbeispiele zeigt, daß (**) neben den "≤" Restriktionen auch "≥" Restriktionen enthält, die man nicht in "≤" Restriktionen umformen kann, ohne die Nichtnegativität der rechten Seite des Restriktionensystems zu opfern. Wir kommen später auf dieses Problem zurück.

Analog zum Beispiel 1 ist auch hier eine graphische Lösung möglich (Abb. 4.2).

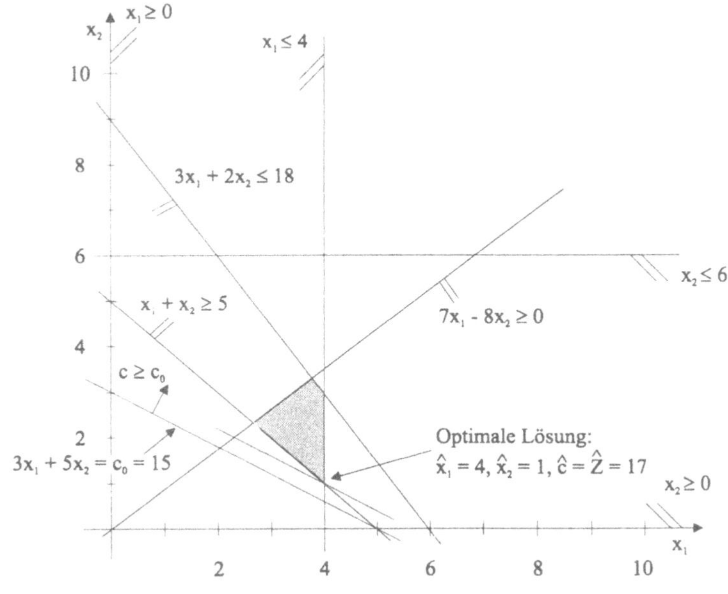


***Abb. 4.2****: Graphische Lösung für Fallbeispiel 2*

Beide Fallbeispiele haben interessanterweise die Eigenschaft, daß, obwohl Ganzzahlligkeit der Entscheidungsvariablen im Modell nicht gefordert wurde, die jeweiligen optimalen Lösungen jedoch diese Eigenschaft besitzen. Natürlich liegt das an den speziellen Parametern dieser Modelle und kann allgemein nicht erwartet werden. Auch die angenehme Eigenschaft dieser Modelle, mit jeweils nur zwei Entscheidungsvariablen auszukommen (und deshalb die Probleme im $\mathbb{R}^2$ graphisch lösen zu können), ist natürlich auf die sehr einfachen Aufgaben zurückzuführen und ist keinesfalls charakteristisch für diese Modellklassen. Man kann sich sehr leicht vorstellen, daß man die Fallbeispiele 1 und 2 dadurch verallgemeinert, daß man ein Produktionsprogramm für Produkte $P_1, P_2, ..., P_n$ (allgemein: Output) sucht, die in Quantitäten $x_1, x_2, ..., x_n$ herzustellen sind. Dabei stehen Rohstoffe $R_1, R_2, ..., R_m$

(allgemein: Input) in Quantitäten $b_1$, $b_2$, ..., $b_m$ zur Verfügung. Darüber hinaus weiß man, wie viele Einheiten von Rohstoff $R_i$ für die Herstellung einer Einheit von Produkt $P_j$ benötigt werden. Mit diesen und zusätzlichen Restriktionen kann man analog zu den Fallbeispielen 1 und 2 Modelle für eine größere Klasse von Produktionsplanungsproblemen entwickeln.

Wir werden diesen Weg nicht ausführlicher beschreiben, sondern uns anderen Typen von Aufgaben zuwenden, die eine anspruchsvollere Modellierung bedingen.

### *Fallbeispiel 3: Maschinenbelegungsplanung*

Eine Fabrik produziert 3 verschiedene Arten von Schraubenbolzen. Für den nächsten Monat sollen 2.000 Stück von Bolzen 1, 5.000 Stück Bolzen 2 und 6.000 Stück Bolzen 3 hergestellt werden, um die vorliegenden Aufträge zu erfüllen. Die Bolzen können alternativ auf 2 Maschinen I und II gefertigt werden, deren Maschinenstundensätze 2,00 DM bzw. 4,00 DM betragen. Beide Maschinen haben eine Monatskapazität von 4.000 Maschinenstunden (Mstd.), die um je 500 Stunden erweitert werden kann. Eine Maschinenstunde in der erweiterten Zeit ist jedoch 50% teurer als die normale Maschinenstunde. Außerdem bietet ein Kooperationspartner eine Maschine II zur Miete an. Der Mietpreis beträgt 7,00 DM pro Stunde.

Die Bearbeitungszeiten der verschiedenen Bolzenarten auf den beiden Maschinen sind unterschiedlich. Sie betragen:

| Maschine I | für Bolzen 1 | 1,7 Mstd. |
|---|---|---|
| | für Bolzen 2 | 1,0 Mstd. |
| | für Bolzen 3 | 1,0 Mstd. |
| Maschine II | für Bolzen 1 | 0,8 Mstd. |
| | für Bolzen 2 | 1,1 Mstd. |
| | für Bolzen 3 | 0,8 Mstd. |

(Man sieht, daß die teure Maschine II für die Produktion von Bolzen 1 deutlich produktiver ist als Maschine I)

Gesucht ist ein kostenminimales Produktionsprogramm!

*Modellierung*:

Man sieht schnell, daß sich dieses Fallbeispiel grundlegend von den zuvor behandelten Fällen unterscheidet. Offensichtlich geht es darum, festzulegen, wie viele Bolzen der drei verschiedenen Arten auf den beiden verfügbaren Maschinen hergestellt werden sollen. So etwas nennt man ein Maschinenbelegungsproblem.

Normalerweise würden wir $3 \cdot 2 = 6$ Variablen benötigen, um die 3 Bolzenarten den 2 Maschinen zuzuordnen und dabei alle Möglichkeiten zu beschreiben. Beide Maschinen stehen aber jeweils in der "Normalzeit" und in der "Zusatzzeit" zur Verfügung. Also brauchen wir $6 + 6$ Variablen. Um schließlich noch über den Einsatz der Mietmaschine vom Typ Maschine II für die Produktion der 3 Bolzenarten entscheiden zu können, brauchen wir 3 weitere Variablen, also insgesamt:

$$3 \cdot 2 + 3 \cdot 2 + 3 = 15$$

Entscheidungsvariablen. Eine erste Entscheidung ist die, eine geeignete Numerierung dieser 15 Entscheidungsvariablen zu finden. Dazu gibt es keine zwingende Vorschrift. Nachfolgend definieren wir die Entscheidungsvariablen und erklären ihre Bedeutung in stark abkürzender Weise:

*Entscheidungsvariablen:*

| | |
|---|---|
| $x_1, x_2$ | : Anzahl Bolzen 1 auf Maschine I bzw. II in "Normalzeit" |
| $x_3, x_4$ | : Anzahl Bolzen 1 auf Maschine I bzw. II in "Zusatzzeit" |
| $x_5$ | : Anzahl Bolzen 1 auf der Mietmaschine Typ II |
| $x_6, x_7, x_8, x_9, x_{10}$ | : Definition wie oben mit Bolzen 2 anstelle von Bolzen 1 |
| $x_{11}, x_{12}, x_{13}, x_{14}, x_{15}$ | : Definition wie oben mit Bolzen 3 anstelle von Bolzen 1 |

Im Unterschied zu den Fallbeispielen 1 und 2 und um Platz zu sparen, wollen wir nachfolgend die Produktionsanforderungen und -restriktionen sofort mit Hilfe von analytischen Ausdrücken in Abhängigkeit von den Entscheidungsvariablen modellieren. Die gewählte Numerierung erlaubt es, die Gesamtproduktion von Bolzen i als Summe der entsprechenden Blöcke von Entscheidungsvariablen sehr einfach aufzuschreiben.

Gesamtproduktion an
Bolzen 1: $\quad x_1 + x_2 + x_3 + x_4 + x_5$
Bolzen 2: $\quad x_6 + x_7 + x_8 + x_9 + x_{10}$
Bolzen 3: $\quad x_{11} + x_{12} + x_{13} + x_{14} + x_{15}$

Da die Gesamtproduktion aufgrund vorliegender Aufträge im betrachteten Monat mit 2000, 5000, 6000 für Bolzen 1, 2, 3 vorgeschrieben ist, erhalten wir die folgenden Produktionsanforderungen:

$$\begin{aligned}
x_1 + x_2 + x_3 + x_4 + x_5 &= 2000 \\
x_6 + x_7 + x_8 + x_9 + x_{10} &= 5000 \\
x_{11} + x_{12} + x_{13} + x_{14} + x_{15} &= 6000
\end{aligned}$$

Natürlich macht es keinen Sinn, negative $x_i$ zuzulassen, so daß wir zusätzlich die Nichtnegativitätsrestriktionen:

$$x_i \geq 0 \text{ für } i = 1, 2, ..., 15$$

einhalten müssen.

*Produktionsressourcen:*

Die einzige in der Aufgabenstellung explizit erwähnte Produktionsressource ist die Zeit, in der die Maschinen für das Produktionsprogramm zur Verfügung stehen. Systematisch aufgeschrieben haben wir:

Maschine I in "Normalzeit" maximal 4000 Mstd.

Maschine I in "Zusatzzeit" maximal 500 Mstd.

zur Verfügung. Analoges gilt für Maschine II.

Um die entsprechenden Restriktionen in Abhängigkeit von den Entscheidungsvariablen aufschreiben zu können, müssen wir die Einsatzzeiten der Maschine in Abhängigkeiten von diesen Entscheidungsvariablen darstellen. Beginnen wir mit Maschine I in der normalen Einsatzzeit.

Die Entscheidungsvariablen, mit denen über den Einsatz von Maschine I in "Normalzeit" verfügt wird, sind $x_1$, $x_6$, $x_{11}$.

$x_1$     : Bolzen 1 auf Maschine I in Normalzeit,

$x_6$     : Bolzen 2 auf Maschine I in Normalzeit,

$x_{11}$     : Bolzen 3 auf Maschine I in Normalzeit.

In der Aufgabenstellung ist formuliert, wie viele Maschinenstunden man pro Stück Bolzen i auf Maschine I benötigt, nämlich

1,7 MStd. für einen Bolzen 1

1,0 MStd. für einen Bolzen 2

1,0 MStd. für einen Bolzen 3

Demzufolge verursacht das Produktionsprogramm $x_1$, $x_6$, $x_{11}$ auf Maschine I in Normalzeit eine zeitliche Belastung dieser Maschine von

$$1,7 \cdot x_1 + 1,0 \cdot x_6 + 1,0 \cdot x_{11} \quad (MStd.)$$

Dies ergibt die Restriktion:

$$1,7 \cdot x_1 + 1,0 \cdot x_6 + 1,0 \cdot x_{11} \leq 4000$$

In völlig analoger Weise erhält man die Restriktionen:

$$0,8 \cdot x_2 + 1,1 \cdot x_7 + 0,8 \cdot x_{12} \leq 4000$$
(Auslastung von Maschine II in Normalzeit maximal 4000 MStd.)

$$1,7 \cdot x_3 + 1,0 \cdot x_8 + 1,0 \cdot x_{13} \leq 500$$
(Auslastung von Maschine I in der Zusatzzeit maximal 500 MStd.)

$$0,8 \cdot x_4 + 1,1 \cdot x_9 + 0,8 \cdot x_{14} \leq 500$$
(Auslastung von Maschine II in der Zusatzzeit maximal 500 MStd.)

Für die Miet-Maschine von Typ II war keine Zeitrestriktion vorgeschrieben. Der relativ hohe Mietpreis soll offensichtlich eine Benutzung der Miet-Maschine implizit beschränken.

*Kostenfunktion:*

Um ein kostenminimales Produktionsprogramm bestimmen zu können, müssen wir die Kosten in Abhängigkeit von den Entscheidungsvariablen $x_1$, $x_2$, ..., $x_{15}$ bestimmen. Exemplarisch betrachten wir $x_1$ und $x_4$ nacheinander.

Was kostet die Produktion von $x_1$ Bolzen 1 auf Maschine I in Normalzeit?

> Ein Bolzen 1 in Normalzeit benötigt 1,7 MStd.
> Eine MStd. kostet 2,00 DM.
> Also kostet ein solcher Bolzen $2 \cdot 1,7 = 3,40$ DM.
> $x_1$ Bolzen kosten also $3,40 \cdot x_1$ DM.

Was kostet die Produktion von $x_4$ Bolzen 1 auf Maschine II in der Zusatzzeit?

> Ein Bolzen 1 auf Maschine II benötigt 0,8 MStd.
> Eine MStd. für Maschine II in der Zusatzzeit kostet 4,00 DM + 2,00 DM
> (2,00 DM sind 50% von den normalen Kosten von 4,00 DM).
> Also kostet ein solcher Bolzen auf Maschine II in der Zusatzzeit
> $$6 \cdot 0,8 = 4,80 \text{ DM.}$$
> $x_4$ Bolzen kosten also $4,80 \cdot x_4$ DM.

In analoger Weise können wir für jede Entscheidungsvariable die entsprechenden Kosten aus der Aufgabenstellung ableiten. Wir erhalten als Gesamtkosten K in Abhängigkeit vom Produktionsprogramm $x_1$, $x_2$, ..., $x_{15}$ :

$$K = 3,4 \cdot x_1 + 5,1 \cdot x_2 + 3,2 \cdot x_3 + 4,8 \cdot x_4 + 5,6 \cdot x_5 + 2,0 \cdot x_6 + 3,0 \cdot x_7 + 4,4 \cdot x_8 +$$
$$6,6 \cdot x_9 + 7,7 \cdot x_{10} + 2,0 \cdot x_{11} + 3,0 \cdot x_{12} + 3,2 \cdot x_{13} + 4,8 \cdot x_{14} + 5,6 \cdot x_{15}$$

Diese Kosten sollen durch entsprechende Auswahl von $x_1$, $x_2$, ..., $x_{15}$ ihre kleinstmöglichen Wert annehmen. Dabei sind alle aufgeschriebenen Restriktionen einzuhalten. Darüber hinaus sollten alle Entscheidungsvariablen ganzzahlig sein, da sie ja Stückzahlen von Bolzen repräsentieren.

Insgesamt erhalten wir das nachfolgend dargestellte Modell:

Gesucht sind $x_1$, $x_2$, ..., $x_{15}$ derart, daß

$$x_1 + x_2 + x_3 + x_4 + x_5 = 2000 \quad (1)$$

$$x_6 + x_7 + x_8 + x_9 + x_{10} = 5000 \quad (2)$$

$$x_{11} + x_{12} + x_{13} + x_{14} + x_{15} = 6000 \quad (3)$$

$$1,7\cdot x_1 \qquad\qquad + 1,0\cdot x_6 \qquad\qquad + 1,0\cdot x_{11} \qquad\qquad\qquad \le 4000 \quad (4)$$

$$0,8\cdot x_2 \qquad\qquad + 1,1\cdot x_7 \qquad\qquad + 0,8\cdot x_{12} \qquad\qquad\qquad \le 4000 \quad (5)$$

$$1,7\cdot x_3 \qquad\qquad + 1,0\cdot x_8 \qquad\qquad + 1,0\cdot x_{13} \qquad\qquad\qquad \le 500 \quad (6)$$

$$0,8\cdot x_4 \qquad\qquad + 1,1\cdot x_9 \qquad\qquad + 0,8\cdot x_{14} \qquad\qquad\qquad \le 500 \quad (7)$$

$$x_1, x_2, ..., x_{15} \ge 0 \text{ und ganzzahlig} \qquad\qquad\qquad\qquad\qquad\qquad\qquad (8)$$

gelten und die Zielfunktion Z

$$Z = K = \quad 3,4\cdot x_1 + 5,1\cdot x_2 + 3,2\cdot x_3 + 4,8\cdot x_4 + 5,6\cdot x_5 \qquad\qquad\qquad (9)$$
$$+ 2,0\cdot x_6 + 3,0\cdot x_7 + 4,4\cdot x_8 + 6,6\cdot x_9 + 7,7\cdot x_{10}$$
$$+ 2,0\cdot x_{11} + 3,0\cdot x_{12} + 3,2\cdot x_{13} + 4,8\cdot x_{14} + 5,6\cdot x_{15} \;\rightarrow\; \text{min}$$

ihr Minimum annimmt.

Die nähere Betrachtung des obigen Modells (1) - (9) zeigt einige Besonderheiten gegenüber den beiden ersten, sehr "kleinen" Modellen, die nachfolgend kurz diskutiert werden sollen:

- Es gibt 15 Entscheidungsvariablen, die wir zu einem Spaltenvektor x mit $x^T = (x_1, x_2, ..., x_{15})$ zusammenfassen. Demzufolge ist der Variablenraum der $\mathbb{R}^{15}$ (n-dimensionaler Euklidischer Raum der Dimension n = 15). Eine geometrische Veranschaulichung und damit eine graphische Lösung wie in den Fallbeispielen 1 und 2 ist somit nicht möglich.

- (1), (2) und (3) sind Gleichungsrestriktionen, während (4) bis (7) Ungleichungen vom "$\le$" Typ darstellen. Die Koeffizientenmatrix des Restriktionensystems (1) bis (8) ist "dünn besetzt" (d.h. enthält viele Nullen) und speziell strukturiert.

$$
\left[\begin{array}{ccccccccccccccc}
1 & 1 & 1 & 1 & 1 & 0 & 0 & 0 & 0 & 0 & 0 & 0 & 0 & 0 & 0 \\
0 & 0 & 0 & 0 & 0 & 1 & 1 & 1 & 1 & 1 & 0 & 0 & 0 & 0 & 0 \\
0 & 0 & 0 & 0 & 0 & 0 & 0 & 0 & 0 & 0 & 1 & 1 & 1 & 1 & 1 \\
1,7 & 0 & 0 & 0 & 0 & 1,0 & 0 & 0 & 0 & 0 & 1,0 & 0 & 0 & 0 & 0 \\
0 & 0,8 & 0 & 0 & 0 & 0 & 1,1 & 0 & 0 & 0 & 0 & 0,8 & 0 & 0 & 0 \\
0 & 0 & 1,7 & 0 & 0 & 0 & 0 & 1,0 & 0 & 0 & 0 & 0 & 1,0 & 0 & 0 \\
0 & 0 & 0 & 0,8 & 0 & 0 & 0 & 0 & 1,1 & 0 & 0 & 0 & 0 & 0,8 & 0
\end{array}\right] \quad (10)
$$

– Neben den Nichtnegativitätsbedingungen sind in (8) auch Ganzzahligkeitsforderungen für alle Variablen gestellt. Solche Restriktionen sind typisch für viele Anwendungen im Bereich von Wirtschaft und Technik. Sie haben entscheidenden Einfluß auf die Eigenschaften des Modells und auf das später zu betrachtende Lösungsverfahren.

### *Fallbeispiel 4: Mischungen und Rezepturen*

Eine Abteilung einer Farbenfabrik stellt ausschließlich "Farbträger" her, d.h. die Grundsubstanz, in die jeweils verschiedene Farbträger zugemischt werden können. Die Eigenschaften dieser Grundsubstanz werden durch die Anteile an Öl, Trockner und Verdünner bestimmt, aus denen sie zusammengesetzt ist.

Aufträge enthalten eine präzise Beschreibung der Zusammensetzung und der geforderten Menge.

Der Einfachheit halber stellen wir nachfolgend die gegebenen Parameter des Problems in Tabellen dar. Das Aufstellen solcher Tabellen ist zwar einerseits schon ein wichtiger Schritt zum Modell, kann aber andererseits in der Praxis wegen der Popularität von Tabellenkalkulations-Software als gegeben vorausgesetzt werden.

Es liegen zwei Aufträge für eine "Mischung A" und eine "Mischung B" mit folgender Spezifikation vor:

| | | | Anteile | |
| Auftrag | Menge | Öl | Trockner | Verdünner |
| --- | --- | --- | --- | --- |
| Mischung A | 400 kg | 80% | 10% | 10% |
| Mischung B | 600 kg | 55% | 15% | 30% |

*Tabelle 4.1*: *Aufträge*

*Lagerbestände:*

| | | | Anteile | | Kosten |
| Mischungsobjekte | Menge (kg) | Öl | Trockner | Verdünner | (DM/kg) |
| --- | --- | --- | --- | --- | --- |
| Öl | 500 | 100% | 0 | 0 | 3,10 |
| Trockner | 200 | 0 | 100% | 0 | 2,00 |
| Verdünner | 200 | 0 | 0 | 100% | 1,00 |
| Mischung 1 | 200 | 70% | 10% | 20% | 2,50 |
| Mischung 2 | 150 | 40% | 0 | 60% | 1,70 |

*Tabelle 4.2*: *Lagerbestände*

Diese Aufträge A und B sind aus Lagerbeständen an Öl, Trockner und Verdünner sowie zwei Mischungen 1 und 2, deren Spezifikationen ebenfalls bekannt sind, kostenminimal zu mischen.

Die Tabellen 4.1 und 4.2 stellen bereits eine gute Strukturierung des Problems dar. Deshalb können wir unmittelbar mit der Einführung geeigneter Entscheidungsvariablen beginnen.

*Entscheidungsvariablen:*

Zunächst ist festzulegen, in welchen Mengen (in kg) die elementaren Mischungsobjekte Öl, Trockner und Verdünner aus dem Lager für die Mischungen A und B (Aufträge!) eingesetzt werden. Wir bezeichnen mit:

$x_1$ bzw. $x_2$     die Menge Öl (in kg) aus dem Lager für Mischung A bzw. Mischung B

$x_3$ bzw. $x_4$     die Menge Trockner (in kg) aus dem Lager für Mischung A bzw. Mischung B

$x_5$ bzw. $x_6$     die Menge Verdünner (in kg) aus dem Lager für die Mischung A bzw. Mischung B

Weiterhin können wir auch Mischung 1 und Mischung 2 benutzen, um Mischung A bzw. Mischung B herzustellen.

Wir definieren:

$x_{1A}$ bzw. $x_{1B}$     die Menge (in kg) Mischung 1 aus dem Lager, die für Mischung A bzw. Mischung B eingesetzt wird

$x_{2A}$ bzw. $x_{2B}$     die Menge (in kg) Mischung 2 aus dem Lager, die für Mischung A bzw. Mischung B eingesetzt wird

Man beachte die Doppelindizierung der 4 Entscheidungsvaribalen $x_{1A}$, $x_{1B}$, $x_{2A}$, $x_{2B}$.

Wir benötigen also insgesamt 10 Entscheidungsvariablen.

*Restriktionen:*

(1)    Für die Aufträge können ausschließlich die vorhandenen Lagerbestände benutzt werden.

Lagerbestand:

| | | | |
|---|---|---|---|
| Öl | - 500 kg : | $x_1 + x_2$ | $\leq 500$ |
| Trockner | - 200 kg : | $x_3 + x_4$ | $\leq 200$ |
| Verdünner | - 200 kg : | $x_5 + x_6$ | $\leq 200$ |
| Mischung 1 | - 200 kg : | $x_{1A} + x_{1B}$ | $\leq 200$ |
| Mischung 2 | - 150 kg : | $x_{2B} + x_{2B}$ | $\leq 150$ |

Dies ergibt die oben aufgeschriebenen 5 einfachen Ungleichungsrestriktionen vom "$\leq$" Typ.

(2)  Die Aufträge sind entsprechend ihren Vorgaben zu mischen!
     Analysieren wir Auftrag A:
     Es sind 400 kg Mischung A mit 80% Öl-, 10% Trockner- und 10% Verdünner-
     anteilen zu mischen (Tabelle 1).
     Das heißt, in den 400 kg Mischung A sind 320 kg Öl, 40 kg Trockner und 40
     kg Verdünner enthalten. Jetzt müssen wir nur noch überlegen, wie wir diese
     Mengen aus den zur Mischung zugelassenen Substanzen erhalten, um das
     Mischungsproblem korrekt zu modellieren.

Öl-Bilanz:  320 kg Öl müssen zusammengesetzt werden aus:
$$- \text{dem Öl-Lager:} \quad x_1$$
$$- \text{Mischung 1:} \quad 0{,}7 \cdot x_{1A}$$
$$- \text{Mischung 2:} \quad 0{,}4 \cdot x_{2A}$$
Mischung 1 enthält 70% Öl. Benutzen wir also $x_{1A}$ kg Mischung
1, so sind darin $0{,}7 \cdot x_{1A}$ kg Öl enthalten.
Mischung 2 enthält 40% Öl. Die Benutzung von $x_{2A}$ kg
Mischung 2 enthält $0{,}4 \cdot x_{2A}$ kg Öl.

Öl-Bilanz für Mischung A:
$$x_1 + 0{,}7 \cdot x_{1A} + 0{,}4 \cdot x_{2A} = 320$$
Die Überlegungen zur Trockner- und Verdünner-Bilanz sind völlig analog und
ergeben:
Trockner-Bilanz:  $\quad x_3 + 0{,}1 \cdot x_{1A} = 40$
Verdünner-Bilanz: $\quad x_5 + 0{,}2 \cdot x_{1A} + 0{,}6 \cdot x_{2A} = 40$
In Abb. 4.3 sind diese obigen Überlegungen nochmals mit graphischen Mitteln
illustriert und in Formeln zusammengefaßt.

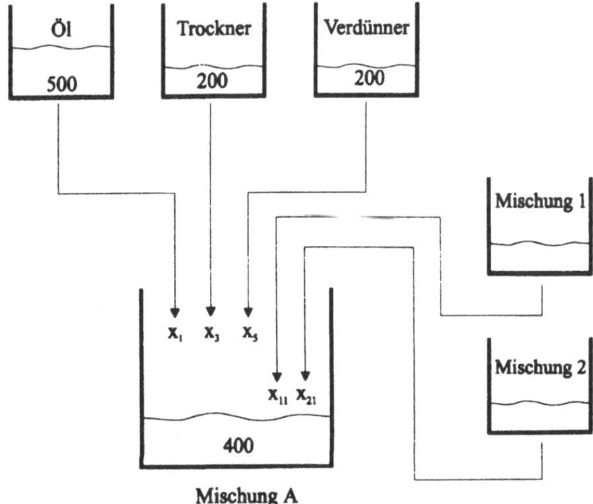


Mischung A

| | | | | |
|---|---|---|---|---|
| Öl: | $x_1$ | $+0{,}7 \cdot x_{1A}$ | $+0{,}4 \cdot x_{2A}$ | $= 320$ |
| Trockner: | $x_3$ | $+0{,}1 \cdot x_{1A}$ | | $= 40$ |
| Verdünner: | $x_5$ | $+0{,}2 \cdot x_{1A}$ | $+0{,}6 \cdot x_{2A}$ | $= 40$ |
| | | $\sum = x_{1A}$ | $\sum = x_{2A}$ | |

**Abb. 4.3**: *Mischungsproblem*

Eine völlig analoge Betrachtung für den Auftrag, 600 kg von Mischung B herzustellen, führt zu den Restriktionen:

| | | | |
|---|---|---|---|
| Öl: | $x_2$ | $+0{,}7 \cdot x_{1B} + 0{,}4 \cdot x_{2B}$ | $= 330$ |
| Trockner: | $x_4$ | $+0{,}1 \cdot x_{1B}$ | $= 90$ |
| Verdünner: | $x_6$ | $+0{,}2 \cdot x_{1B} + 0{,}6 \cdot x_{2B}$ | $= 180$ |
| | | Summe ergibt | 600 kg Mischung B |

*Kostenfunktion:*

In Tabelle 2 sind die Kosten für je ein kg für die Mischungsobjekte angegeben. Unter Benutzung der entsprechenden Variablen ergibt sich damit die Kostenfunktion K wie folgt:

$$K = 3{,}1 \cdot (x_1+x_2) + 2{,}0 \cdot (x_3+x_4) + 1{,}0 \cdot (x_5+x_6) + 2{,}5 \cdot (x_{1A}+x_{1B}) + 1{,}7 \cdot (x_{2A}+x_{2B})$$

$$\underbrace{\qquad\qquad}_{\text{Kosten Öl}} \quad \underbrace{\qquad\qquad}_{\substack{\text{Kosten} \\ \text{Trockner}}} \quad \underbrace{\qquad\qquad}_{\substack{\text{Kosten} \\ \text{Verdünner}}} \quad \underbrace{\qquad\qquad}_{\substack{\text{Kosten} \\ \text{Mischung 1}}} \quad \underbrace{\qquad\qquad}_{\substack{\text{Kosten} \\ \text{Mischung 2}}}$$

In einer Zusammenfassung ergibt sich das Modell wie folgt:

Gesucht sind $x_1, x_2, x_3, x_4, x_5, x_6, x_{1A}, x_{1B}, x_{2A}, x_{2B}$ derart, daß

$$
\begin{aligned}
x_1 + x_2 & & & & & \leq 500 && (11) \\
x_3 + x_4 & & & & & \leq 200 && (12) \\
x_5 + x_6 & & & & & \leq 200 && (13) \\
x_{1A} + x_{1B} & & & & & \leq 200 && (14) \\
x_{2A} + x_{2B} & & & & & \leq 150 && (15) \\
x_1 & & +0{,}7 \cdot x_{1A} & +0{,}4 \cdot x_{2A} & & = 320 && (16) \\
x_2 & & +0{,}7 \cdot x_{1B} & +0{,}4 \cdot x_{2B} & & = 330 && (17) \\
x_3 & & +0{,}1 \cdot x_{1A} & & & = 40 && (18) \\
x_4 & & +0{,}1 \cdot x_{1B} & & & = 90 && (19) \\
x_5 & & +0{,}2 \cdot x_{1A} & +0{,}6 \cdot x_{2A} & & = 40 && (20) \\
x_6 & & +0{,}2 \cdot x_{1B} & +0{,}6 \cdot x_{2B} & & = 180 && (21)
\end{aligned}
$$

erfüllt sind, die Nichtnegativitätsbedingungen für alle Entscheidungsvariablen gelten und die Zielfunktion Z = K ihren kleinsten Wert annimmt:

$$Z = 3{,}1{\cdot}x_1 + 3{,}1{\cdot}x_2 + 2{,}0{\cdot}x_3 + 2{,}0{\cdot}x_4 + 1{,}0{\cdot}x_5 + 1{,}0{\cdot}x_6 + \\ 2{,}5{\cdot}x_{1A} + 2{,}5{\cdot}x_{1B} + 1{,}7{\cdot}x_{2A} + 1{,}7{\cdot}x_{2B} \rightarrow \min \qquad (22)$$

Das Modell (11) - (22) besteht aus 5 Ungleichungsrestriktionen vom "≤" Typ und 6 Gleichungsrestriktionen. Alle Restriktionen haben positive "rechte Seiten". Für alle 10 Entscheidungsvariablen gibt es Nichtnegativitätsbedingungen, jedoch keine Ganzzahligkeitsforderungen. Auch in diesem Modell ist die Matrix der Koeffizienten des Restriktionensystems dünn besetzt und speziell strukturiert.

Fallbeispiel 4 steht wiederum (wie auch die vorhergehenden Fallbeispiele) für eine ganze Klasse von Modellen. Derartige Mischungs- oder Rezepturprobleme treten z.B. bei Raffinerien auf. Optimale Rezepturen bei Getränken, wie z.B. Wein, sind gutgehütete "Geheimnisse" der entsprechenden Produzenten.

Das oben behandelte Mischungsproblem zeigt, daß die Modellierung von Entscheidungsproblemen mit Hilfe von Relationen zwischen linearen analytischen Ausdrücken durchaus anspruchsvoll (wenn auch nicht sehr kompliziert) sein kann. Eine andere Klasse von Modellen, bei denen die Modellbildung ebenfalls nichttrivial ist, sind die sogenannten Zuschnitt- oder Verschnittprobleme. Ein Beispiel aus dieser Klasse behandeln wir in Fallbeispiel 5.


### *Fallbeispiel 5: Zuschnittproblem*

Eine Leinenweberei stellt Leinen in Ballen der Breite 70 cm her. Alle Ballen haben die gleiche Länge. Die Kunden bestellen Leinen jedoch in anderen Breiten. Für den kommenden Monat liegen Aufträge wie folgt vor:

    100 Rollen der Breite 22 cm
    125 Rollen der Breite 20 cm
    80   Rollen der Breite 12 cm

Die Aufgabe besteht darin, die Aufträge derart zu realisieren, daß durch geschicktes Schneiden der Ballen in die geforderten Rollen ein minimaler Verschnitt entsteht.

*Modellierung*:

Derartige Probleme modelliert man, indem man zunächst einen Zuschnittplan in Form einer Tabelle generiert. Man enumeriert alle Zuschnittvarianten aus einem 70 cm breiten Ballen, die die Rollen in den vorgegebenen Breiten erzeugen, notiert zu jeder Variante den Verschnitt (Abfall) und entscheidet dann, wie viele Ballen man nach der entsprechenden Zuschnittvariante zerschneidet.

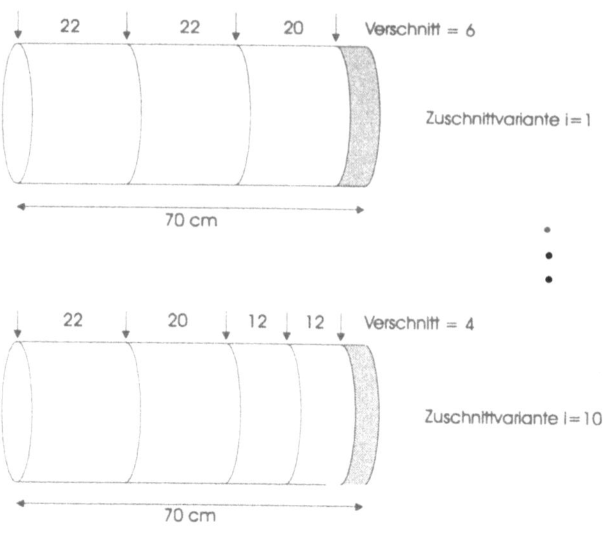


***Abb. 4.4****: Zuschnittproblem*

| Zuschnittvariante i | 22 cm | 20 cm | 12 cm | Verschnitt $v_i$ [cm] |
|:---:|:---:|:---:|:---:|:---:|
| | Rollenanzahl der Breite | | | |
| 1 | 2 | 1 | 0 | 6 |
| 2 | 3 | 0 | 0 | 4 |
| 3 | 2 | 0 | 2 | 2 |
| 4 | 0 | 3 | 0 | 10 |
| 5 | 0 | 0 | 5 | 10 |
| 6 | 1 | 2 | 0 | 8 |
| 7 | 0 | 2 | 2 | 6 |
| 8 | 1 | 0 | 4 | 0 |
| 9 | 0 | 1 | 4 | 2 |
| 10 | 1 | 1 | 2 | 4 |

***Tabelle 4.3****: Zuschnittvarianten*

Natürlich löst eine ganz simple Idee das Problem nicht. Würde man z.B. nach Zuschnittvariante 8 schneiden, wäre der Verschnitt = 0. Um aber die geforderten 100 Rollen der Breite 22 cm nach Variante 8 zu erhalten, müßte man 100 Ballen schneiden. Man hätte dann zwar keinen Verschnitt, aber mit 400 Rollen der Breite 12 cm 320 derartige Rollen mehr als nötig, dafür aber noch keine der geforderten 125 Rollen der Breite 20 cm.

*Entscheidungsvariablen:*

Wir bezeichnen mit $x_i$ die Anzahl der Ballen, die nach Zuschnittvariante i zerschnitten werden. Damit erhalten wir 10 Entscheidungsvariablen, die gemäß ihrer Definition nicht-negativ und ganzzahlig sein müssen.

$$x_i \geq 0, \text{ ganzzahlig, } i = 1, 2, ..., 10 \tag{23}$$

*Restriktionen:*

Multiplizieren wir in Tabelle 4.3 die Zahl der Rollen einer bestimmten Breite, d.h. die Elemente einer Spalte, mit den jeweiligen Variablen, die angeben, wie viele Ballen nach der jeweiligen Zuschnittvariante zerschnitten werden, und summieren wir diese Produkte auf, dann erhalten wir die Zahl der Rollen der betrachteten Breite in Abhängigkeit von den gewählten Entscheidungsvariablen.

Z.B.: $\qquad 2 \cdot x_1 + 3 \cdot x_2 + 2 \cdot x_3 + x_6 + x_8 + x_{10}$

ergibt die Zahl der Rollen der Breite 22cm.

Entsprechend stellt

$$x_1 + 3 \cdot x_4 + 2 \cdot x_6 + 2 \cdot x_7 + x_9 + x_{10}$$

die Zahl der Rollen der Breite 20cm und

$$2 \cdot x_3 + 5 \cdot x_5 + 2 \cdot x_7 + 4 \cdot x_8 + 4 \cdot x_9 + 2 \cdot x_{10}$$

die Zahl der Rollen der Breite 12cm dar.

(Man multipliziert jeweils die Spalte der Tabelle 4.3 mit dem Spaltenvektor der Entscheidungsvariaben $x_1, x_2, ..., x_{10}$.)

Nun könnte man die erhaltenen Ausdrücke jeweils gleich den Bestellmengen setzen. Um mehr Flexibilität zu erhalten, fordern wir aber, daß jeweils mindestens die Bestellung realisiert wird, und wirken einer "Produktion auf Lager" mit der Zielfunktion entgegen.

Das ergibt:

$$2 \cdot x_1 + 3 \cdot x_2 + 2 \cdot x_3 \qquad\qquad + x_6 \qquad\quad + x_8 \qquad\quad + x_{10} \geq 100 \qquad (24)$$

$$x_1 \qquad\qquad + 3 \cdot x_4 \qquad + 2 \cdot x_6 + 2 \cdot x_7 \qquad\qquad + x_9 \; + x_{10} \geq 125 \qquad (25)$$

$$2 \cdot x_3 \qquad + 5 \cdot x_5 \qquad\quad + 2 \cdot x_7 + 4 \cdot x_8 + 4 \cdot x_9 + 2 \cdot x_{10} \geq 80 \qquad (26)$$

*Zielfunktion:*

Gemäß Aufgabenstellung geht es darum, "Verschnitt" zu minimieren. In Tabelle 4.3 ist für jede Zuschnittvariante i der Verschnitt $v_i$ angegeben, der entsteht, wenn man einen Ballen entsprechend dieser Variante i zuschneidet. Multipliziert man also den Verschnitt pro Ballen $v_i$ mit der Anzahl $x_i$ der Ballen, die man nach Variante i schneidet, und summiert danach über alle Varianten, so erhält man den Gesamtverschnitt V (in cm) für den Zuschnittplan $x_1$, $x_2$, ..., $x_{10}$:

$$V = \sum_{i=1}^{10} v_i \cdot x_i \; = \; 6 \cdot x_1 + 4 \cdot x_2 + 2 \cdot x_3 + 10 \cdot x_4 + 10 \cdot x_5 + \qquad (27)$$
$$8 \cdot x_6 + 6 \cdot x_7 + 0 \cdot x_8 + 2 \cdot x_9 + 4 \cdot x_{10}$$

Man könnte V als Zielfunktion benutzen und minimieren.

Die nachfolgende Überlegung veranlaßt uns aber, nicht V, sondern eine etwas modifizierte Funktion als Zielfunktion zu benutzen. Die Flexibilität, die wir dadurch gewonnen haben, daß wir "≥" Restriktionen (24), (25), (26) anstelle der auf der Hand liegenden Gleichungsforderungen verwenden, könnte dazu führen, daß mehr als die bestellten 100 Rollen á 22 cm Breite, 125 Rollen á 20 cm Breite und 80 á 12 cm Breite zugeschnitten werden. Für diese "Überproduktion" ist zunächst keine Abnahme bekannt. Die Rollen müßten also zumindest kurzfristig gelagert werden, ihr späterer Absatz ist unsicher.

Deshalb möchten wir die Anzahl der Rollen, die über die Bestellung hinaus entstehen, möglichst klein halten:

Anzahl der überzähligen Rollen der Breite:

$$22 \text{ cm: } 2 \cdot x_1 + 3 \cdot x_2 + 2 \cdot x_3 + \qquad\qquad x_6 + \qquad x_8 + \qquad\quad x_{10} - 100$$
$$20 \text{ cm: } x_1 + \qquad\qquad 3 \cdot x_4 + \qquad 2 \cdot x_6 + 2 \cdot x_7 + \qquad x_9 + x_{10} - 125$$
$$12 \text{ cm: } \qquad\qquad 2 \cdot x_3 + \qquad 5 \cdot x_5 + \qquad 2 \cdot x_7 + 4 \cdot x_8 + 4 \cdot x_9 + 2 \cdot x_{10} - 80$$

Multiplizieren wir diese Anzahlen mit den jeweiligen Breiten, so erhalten wir einen "Abfall" (in cm) im oben beschriebenen Sinne. Diesen ebenfalls unerwünschten Rest addieren wir zum Verschnitt V und benutzen die entstehende Funktion als Zielfunktion Z*:

$$Z^* = 6 \cdot x_1 + 4 \cdot x_2 + 2 \cdot x_3 + 10 \cdot x_4 + 10 \cdot x_5 + 8 \cdot x_6 + 6 \cdot x_7 + 0 \cdot x_8 + 2 \cdot x_9 + 4 \cdot x_{10}$$
$$+ 22 \cdot (2 \cdot x_1 + 3 \cdot x_2 + 2 \cdot x_3 + x_6 + x_8 + x_{10} - 100)$$
$$+ 20 \cdot (x_1 + 3 \cdot x_4 + 2 \cdot x_6 + 2 \cdot x_7 + x_9 + x_{10} - 125)$$
$$+ 12 \cdot (2 \cdot x_3 + 5 \cdot x_5 + 2 \cdot x_7 + 4 \cdot x_8 + 4 \cdot x_9 + 2 \cdot x_{10} - 80)$$

$$= 70 \cdot x_1 + 70 \cdot x_2 + 70 \cdot x_3 + 70 \cdot x_4 + 70 \cdot x_5 + 70 \cdot x_6 +$$
$$70 \cdot x_7 + 70 \cdot x_8 + 70 \cdot x_9 + 70 \cdot x_{10} - 5660 \tag{28}$$

Es gilt also:

$$Z^* = 70 \cdot \sum_{i=1}^{10} x_i - 5660 \tag{29}$$

Die nach Umformung entstandene Darstellung (29) der Zielfunktion zeigt, daß es

für das Optimierungsmodell ausreicht, den Ausdruck $\sum_{i=1}^{10} x_i$ als Zielfunktion $Z$ zu

benutzen. Hat man $Z = \sum_{i=1}^{10} x_i$ minimiert, kann man leicht $Z^* = 70 \cdot Z - 5660$

berechnen.

*Zusammenfassung:*

Gesucht sind $x_1$, $x_2$, ..., $x_{10}$ derart, daß die Ungleichungen

$$2 \cdot x_1 + 3 \cdot x_2 + 2 \cdot x_3 + \qquad\qquad x_6 + \qquad x_8 + \qquad x_{10} \geq 100 \tag{24}$$
$$x_1 + \qquad\qquad 3 \cdot x_4 + \qquad 2 \cdot x_6 + 2 \cdot x_7 + \qquad x_9 + x_{10} \geq 125 \tag{25}$$
$$2 \cdot x_3 + \qquad 5 \cdot x_5 + \qquad 2 \cdot x_7 + 4 \cdot x_8 + 4 \cdot x_9 + 2 \cdot x_{10} \geq 80 \tag{26}$$

erfüllt sind, die Bedingungen

$$x_i \geq 0 \text{ und ganzzahlig für alle } i = 1, 2, \ldots, 10 \tag{23}$$

gelten und die Zielfunktion $Z$

$$Z = \sum_{i=1}^{10} x_i \rightarrow \min \tag{30}$$

ihr Minimum annimmt.

Das Modell (23), (24), (25), (26) und (30) mit 10 Entscheidungsvariablen und nur 3 Nebenbedingungen vom Typ "≥" scheint weniger komplex zu sein als die Modelle in den Fallbeispielen 3 und 4. Die Ganzzahligkeitsbedingung für alle 10 Variablen macht aber die Schwierigkeit des formulierten Optimierungsproblems aus.

***Fallbeispiel 6: Investitionsbudgets***

Angenommen, man verfüge über ein Budget von 37.000 DM, das man in Projekte gewinnbringend investieren möchte. Zur Auswahl stehen 5 Projekte, in die man jeweils entweder den geforderten Investitionsbetrag komplett investieren kann oder eben auf die Investition verzichtet. Investitionen von Teilbeträgen seien nicht möglich. Budgetreste seien nicht erstrebenswert.

In Tabelle 4.4 werden zu jedem der 5 Projekte die geforderte Investition [in DM] und der erwartete Jahresgewinn [in DM] angegeben.

| Projekt | Investition [DM] | Jahresgewinn [DM] |
|---------|------------------|-------------------|
| 1 | 17.000 | 11.000 |
| 2 | 16.000 | 14.000 |
| 3 | 21.000 | 16.000 |
| 4 | 8.000 | 8.000 |
| 5 | 12.000 | 7.000 |

***Tabelle 4.4****: Investition und Jahresgewinn*

In welche Projekte sollte man investieren, um einen maximalen jährlichen Gewinn zu erzielen?

*Entscheidungsvariablen:*

Für jedes der Projekte i, i = 1,2,3,4,5, hat man die Auswahlentscheidung zu treffen, nämlich:

entweder          Projekt i zur Investition auswählen
oder               in Projekt i nicht investieren.

Derartige Entscheidungen modelliert man sinnvollerweise mit Hilfe von 0-1 Variablen:

$$x_i = \begin{cases} 1, \text{ falls in Projekt i investiert wird} \\ 0, \text{ falls in Projekt i nicht investiert wird.} \end{cases}$$

*Budgetbeschränkung:*

Mit Hilfe der obigen Entscheidungsvariablen $x_i \in \{0,1\}$ für i = 1, ... , 5 kann man leicht ausrechnen, wie groß die Investitionssumme in Abhängigkeit von den Entscheidungsvariablen ist:

$$InvS = 17 \cdot x_1 + 16 \cdot x_2 + 21 \cdot x_3 + 8 \cdot x_4 + 12 \cdot x_5$$

(Dabei haben wir uns entschieden, alle Größen in Tausend DM als Einheit anzugeben.)

Entscheidet man sich z.B., nur in die Projekte 1, 3 und 4 zu investieren, dann ist:

$$InvS = 17{\cdot}1 + 16{\cdot}0 + 21{\cdot}1 + 8{\cdot}1 + 12{\cdot}0 = 46$$

Man müßte also ein Investitionsbudget von 46.000 DM besitzen, hat aber nur 37.000 DM zur Verfügung.

Deshalb formulieren wir die Budgetrestriktion

$$InvS \leq Budget, \quad d.h.$$
$$17{\cdot}x_1 + 16{\cdot}x_2 + 21{\cdot}x_3 + 8{\cdot}x_4 + 12{\cdot}x_5 \leq 37. \tag{31}$$

*Zielfunktion:*

Den jährlichen Gewinn JG kann man mit Hilfe der Daten aus Tabelle 4.4 ebenfalls einfach unter Benutzung der Entscheidungsvariablen angeben. Es gilt:

$$JG = 11{\cdot}x_1 + 14{\cdot}x_2 + 16{\cdot}x_3 + 8{\cdot}x_4 + 7{\cdot}x_5 \tag{32}$$

Die Aufgabe bedeutet eine Maximierung von JG unter Einhaltung der Budgetrestriktion.

*Zusammenfassung:*

Man wähle die 5 Entscheidungsvariablen $x_i \in \{0,1\}$ so, daß das Budget nicht überschritten wird:

$$17{\cdot}x_1 + 16{\cdot}x_2 + 21{\cdot}x_3 + 8{\cdot}x_4 + 12{\cdot}x_5 \leq 37 \tag{31}$$

und die Zielfunktion Z = JG ihren maximalen Wert annimmt:

$$Z = 11{\cdot}x_1 + 14{\cdot}x_2 + 16{\cdot}x_3 + 8{\cdot}x_4 + 7{\cdot}x_5$$

Diese Aufgabe wirkt vergleichsweise simpel. Die besondere Schwierigkeit liegt darin, daß die Entscheidungsvariablen binär sind, also nur die Werte 0 bzw. 1 annehmen. Das hat wesentlichen Einfluß auf das zu wählende Lösungsverfahren.

Probleme vom Typ des Fallbeispiels 6 nennt man auch Rucksackprobleme. Das "Budget" wird als Rucksack interpretiert, in den man nur eine Auswahl von Dingen hineinpacken kann. Der Rucksack soll dann so gepackt werden, daß eine "Gewinnfunktion" maximal wird. Die Gewinnfunktion bewertet die Nützlichkeit der eingepackten Dinge.

### 4.1.2 Ein allgemeines Modell für Lineare Optimierungsprobleme

Im folgenden Abschnitt wollen wir eine Methode zur Lösung Linearer Optimierungsprobleme, die Simplexmethode von G.B. Dantzig[1], vorstellen. Dabei kommt es uns aus methodischer Sicht auf drei Ideen an:

- Verallgemeinerung aus den 6 Fallbeispielen derart, daß eine genügend große Klasse von Optimierungsmodellen entsteht, für die es Sinn macht, eine allgemein benutzbare Optimierungsmethode zu entwickeln.

- Mathematische Analyse der Modellklasse, um eine möglichst effiziente Methode unter Benutzung der speziellen Eigenschaften zu finden.

- Darstellung der Methode mit Hilfe der algorithmischen Beschreibungstechniken, die wir in Kapitel 1 bereitgestellt haben. Dies ermöglicht eine implementierungsnahe Beschreibung des Simplexalgorithmus.

Da dieses Buch nicht das Ziel verfolgt, eine auch nur annähernd vollständige und ausgewogene Darstellung der Linearen Optimierung anzubieten, beschränken wir uns nachfolgend auf die relativ grobe Behandlung der drei Grundideen und verweisen zu Details auf weiterführende Literatur zur Linearen Optimierung [Neumann 1993, Beisel 1987].

Die Betrachtung der 6 Fallbeispiele zeigt folgende Gemeinsamkeiten:

- Man hat n Entscheidungsvariablen $x_j$, j = 1, ..., n.

  Die Entscheidungsvariablen genügen Nichtnegativitätsbedingungen:

  $$x_j \geq 0 \text{ für alle } j.$$

  Ganzzahligkeitsbedingungen, die bei einigen Fallbeispielen zusätzlich auftraten, werden nachfolgend zunächst ignoriert!

- Es gibt m Restriktionen mit folgenden Eigenschaften:

  - Die linken Seiten sind lineare analytische Ausdrücke in den Entscheidungsvariablen:

  $$a_{i1} \cdot x_1 + a_{i2} \cdot x_2 + ... + a_{in} \cdot x_n \tag{1}$$
  (linke Seite der i-ten Restriktion)

  - Die rechten Seiten sind reelle Zahlen $b_i$, die auch als Kapazitäten bezeichnet werden, i = 1, ..., m.

---

1) Dantzig, G.B.: *Linear Programming and Extension.* University Press, Princeton, N.Y. 1963.

- Linke und rechte Seite stehen entweder in "$\geq$", "$\leq$" oder "$=$" Relationen zueinander.

- Es gibt jeweils eine lineare Zielfunktion der Form

$$Z = c_1 \cdot x_1 + c_2 \cdot x_2 + \dots + c_n \cdot x_n \; . \tag{2}$$

Die Funktion ist entweder zu maximieren oder zu minimieren.

Man kann nun jede Restriktion in eine Gleichungsrestriktion überführen. Dies ist trivial für den Fall, daß es sich bereits um eine Gleichung handelt. Im Falle

$$a_{i1} \cdot x_1 + a_{i2} \cdot x_2 + \dots + a_{in} \cdot x_n \leq b_i \tag{3}$$

addiert man eine nichtnegative Schlupfvariable $x_{si}$ auf der linken Seite und erhält anstelle (3) die Gleichung

$$a_{i1} \cdot x_1 + a_{i2} \cdot x_2 + \dots + a_{in} \cdot x_n + x_{si} = b_i \; . \tag{4}$$

Liegt eine $\geq$ Restriktion (3´)

$$a_{i1} \cdot x_1 + a_{i2} \cdot x_2 + \dots + a_{in} \cdot x_n \geq b_i \tag{3´}$$

vor, so subtrahiert man links eine nichtnegative Schlupfvariable $x_{si}$ und bekommt anstelle von (3´) die Gleichung

$$a_{i1} \cdot x_1 + a_{i2} \cdot x_2 + \dots + a_{in} \cdot x_n - x_{si} = b_i \; . \tag{4´}$$

Insgesamt können wir sagen, daß man für den Preis der Einführung einer zusätzlichen nichtnegativen Variablen aus jeder der Ungleichungs- eine Gleichungsrestriktion machen kann.

Deshalb gehen wir nachfolgend davon aus, daß die Restriktionen in Form eines linearen Gleichungssystems vorliegen mögen, wobei wir die Zahl der Variablen mit p bezeichnen wollen. Ist n die ursprüngliche Variablenanzahl und $m´ \leq m$ die Zahl der Ungleichungsrestriktionen, so ergibt sich $p = n + m´$.

Damit erhalten wir das folgende Modell:

Die Werte der Entscheidungsvariablen $x_1$, $x_2$, ..., $x_p$ mögen die m linearen Gleichungsrestriktionen

$$\begin{aligned}
a_{11} \cdot x_1 + a_{12} \cdot x_2 + \dots + a_{1p} \cdot x_p &= b_1 \\
a_{21} \cdot x_1 + a_{22} \cdot x_2 + \dots + a_{2p} \cdot x_p &= b_2 \\
&\dots \\
a_{m1} \cdot x_1 + a_{m2} \cdot x_2 + \dots + a_{mp} \cdot x_p &= b_m
\end{aligned} \tag{5}$$

erfüllen und nichtnegativ sein: $\quad x_i \geq 0$ für $i = 1, \dots, p$ $\tag{6}$

Derartige Werte der Entscheidungsvariablen nennen wir zulässige Entscheidungen.

Die Menge aller zulässigen Entscheidungen wird durch das Gleichungssystem (5) und die Nichtnegativitätsbedingungen (6) charakterisiert.

Aus der Menge aller zulässigen Entscheidungen $x_1$, ..., $x_p$ sollen nun zulässige Entscheidungen $\hat{x}_1, ..., \hat{x}_p$ derart ausgewählt werden, daß die Zielfunktion den maximalen Wert annimmt, der unter den Voraussetzungen zulässiger Werte der Entscheidungsvariablen möglich ist. Präziser und ausführlicher heißt das:

Zulässige Entscheidungen $\hat{x}_1, ..., \hat{x}_p$ nennt man optimale Entscheidungen, falls im Falle eines Maximierungsproblems für beliebige zulässige Entscheidungen $x_1$, ..., $x_p$ gilt:

$$Z(\hat{x}_1, ..., \hat{x}_p) = c_1 \cdot \hat{x}_1 + c_2 \cdot \hat{x}_2 + ... + c_p \cdot \hat{x}_p$$

$$\geq c_1 \cdot x_1 + c_2 \cdot x_2 + ... + c_p \cdot x_p = Z(x_1, ..., x_p) \tag{7}$$

Ist die Zielfunktion Z zu minimieren, so betrachte man einfach anstelle von Z die Funktion $(-1) \cdot Z$ und maximiere diese. In diesem Sinne können wir ohne Einschränkung der Allgemeinheit Maximierungsaufgaben betrachten.

Eine mathematische Analyse der Eigenschaften der Menge zulässiger Lösungen und der Menge optimaler Lösungen ist die Basis für einen "leistungsfähigen" Algorithmus zur Bestimmung zulässiger bzw. optimaler Lösungen. Dazu ist es sinnvoll, zunächst die aufwendigen Darstellungen (5), (6), (7) durch abstraktere mathematische Objekte kompakter zu schreiben und danach die entsprechenden mathematischen Werkzeuge einzusetzen. Gemeint sind Objekte der linearen Algebra wie Vektoren und Matrizen und deren mathematische Gesetzmäßigkeiten.

Wir bezeichnen mit x, c, b die Spaltenvektoren

$$x = \begin{pmatrix} x_1 \\ x_2 \\ ... \\ x_p \end{pmatrix}, \quad c = \begin{pmatrix} c_1 \\ c_2 \\ ... \\ c_p \end{pmatrix}, \quad b = \begin{pmatrix} b_1 \\ b_2 \\ ... \\ b_m \end{pmatrix}$$

x und c sind als Punkte des $\mathbb{R}^p$, b als Punkt im $\mathbb{R}^m$ auffaßbar ( $\mathbb{R}^a$, mit $a \geq 1$ ganzzahlig, bezeichnet den a-dimensionalen Euklidischen Raum). Man nennt x auch den Entscheidungs-, Lösungs- bzw. Variablenvektor. Noch kürzer nennt man x manchmal auch eine Entscheidung bzw. eine Lösung. Die Vektoren c bzw. b nennt man Zielfunktionskoeffizientenvektor bzw. den Kapazitätsvektor.

Mit $x^T$, $c^T$ und $b^T$ werden nachfolgend die transponierten Vektoren, also entsprechende Zeilenvektoren bezeichnet.

Die Koeffizienten $a_{ij}$ des linearen Gleichungssystems (5) fassen wir zur Matrix A

$$A = ((a_{ij}))_{m,p} = \begin{pmatrix} a_{11} & a_{12} & \cdots & a_{1p} \\ a_{21} & a_{22} & \cdots & a_{2p} \\ \cdots & \cdots & & \cdots \\ a_{m1} & a_{m2} & \cdots & a_{mp} \end{pmatrix}$$

zusammen. Wenn wir mit $=$ die komponentenweise Gleichheit von Vektoren und mit $\geq$ das ebenfalls komponentenweise "entweder größer oder gleich" verstehen, dann können wir ein lineares Optimierungsproblem (LP) wie folgt kurz formulieren:

$$\begin{aligned} \text{Maximiere} \quad & Z(x) = c^T \cdot x, \\ \text{so daß} \quad & A \cdot x = b \quad \text{und} \quad x \geq 0 \text{ gilt.} \end{aligned} \tag{8}$$

Ausführlicher und präziser heißt das:

Ein Vektor x der $A \cdot x = b$ und $x \geq 0$ erfüllt, heißt zulässige Lösung. Die Menge X aller zulässigen Lösungen schreiben wir in der Form

$$X = \{\, x \in \mathbb{R}^p \mid A \cdot x = b \text{ und } x \geq 0 \,\}.$$

Dann bedeutet (8):

Bestimme $\hat{x} \in X$ mit der Eigenschaft:

$$\text{Die Ungleichung } Z(\hat{x}) = c^T \cdot \hat{x} \geq c^T \cdot x = Z(x) \text{ gilt für alle } x \in X. \tag{7'}$$

Die Menge aller $\hat{x} \in X$, die (7') erfüllt, nennen wir $\hat{X}$. Darstellung (7') des linearen Optimierungsmodells ist prinzipiell geeignet, um diejenigen Eigenschaften von X und $\hat{X}$ herzuleiten, die einen effizienten Algorithmus zur Bestimmung eines Elementes $\hat{x}$ aus $\hat{X}$, d.h. einer optimalen Lösung, ermöglichen.

Um jedoch die Beschreibung der Grundideen zu vereinfachen, betrachten wir nachfolgend einen Spezialfall von (8):

Dazu *führen wir Umbezeichnungen durch*. Den Vektor x aus (8) zerlegen wir in einen n-dimensionalen Vektor (den wir wieder mit x bezeichnen) und einen Vektor $x_s$, der m Komponenten besitzt.

$$x^T = (\underbrace{x_1, x_2, ..., x_n}_{}, \underbrace{x_{s_1}, ..., x_{s_m}}_{})$$

$$\uparrow$$
$$x^T\text{-alt} \qquad x^T\text{-neu} \qquad x_s^T$$

Ein Vergleich mit (8) ergibt, daß wir $p = n + m$ gewählt haben.

Die Matrix A aus (8) wird in eine $m{\times}n$ Matrix (die danach wieder mit A bezeichnet wird) und in die $m{\times}m$ Einheitsmatrix E zerlegt, d.h.:

$$A = \begin{pmatrix} a_{11} & ... & a_{1n} & 1 & ... & 0 \\ ... & & ... & ... & & ... \\ a_{m1} & ... & a_{mn} & 0 & ... & 1 \end{pmatrix}$$

$$\uparrow$$
$$\text{A-alt} \qquad \text{A-neu} \qquad \text{E}$$

Weiter setzen wir $c^T = (c_1, c_2, ... , c_n, 0, ..., 0)$ und betrachten den Fall $b \geq 0$.

Dann ergibt sich das LP (8) in der etwas spezielleren Form[2].

$$\boxed{\begin{aligned} &\text{Maximiere } Z(x, x_s) = c^T \cdot x + 0^T \cdot x_s = c^T{\cdot}x \quad, \\ &\text{so daß} \qquad A{\cdot}x + E{\cdot}x_s = b \\ &\text{sowie} \qquad x \geq 0 \quad \text{und } x_s \geq 0 \end{aligned}} \qquad (8')$$

Dabei gelten $b \geq 0$ und $c^T = (c_1, ..., c_n)$.

Beim ersten Lesen erscheint diese Umformung umständlich und nicht motiviert. Den großen Vorteil von (8') gegenüber (8) erkennt man aber, wenn man das lineare Gleichungssystem

$$A{\cdot}x + E{\cdot}x_s = b \,, \quad b \geq 0$$

untersucht. Man erhält nämlich durch spezielle Wahl der Variablen eine zulässige Lösung, sozusagen ohne zu rechnen:

---

2) Darstellung (8') ergibt sich z.B. direkt aus Ungleichungsrestriktionen, wenn man Ungleichung (3) mit $b_i \geq 0$ in (4) umformt, oder wenn eine Ungleichung (3') mit $b_i \leq 0$ vorliegt, die dann nach Multiplikation mit (-1) wie (3) behandelt wird.

Man setzt $x = 0$ (das erfüllt $x \geq 0$). Dann wird

$$A \cdot 0 + E \cdot x_s = E \cdot x_s = x_s = b \; .$$

Da $b \geq 0$ ist, ist auch $x_s \geq 0$.

Damit haben wir eine zulässige Lösung $x = 0$, $x_s = b$ gefunden. Der Zielfunktionswert ergibt sich zu 0:

$$Z(0, b) = c^T \cdot 0 = 0$$

Eine solche zulässige Lösung ist - auch wenn der zugehörige Zielfunktionswert $Z=0$ ist - von großer Bedeutung, weil man, ausgehend von einer solchen ersten zulässigen Lösung, ein iteratives Verfahren starten kann, welches in jedem Schritt eine neue - möglichst bessere - zulässige Lösung generiert.

Die Darstellung (8´) erhält man in einfacher Weise (siehe Fußnote 2), wenn die Restriktionen entweder Ungleichungen (3) mit $b_i \geq 0$ oder Ungleichungen (3´) mit $b_i \leq 0$ sind. Die Komponenten von $x_s$ sind dann m "Schlupfvariablen". Die zulässige Lösung $x = 0$, $x_s = b$ erhält man in diesem Fall also "für den Preis" der Einführung von m zusätzlichen Variablen.

Aber auch in anderen Fällen erhält man (8´) bzw. anstelle von (8´) ein Problem, in dem in der Zielfunktion alle Variablen auftreten können.

$$Z(x, x_s) = c^T \cdot x + c_s^{\;T} \cdot x_s$$

Für die folgenden Betrachtungen, die von (8´) ausgehen, erinnern wir an die Fallbeispiele 1 und 2. Dort hatten wir $n = 2$ Variable $x_1$ und $x_2$ und Ungleichungsbedingungen vom Typ "$\leq$" mit nichtnegativer rechter Seite $b \geq 0$. Die Zahl m der Restriktionen ist in diesem Zusammenhang nicht wichtig. In Darstellung (8´) wurde ein solches Problem durch Einführung je einer nichtnegativen Schlupfvariablen $x_{si}$ pro Restriktion in ein Gleichungssystem überführt:

<table>
<tr><td>Darstellung (U)</td><td>Darstellung (G)</td></tr>
</table>

$$
\begin{array}{ll}
\left.\begin{array}{l}
a_{11} \cdot x_1 + a_{12} \cdot x_2 \leq b_1 \\
a_{21} \cdot x_1 + a_{22} \cdot x_2 \leq b_2 \\
\dots \\
a_{m1} \cdot x_1 + a_{m2} \cdot x_2 \leq b_m \\
\\
x_1, x_2 \geq 0 \\
b_1, \dots, b_m \geq 0
\end{array}\right\}
&
\longrightarrow
\quad
\begin{array}{l}
a_{11} \cdot x_1 + a_{12} \cdot x_2 + x_{s1} \qquad\qquad = b_1 \\
a_{11} \cdot x_1 + a_{12} \cdot x_2 + \qquad x_{s2} \quad = b_2 \\
\dots \\
a_{11} \cdot x_1 + a_{12} \cdot x_2 + \qquad\qquad x_{sm} = b_m \\
\\
x_1, x_2, x_{s1}, \dots, x_{sm} \geq 0 \\
b_1, \dots, b_m \geq 0
\end{array}
\end{array}
$$

(G) entspricht der Darstellung (8´).

Da $n = 2$ ist, können wir den Lösungsbereich X, der zur Darstellung (U) gehört, im $\mathbb{R}^2$ graphisch repräsentieren (für Darstellung (G) würden wir den $\mathbb{R}^{2+m}$ benötigen).

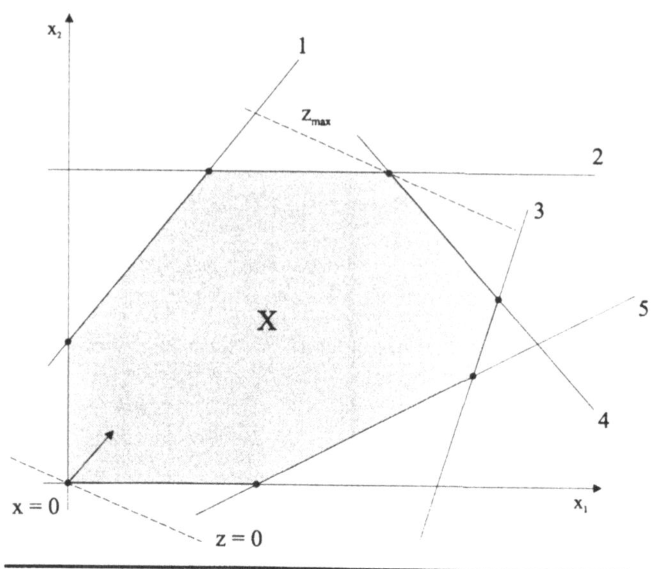


**Abb. 4.5**: *Lösungsbereich*

Der oben erwähnten Lösung von (8´) entspricht dann der Nullpunkt $x = 0$ in $\mathbb{R}^2$. Die Werte der Schlupfvariablen $x_{si}$, die zu $x = 0$ gehören, sind gleich den rechten Seiten $b_i$ in Darstellung (G).

Eine optimale Lösung erhält man, wenn man die Höhenlinie $z = 0$ in Richtung wachsender z so weit wie möglich parallel verschiebt.

Man kann sich nun anschaulich leicht folgendes vorstellen:

Wenn die Menge X (Lösungsbereich) nicht leer und in Richtung wachsender Zielfunktion nicht unbeschränkt ist, gibt es mindestens eine zulässige Lösung x, für die z maximal ist.

Die wichtigste Erkenntnis aus dieser Veranschaulichung in Abb. 4.5 und Abb. 4.6 ist, daß (wenn es optimale Lösungen gibt) mindestens eine solche optimale Lösung eine "Ecke" des Lösungsbereiches X ist. (Natürlich muß man den Begriff der "Ecke" sauber definieren und die obige Aussage für den allgemeinen Fall (8) oder (8´) mathematisch beweisen.)

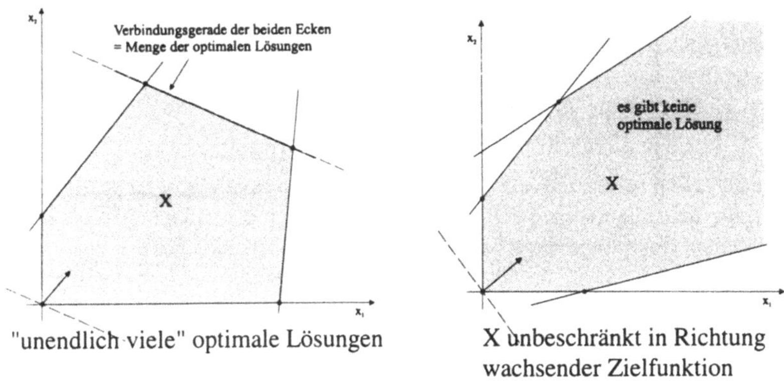


"unendlich viele" optimale Lösungen        X unbeschränkt in Richtung
                                           wachsender Zielfunktion

***Abb. 4.6**: Sonderfälle*

Die zulässige Lösung $x = 0$ stellt eine Ecke des Lösungsbereiches X dar. Deshalb
liegt die Idee nahe, ausgehend von dieser ersten zulässigen Ecke, jeweils zu einer
Nachbarecke überzugehen mit der Eigenschaft, daß diese Nachbarecke "besser" ist
als die vorhergehende. Da es offensichtlich endlich viele Ecken gibt, müßte man dann
nach endlich vielen Schritten eine optimale Ecke gefunden haben.

Was spricht für und was spricht gegen diese einfache Idee?

– Für die Idee spricht die einfache, anschauliche Konzeption:
  Anstelle den im allgemeinen aus unendlich vielen zulässigen Lösungen beste-
  henden Lösungsbereich X "abzusuchen", beschränkt man sich auf die endliche
  Menge der Ecken. In jedem Iterationsschritt verbessert man die Lösung, indem
  man zu einer benachbarten Ecke übergeht, wobei sich der Zielfunktionswert
  verbessert.

– Gegen die Idee sprechen zunächst nur Schwierigkeiten, die darin bestehen, die
  anschaulichen geometrischen Begriffe aus dem $\mathbb{R}^2$ wie "Ecke", "benachbarte Ecke"
  auf den $\mathbb{R}^n$ zu verallgemeinern und durch algebraische Objekte zu ersetzen, mit
  denen man rechnen kann. Eine weitere Schwierigkeit besteht darin, algorithmisch
  zu erkennen, ob der Lösungsbereich in Richtung wachsender Zielfunktion unbeschränkt ist, so daß es keine optimale Lösung gibt. Es empfiehlt sich außerdem,
  vorsichtig mit dem Begriff "nur endlich" viele Ecken umzugehen. Endlich kann
  eine so große Zahl bedeuten, daß es praktisch gesehen unendlich ist. Oben haben
  wir programmatisch postuliert, daß die Zielfunktion beim Übergang von einer
  Ecke zu einer benachbarten Ecke "wächst". Wenn nun aber keine benachbarte
  Ecke gefunden werden kann, die einen größeren Zielfunktionswert hat, sondern
  lediglich eine solche, die den gleichen Zielfunktionswert besitzt? Kann man in
  diesem Fall auch die Endlichkeit des Algorithmus garantieren?

Weitere Schwierigkeiten zeigen sich im Laufe einer detaillierten Untersuchung. Eine Schwierigkeit, die man allgemein hat und die darin besteht, daß der Lösungsbereich X die leere Menge sein könnte, kann in unserem Spezialfall (8´) nicht auftreten. Wir verweisen aber auf die diesbezügliche Spezialliteratur, da wir hier nur einen kleinen Teil der Linearen Programmierung behandeln können.

Ebenso verweisen wir z.B. auf [Beisel 1987, Neumann 1993], wo der interessierte Leser für den allgemeinen Fall des $\mathbb{R}^n$ die wichtigen mathematischen Begriffe Hyperebene, Halbräume, Eck- bzw. Extremalpunkte konvexer Mengen und konvexe Polyeder nachlesen kann, die für eine mathematisch fundierte Charakterisierung der im $\mathbb{R}^2$ anschaulich benutzten geometrischen Begriffe erforderlich sind, auf die wir aber hier bewußt verzichtet haben.

### 4.1.3 Eigenschaften Linearer Optimierungsmodelle und Grundidee der Simplexmethode

Wir betrachten nachfolgend (8´)

$$
\boxed{
\begin{aligned}
&\text{Maximiere} \quad z = c^T \cdot x, \\
&\text{so daß} \quad A \cdot x + E \cdot x_s = b \\
&x \geq 0 \text{ und } x_s \geq 0
\end{aligned}
} \tag{8´}
$$

mit $b \geq 0$, $x, c \in \mathbb{R}^n$; $b, x_s \in \mathbb{R}^m$; A sei eine m×n-Matrix und E die m×m -Einheitsmatrix. Der Lösungsbereich aus (8´)

$$
\left\{ \begin{pmatrix} x \\ x_s \end{pmatrix} \middle|\ A \cdot x + E \cdot x_s = b, \ x \geq 0, \ x_s \geq 0 \right\} \tag{9}
$$

stellt, sofern er nicht leer und beschränkt ist, ein konvexes Polyeder im $\mathbb{R}^{n+m}$ dar. Nachfolgend werden wir die "Ecken" dieses Polyeders algebraisch beschreiben.

Dazu stellen wir uns die Matrizen A und E nebeneinander geschrieben und als Matrix D bezeichnet vor.

$$
D = (A, E) = \begin{pmatrix} a_{11} & \cdots & a_{1n} & 1 & \cdots & 0 \\ \cdots & & \cdots & \cdots & & \cdots \\ a_{m1} & \cdots & a_{mn} & 0 & \cdots & 1 \end{pmatrix} \tag{10}
$$

Jede nichtsinguläre, quadratische, (m×m)-Teilmatrix B von D heißt Basis von D. Eine Basis erhält man also durch Auswahl von m (aus n+m) linear unabhängigen Spaltenvektoren von D. Beispielsweise ist E eine solche Basis. Wie man leicht sieht, gibt es $\binom{m+n}{n}$ verschiedene Möglichkeiten, um aus m+n Spalten eine Matrix B mit m Spalten zusammenzustellen, und damit höchstens (einige dieser Zusammenstellungen könnten singuläre Matrizen sein) $\binom{m+n}{n}$ Basen[3].

Durch das lineare Gleichungssystem $A \cdot x + E \cdot x_s = D \cdot \begin{pmatrix} x \\ x_s \end{pmatrix} = b$ ist jeder Spalte von D eine Variable zugeordnet:

$$\begin{pmatrix} a_{11} & \dots & a_{1n} & 1 & \dots & 0 \\ \dots & & \dots & \dots & & \dots \\ a_{m1} & \dots & a_{mn} & 0 & \dots & 1 \end{pmatrix}$$

$$\uparrow \qquad \uparrow \quad \uparrow \qquad \uparrow$$
$$x_1 \qquad x_n \quad x_{s1} \qquad x_{sm}$$

Wählt man nun eine Basis B aus, so nennt man die den entsprechenden Spalten zugeordneten Variablen die Basisvariablen (BV) und faßt sie zu einem Vektor $x_B$ zusammen. Die verbleibenden Variablen heißen Nichtbasisvariablen (NBV) und werden zu einem Vektor $x_N$ zusammengefaßt. Die entsprechenden Nichtbasisspalten der Matrix D faßt man zu einer Matrix N zusammen.

Diese Bezeichnungen erlauben es, das Gleichungssystem aus (8´) wie folgt aufzuschreiben:

$$D \cdot \begin{pmatrix} x \\ x_s \end{pmatrix} = (B, N) \cdot \begin{pmatrix} x_B \\ x_N \end{pmatrix} = B \cdot x_B + N \cdot x_N = b \tag{11}$$

Wir wollen dies an einem einfachen Zahlenbeispiel illustrieren:

$$D = (A, E) = \begin{pmatrix} 1 & 0 & -1 & 1 & 0 & 0 \\ 2 & 2 & 1 & 0 & 1 & 0 \\ 0 & 1 & 1 & 0 & 0 & 1 \end{pmatrix}$$

---

3) $\binom{m+n}{m}$ bezeichnet den Binomialkoefizienten und ist für $m \geq 1$ gleich

$$\frac{(m+n) \cdot (m+n-1) \cdot \dots \cdot (n+1)}{1 \cdot 2 \cdot 3 \cdot \dots \cdot m}$$

In diesem Beispiel gilt:      $m = n = 3$

Es gibt also maximal $\begin{pmatrix} m+n \\ m \end{pmatrix} = \begin{pmatrix} 6 \\ 3 \end{pmatrix} = \dfrac{6 \cdot 5 \cdot 4}{1 \cdot 2 \cdot 3} = 20$  verschiedene Basen B.

Offensichtlich ist $B = \begin{pmatrix} 1 & 0 & 0 \\ 2 & 2 & 0 \\ 0 & 1 & 1 \end{pmatrix}$ eine Basis.

Basisvariablen sind also: $x_1, x_2, x_{s_3}$          (Spalte 1, 2 und 6)

Nichtbasisvariablen sind: $x_3, x_{s_1}, x_{s_2}$

Dann ist $N = \begin{pmatrix} -1 & 1 & 0 \\ 1 & 0 & 1 \\ 1 & 0 & 0 \end{pmatrix}$.

Mit $x_B = \begin{pmatrix} x_1 \\ x_2 \\ x_{s_3} \end{pmatrix}$  und  $x_N = \begin{pmatrix} x_3 \\ x_{s_1} \\ x_{s_2} \end{pmatrix}$  wird (11) zu:

$$\begin{pmatrix} 1 & 0 & 0 \\ 2 & 2 & 0 \\ 0 & 1 & 1 \end{pmatrix} \cdot x_B + \begin{pmatrix} -1 & 1 & 0 \\ 1 & 0 & 1 \\ 1 & 0 & 0 \end{pmatrix} \cdot x_N = b \tag{11'}$$

Da B eine nichtsinguläre Matrix ist, existiert die inverse Matrix $B^{-1}$. Dies gestattet es uns, die Gleichung (11) nach $x_B$ aufzulösen und damit eine Darstellung von $x_B$ in Abhängigkeit von $x_N$ zu erhalten:

$$B \cdot x_B = b - N \cdot x_N$$

$$x_B = B^{-1} \cdot b - B^{-1} \cdot N \cdot x_N \tag{12}$$

Gleichung (12) nennt man *Basisdarstellung* (BD) (bzgl. Basis B). Wählt man die Nichtbasisvariablen gleich 0, d.h. $x_N = 0$, so ergibt sich:

$$x_B = B^{-1} \cdot b \tag{13}$$

Falls $B^{-1} \cdot b \geq 0$ gilt, heißt $x_B$ gemäß (13) eine *zulässige Basislösung (ZBL)* bzgl. Basis B.

Offensichtlich sind solche ZBL algebraische Objekte, mit denen man gut rechnen kann.

Die BD (12) erlaubt zudem noch die Analyse der "Nachbarschaft" einer ZBL $x_N=0$, indem man z.B. eine Komponente von $x_N$ als positiv und alle anderen als 0 voraussetzt.

Der Simplexalgorithmus von G. Dantzig basiert nun auf folgender Korrespondenz:

> Die Ecken des Lösungsbereiches eines linearen Optimierungsproblems (8´)
>
> entsprechen umkehrbar eindeutig den zulässigen Basislösungen (ZBL).

Damit können wir den Begriff "Ecke" in der oben verwendeten anschaulichen Beschreibung der "Grundidee des Simplexalgorithmus" durch "ZBL" ersetzen. Unter Verwendung der Struktogramm-Notation läßt sich der Algorithmus grob wie folgt entwerfen:

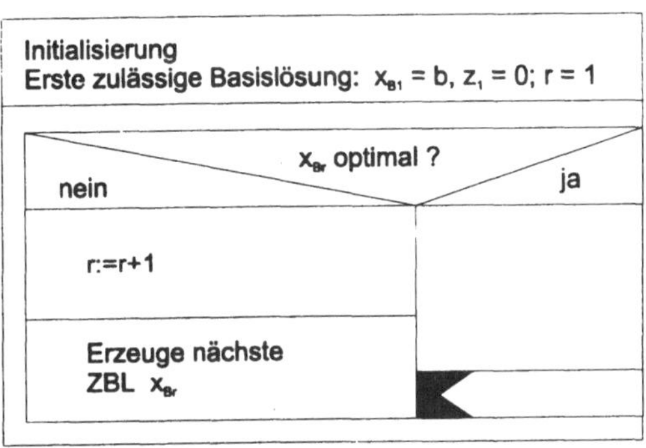


*Abb. 4.7: Struktogramm zum Simplex-Algorithmus*

Das Struktogramm in Abb. 4.7 gibt natürlich nur die grobe Kontrollstruktur des Algorithmus an. Neben der Initialisierung durch Setzen einer ersten ZBL, die für Problem (8´) einfach ist, besteht der Algorithmus aus einer Iterationsschleife, die aufgrund der endlichen Zahl zulässiger Basislösungen terminiert, sofern strenge Monotonie , d.h.

$$z_{r+1} = z(x_{B_{r+1}}) > z(x_{B_r}) = z_r ,$$

gezeigt werden kann. Offen bleiben die inhaltliche Ausgestaltung des Optimalitätstestes und die Erzeugung der jeweils nächsten ZBL.

### 4.1.4 Beschreibung der Hauptbestandteile des Simplexalgorithmus

#### 1. Optimalitätstest

Um die Optimalität einer zulässigen Basislösung $x_B = B^{-1} \cdot b$, $x_N = 0$ zur Basis B zu analysieren, stellen wir eine Basisdarstellung der Zielfunktion her, indem wir die Aufteilung von x in $x_B$ und $x_N$ in z eintragen.

$$z = c^T \cdot x = c_B^T \cdot x_B + c_N^T \cdot x_N$$

$$= c_B^T \cdot (B^{-1} \cdot b - B^{-1} \cdot N \cdot x_N) + c_N^T \cdot x_N$$

$$= c_B^T \cdot B^{-1} \cdot b - (c_B^T \cdot B^{-1} \cdot N - c_N^T) \cdot x_N \qquad (14)$$

$$= z^* - \Delta z \cdot x_N, \text{ mit } z^* = c_B^T \cdot B^{-1} \cdot b \text{ und } \Delta z = c_B^T \cdot B^{-1} \cdot N - c_N^T$$

Mit $x_N = 0$ ergibt sich für die zulässige Basislösung $x_B = B^{-1} \cdot b$ der Zielfunktionswert $z = c_B^T \cdot B^{-1} \cdot b$.

> Besteht der Vektor $\Delta z$ in (14) nur aus nichtnegativen Komponenten $\Delta z_j \geq 0$, so kann beim Übergang von $x_N = 0$ zu einem $x_N$ mit mindestens einer positiven Komponente kein größerer Wert für z als $c_B^T \cdot B^{-1} \cdot b$ entstehen.

Demzufolge ist die ZBL $x_B = c_B^T \cdot B^{-1} \cdot b$ für $\Delta z \geq 0$ eine optimale Lösung. Nur wenn mindestens eine Komponente von $\Delta z$ negativ wäre, könnte beim Übergang von $x_N = 0$ zu $x_N \geq 0$ ein besserer Zielfunktionswert entstehen:

Beispiel:

Es sei $c_B^T \cdot B^{-1} \cdot b = 10$, $x_N = \begin{pmatrix} x_{N_1} \\ x_{N_2} \end{pmatrix}$, $\Delta z = \begin{pmatrix} \Delta z_1 \\ \Delta z_2 \end{pmatrix}$.

Dann wäre $z = 10 - \Delta z_1 \cdot x_{N_1} - \Delta z_2 \cdot x_{N_2}$.

Es sei nun $\Delta z_1 = -1$, $\Delta z_2 = 2$. Setzt man für $x_{N_1} = \theta > 0$ und $x_{N_2} = 0$, so erhält man für z

$$z = 10 - (-1) \cdot \theta - 2 \cdot 0 = 10 + \theta > 10$$

einen besseren Wert als 10.


#### 2. Nächste zulässige Basislösung

Unser Algorithmus in Abb. 4.7 enthält eine Prozedur "Erzeuge nächste ZBL", die wir uns im folgenden genauer ansehen werden.

Dieser Zweig des Algorithmus wird immer dann aktiv, wenn der Optimalitätstest für $x_{B_r}$ keine Optimalität feststellen konnte, d.h. wenn der Vektor

$$\Delta z = (c_B^T \cdot B^{-1} \cdot N - c_N^T)$$

mindestens eine negative Komponente

$$\Delta z_j = (c_B^T \cdot B^{-1} \cdot N - c_N^T)_j \quad , \Delta z_j < 0,$$

besitzt. Die "nächste ZBL" ist eine zu $x_{B_r}$ "benachbarte" ZBL, d.h. daß beim Übergang von $x_{B_r}$ zu $x_{B_{r+1}}$ eine bisherige NBV zur BV wird und daß im Gegenzug eine BV der Basislösung $x_{B_r}$ aus der Basis eliminiert wird. Deshalb besteht "Erzeuge eine nächste ZBL" aus dem

- Aufnahmekriterium und dem
- Eliminationskriterium.


*a) Aufnahmekriterium (ausgehend von $x_{B_r}$ )*

Man nehme eine NBV $x_{j*}$ bzgl. der Basis $B_r$ in die Basis $B_{r+1}$ auf, für die $\Delta z_{j*} < 0$ gilt. (Wären alle $\Delta z_j \geq 0$, dann würde $B_r$ eine optimale Lösung darstellen.)

Gibt es mehrere NBV zu $B_r$, für die $\Delta z_j < 0$ ist, dann kann man beispielsweise $j = j^*$ gemäß

$$\Delta z_{j*} = \min \{ \ \Delta z_j \mid \Delta z_j < 0 \ \}$$

wählen. Man beachte aber, daß diese Regel nur eine Heuristik darstellt. Man erhofft sich von dieser Auswahl einen relativ großen Zuwachs der Zielfunktion im betrachteten Schritt des Verfahrens. Die bisherige NBV $x_{j*}$ wird BV in der neuen Basis $B_{r+1}$. Da eine Basis aus genau m Spalten (Variablen) besteht, bedeutet die Aufnahme von $x_{j*}$ in die neue Basis, daß eine bisherige BV ihren Platz in der Basis $B_r$ räumen, d.h. aus der Basis $B_r$ ausscheiden muß.


*b) Eliminationskriterium*

Zur Entscheidung darüber, welche Variable aus der Basis zu eliminieren ist, betrachten wir die Basisdarstellung (12) für die Basis $B_r$

$$x_{B_r} = B_r^{-1} \cdot b - B_r^{-1} \cdot N_r \cdot x_{N_r} = b^* - A_r^* \cdot x_{N_r}$$
$$\text{mit } b^* = B_r^{-1} \cdot b \text{ und } A_r^* = B_r^{-1} \cdot N_r .$$

Für die i-te Komponente von $x_{B_r}$ gilt also:

$$(x_{B_r})_i = b_i^* - \sum_{j \in NBV^*} a_{ij}^* \cdot (x_{N_r})_j$$

Dabei bezeichnet $NBV^*$ die Menge der Indizes der Nichtbasisvariablen.

Zur Vereinfachung der Schreibweise setzen wir $x_i = (x_{B_r})_i$ und $x_j = (x_{N_r})_j$

und verzichten bei den Matrixelementen $a_{ij}^*$ von $A_r^*$ auf die Kennzeichnung der Abhängigkeit von r.

Dann erhalten wir:

$$x_i = b_i^* - \sum_{j \in NBV^*} a_{ij}^* \cdot x_j \tag{12'}$$

Gemäß Aufnahmekriterium wird eine NBV, nämlich $x_{j^*}$, zur BV, d.h. nimmt einen Wert $\theta$, $\theta > 0$ an. Damit vereinfacht sich die Basisdarstellung (12') zu:

$$x_i = b_i^* - a_{ij^*}^* x_{j^*} = b_i^* - a_{ij^*}^* \theta \tag{12''}$$

Wir müssen absichern, daß die neue BL $x_{B_{r+1}}$ zulässig ist, d.h., sämtliche $x_i$, berechnet nach (12''), müssen auch den Nichtnegativitätsbedingungen genügen.

Demzufolge muß gelten:

$$x_i = b_i^* - a_{ij^*}^* \theta \geq 0 \quad \text{für } i = 1, 2, ..., m.$$

Das sind m lineare Ungleichungen, die wir als Bedingungen für $\theta$ auffassen können. Machen wir eine Fallunterscheidung:

Fall 1: Es gibt mindestens ein i mit $a_{ij^*}^* > 0$.

Dann muß $\theta$ der Bedingung $\theta \leq \dfrac{b_i^*}{a_{ij^*}^*}$ genügen.

Also müssen wir fordern:

$$\theta \leq \min_i \left\{ \frac{b_i^*}{a_{ij^*}^*} \;\middle|\; a_{ij^*} > 0 \right\} = \frac{b_{i^*}^*}{a_{i^*j^*}^*} \tag{15}$$

Wählen wir $\theta = \dfrac{b_{i^*}^*}{a_{i^*j^*}^*}$, so folgt $x_{i^*} = b_i^* - a_{i^*j^*}^* \cdot \dfrac{b_i^*}{a_{i^*j^*}^*} = 0$.

Also gilt: $x_{i^*}$ wird die neue Nichtbasisvariable (da $x_{i^*} = 0$ ist), scheidet also aus der Basis $B_r$ aus.

Bemerkung: Falls das Minimum in (15) für mindestens zwei verschiedene Indizes i angenommen wird, ergeben sich die entsprechenden bisherigen BV zu 0. Es soll aber nur eine BV aus der Basis ausscheiden. Wir müssen dann festlegen, welche dieser Variablen eine neue NBV wird und welche Basisvariable bleibt, obwohl ihr Wert gleich 0 ist. Probleme, bei denen diese Konstellation eintritt, nennen wir entartet. Im Entartungsfall ist die strenge Monotonie der Methode nicht mehr gegeben. Man muß also damit rechnen, daß beim Übergang von einer ZBL zur nächsten der Zielfunktionswert nicht wächst, sondern gleich bleibt. Damit ist die Endlichkeit des Algorithmus nicht mehr gesichert, denn es könnte ja sein, daß man nach Durchlaufen mehrerer Iterationen, bei denen der Zielfunktionswert konstant bleibt, wieder zu einer Basis zurückkehrt, die man schon betrachtet hat. Man muß mit derartigen Phänomenen auch bei Aufgaben aus der Praxis rechnen. Deshalb sollte der Entartungsfall genauer studiert werden. Wir verweisen hierzu auf [Beisel Kapitel 2].

Fall 2:    Für alle i gilt $a_{ij*} \leq 0$.

Dann ist $x_i = b_i^* - a_{ij*}^* \cdot \theta$ für beliebiges $\theta > 0$ nicht negativ. Mit anderen Worten heißt das, daß alle $x_i$ aus der Basis $B_r$ beliebig groß werden können. Es gibt also in diesem Fall keine optimale Lösung.

Bemerkung: Der Algorithmus stellt also beim Eliminationskriterium mit einem einfachen Test fest, ob gegebenenfalls deshalb keine optimale Lösung existiert, weil der zulässige Bereich in Richtung wachsender Zielfunktion unbeschränkt ist. Man beachte, daß dieses Ergebnis insofern unabhängig von der Auswahl von j* beim Aufnahmekriterium ist, daß auch eine andere Wahl von j* keinen Einfluß auf das letztendliche Resultat hat.

*Zusammenfassung:*

Aufnahme- und Eliminationskriterium ermitteln eine NBV $x_{j*}$, die in die nächste Basis aufzunehmen, sowie eine BV $x_{i*}$, die aus der Basis zu entfernen ist, bzw. stellen die Optimalität oder die Unlösbarkeit des Problems fest. Offen bleibt noch, wie die Basisdarstellung für die neue ZBL $x_{B_{r+1}}$ aussieht.

*Transformation der Zulässigen Basisdarstellung (ZBD)*

Wir schreiben die ZBD (12) in der Form:

$$x_B + B^{-1} \cdot N \cdot x_N = B^{-1} b \qquad (12^*)$$

und danach analog zu (12´) in Komponentenschreibweise:

$$x_i + \sum_{j=m+1}^{m+n} a_{ij}^* \cdot x_j = b_i^* \quad \text{für } i = 1, 2, \dots, m \qquad (12^{**})$$

($x_1, \dots, x_m$ seien ohne Einschränkung der Allgemeinheit die BV; $x_{m+1}, \dots, x_{m+n}$ die NBV bezogen auf die Basis $B_r$).

Transformation der ZBD bedeutet Tausch der Rollen von $x_{i^*}$ und $x_{j^*}$ als BV bzw. NBV und danach die entsprechende Umrechnung von $(12^{**})$.

Wir wollen dies nachfolgend nicht anhand der mathematischen Notation als Gleichungssystem, sondern mittels einer äquivalenten, mehr an der Implementierung orientierten Repräsentation als sogenanntes Simplextableau behandeln. Die ZBD $(12^{**})$ kann durch das äquivalente Tableau in Abb. 4.8 dargestellt werden.

| $c_j$ | | BV | | | | NBV | | | $x_{Br}, z_r$ | Quot. |
|---|---|---|---|---|---|---|---|---|---|---|
| | | $c_1$ | $c_2$ | ... | $c_m$ | $c_{m+1}$ | ... | $c_{m+n}$ | | |
| $c_i$ | $x_i \diagdown x_j$ | $x_1$ | $x_2$ | ... | $x_m$ | $x_{m+1}$ | ... | $x_{m+n}$ | ZBL | $\theta_i$ |
| $c_1$ | $x_1$ | 1 | 0 | ... | 0 | $a_{1,m+1}^*$ | ... | $a_{1,m+n}^*$ | $b_1^*$ | $\theta_1$ |
| $c_2$ | $x_2$ | 0 | 1 | ... | 0 | $a_{2,m+1}^*$ | ... | $a_{2,m+n}^*$ | $b_2^*$ | $\theta_2$ |
| $c_i$ | $x_i$ | 0 | 0 | 1 | 0 | $a_{i,m+1}^*$ | ... | $a_{i,m+n}^*$ | $b_i^*$ | $\theta_i$ |
| ... | ... | ... | ... | | ... | ... | | ... | | |
| $c_m$ | $x_m$ | 0 | 0 | ... | 1 | $a_{m,m+1}^*$ | .... | $a_{m,m+n}^*$ | $b_m^*$ | $\theta_m$ |
| | $\Delta z_j$ | 0 | 0 | ... | 0 | $\Delta z_{m+1}$ | ... | $\Delta z_{m+n}$ | $z^*$ | |

**Abb. 4.8:** *Simplextableau einer ZBD*

Man sieht, daß Abb. 4.8 einfach eine andere Schreibweise von $(12^{**})$ und (14) ist. Aus technischen Gründen sind jeweils die Zielfunktionskoeffizienten neben die entsprechenden Variablen geschrieben. Weiter wurden die Einheitsvektoren für die Basisvariablen als Spalten eingefügt, worauf man auch verzichten könnte. (Die Vorteile sieht man eigentlich nur bei weiterführenden Betrachtungen.)

Die letzte Zeile ist die Darstellung (14) der Zielfunktion, kann also in Form von

$$z - \Delta z_{m+1} \cdot x_{m+1} - \dots - \Delta z_{m+n} \cdot x_{m+n} = z^*$$

geschrieben werden.

Die zugehörige ZBL zu diesem Tableau erhält man, wenn man alle NBV, also $x_{m+1}, \dots, x_{m+n}$ gleich 0 setzt, d.h. $x_i = b_i^*$ und $z = z^*$ in der Spalte ZBL abliest.

Die Formel (12**) findet man eingerahmt im Tableau, wenn man sich den rechten Doppelstrich als Gleichheitszeichen denkt und die Koeffizienten der eingerahmten Zeile mit den entsprechenden Variablen der x-Zeile multipliziert.

Als nächstes stellen wir das Aufnahme- und das Eliminationskriterium in einem solchen Tableau dar, wobei wiederum ohne Einschränkung der Allgemeinheit die Basisvariablen $x_1, ..., x_m$ und die Nichtbasisvariablen $x_{m+1}, ...,x_{m+n}$ seien.

| | | | BV | | | | | NBV | | | | | $x_{Br}, z_r$ | Quot. |
|---|---|---|---|---|---|---|---|---|---|---|---|---|---|---|
| $c_i$ | | $c_j$ | $c_1$ | $c_2$ | ... | $c_{i^*}$ | ... | $c_m$ | $c_{m+1}$ | ... | $c_{j^*}$ | ... | $c_{m+n}$ | |
| $c_i$ | $x_i$ | $x_j$ | $x_1$ | $x_2$ | ... | $x_{i^*}$ | ... | $x_m$ | $x_{m+1}$ | ... | $x_{j^*}$ | ... | $x_{m+n}$ | ZBL | $\theta_i$ |
| $c_1$ | $x_1$ | | 1 | 0 | ... | 0 | ... | 0 | $a^*_{1.m+1}$ | ... | $a^*_{1.j^*}$ | ... | $a^*_{1.m+n}$ | $b^*_1$ | $\theta_1$ |
| $c_2$ | $x_2$ | | 0 | 1 | ... | 0 | ... | 0 | $a^*_{2.m+1}$ | ... | $a^*_{2.j^*}$ | ... | $a^*_{2.m+n}$ | $b^*_2$ | $\theta_2$ |
| ... | ... | | ... | ... | | ... | | ... | ... | | ... | | ... | ... | ... |
| $c_{i^*}$ | $x_{i^*}$ | | 0 | 0 | ... | 1 | ... | 0 | $a^*_{i^*.m+1}$ | ... | $a^*_{i^*.j^*}$ | ... | $a^*_{i.m+n}$ | $b^*_i$ | $\theta_{i^*}$ |
| ... | ... | | ... | ... | | ... | | ... | ... | | ... | | ... | ... | ... |
| $c_m$ | $x_m$ | | 0 | 0 | ... | 0 | ... | 1 | $a^*_{m.m+1}$ | ... | $a^*_{m.j^*}$ | ... | $a^*_{m.m+n}$ | $b^*_m$ | $\theta_m$ |
| | $\Delta z_i$ | | 0 | 0 | ... | 0 | ... | 0 | $\Delta z_{m+1}$ | ... | $\Delta z_{j^*}$ | ... | $\Delta z_{m+n}$ | $z^*$ | |

**Abb. 4.9**: *Illustration von Aufnahme und Eliminierung*

Die im Aufnahmeschritt ermittelte Spalte j* mit

$$\Delta z_{j^*} = \min \{ \Delta z_j \mid \Delta z_j < 0 \}$$

heißt Pivotspalte, die im Eliminationsschritt ermittelte Zeile i* (angenommen es existiere ein i*, d.h., es gibt einen Index i mit $a^*_{ij^*} > 0$ ) nennen wir Pivotzeile. Im Kreuzungspunkt von Pivotspalte und Pivotzeile steht das Pivotelement $a^*_{i^*j^*} > 0$.

(Sollte die Auswahl von i* nicht eindeutig sein, d.h., $\min\{\theta_i \mid \theta_i > 0\}$ wird nicht eindeutig nur für ein $i = i^*$ angenommen, dann wähle man i* beliebig. In der nächsten Iteration entsteht dann mindestens eine Basisvariable, deren Wert gleich Null ist, d.h., wir haben Entartung.)

Nun können wir das nächste Simplextableau wie folgt bestimmen:
1. Tausche im Tabellenkopf (1. und 2. Spalte!) die Namen $c_{i^*}$, $x_{i^*}$ gegen $c_{j^*}$, $x_{j^*}$: $x_{j^*}$ wird BV, $x_{i^*}$ wird NBV im nächsten Tableau.
2. Ersetze die Pivotspalte durch den Einheitsvektor mit der 1 anstelle des Pivotelementes. (Das zeigt an, daß $x_{j^*}$ BV geworden ist.)
3. Man transformiere die Pivotzeile durch Division durch das Pivotelement.
4. Transformiere alle übrigen Elemente des Tableaus (mit Ausnahme der Quotientenspalte) durch die Rechteckregel (oder auch Kreisregel genannt).

Operation 4 bedeutet: Es sei $\alpha_{ij}$ das zu transformierende Element. Man suche ausgehend von $\alpha_{ij}$ ein Rechteck,

$$\boxed{\alpha_{ij}} \quad \dots \quad \alpha_{ij^*}$$
$$\dots \qquad \dots$$
$$\alpha_{i^*j} \quad \dots \quad a^*_{i^*j^*}$$

wobei in der $\alpha_{ij}$ gegenüberliegenden Ecke das Pivotelement $a^*_{i^*j^*}$ steht. Das transformierte $\alpha_{ij}$, d.h. den Wert, der im neuen Tableau an der gleichen Stelle steht, bezeichnen wir mit $\overline{\alpha}_{ij}$ und berechnen es gemäß:

$$\overline{\alpha}_{ij} = \alpha_{ij} - \frac{\alpha_{i^*j}\,\alpha_{ij^*}}{\alpha^*_{i^*j^*}} \tag{16}$$

Die $\alpha_{ij}$ stehen dabei für Elemente $a_{ij}^*$ oder für $b_i^*$ oder für $\Delta z_j^*$ bzw. $z^*$. (Das schließt die Einsen und Nullen mit ein.) Das neue Tableau, welches die r+1-te zulässige Basislösung darstellt, ergibt sich dann wie folgt:

| $c_i$ | $c_j$ | $c_1$ | $c_2$ | | $c_{i^*}$ | | $c_m$ | $c_{m+1}$ | | $c_{j^*}$ | | $c_{m+n}$ | $x_{Br+1}, z_r$ | Quot. |
|---|---|---|---|---|---|---|---|---|---|---|---|---|---|---|
| $c_i$ | $x_i \diagdown x_j$ | $x_1$ | $x_2$ | ... | $x_{i^*}$ | ... | $x_m$ | $x_{m+1}$ | ... | $x_{j^*}$ | ... | $x_{m+n}$ | ZBL | $\theta_i$ |
| $c_1$ | $x_1$ | 1 | 0 | ... | $\overline{a}_{1,i^*}$ | ... | 0 | $\overline{a}_{1,m+1}$ | ... | 0 | ... | $\overline{a}_{1,m+n}$ | $\overline{b}_1$ | |
| $c_2$ | $x_2$ | 0 | 1 | ... | $\overline{a}_{2,i^*}$ | ... | 0 | $\overline{a}_{2,m+1}$ | ... | 0 | ... | $\overline{a}_{2,m+n}$ | $\overline{b}_2$ | |
| ... | ... | ... | ... | | ... | | ... | ... | | ... | | ... | ... | |
| $c_{i^*}$ | $x_{i^*}$ | 0 | 0 | ... | $\dfrac{1}{a^*_{i^*j^*}}$ | ... | 0 | $\dfrac{a^*_{i^*,m+1}}{a^*_{i^*j^*}}$ | ... | 1 | ... | $\dfrac{a^*_{i^*,m+n}}{a^*_{i^*j^*}}$ | $\dfrac{b_{i^*}}{a^*_{i^*j^*}}$ | |
| ... | ... | ... | ... | | ... | | ... | ... | | ... | | ... | ... | |
| $c_m$ | $x_m$ | 0 | 0 | ... | $\overline{a}_{m,j^*}$ | ... | 1 | $\overline{a}_{m,m+1}$ | ... | 0 | ... | $\overline{a}_{m,m+n}$ | $\overline{b}_m$ | |
| | $\Delta z_j$ | 0 | 0 | ... | $\overline{\Delta z}_{i^*}$ | ... | 0 | $\overline{\Delta z}_{m+1}$ | ... | 0 | ... | $\overline{\Delta z}_{m+n}$ | $\overline{z}$ | |

*Abb. 4.10*: *Transformiertes Tableau*

### 4.1.5 Struktogramme zum Simplexalgorithmus und ein Rechenbeispiel

Bevor wir den im vorausgegangenen Abschnitt eingeführten Algorithmus an einem einfachen Rechenbeispiel illustrieren, wollen wir das in Abb. 4.7 angegebene Struktogramm verfeinern. Wir tun dies in 2 Varianten. Abb. 4.11 zeigt den Simplexalgorithmus unter Benutzung der "Tableau-Terminologie". Danach verfeinern wir in Abb. 4.12 nochmals, indem wir "Tableau" durch "zulässige Basisdarstellung" ersetzten und damit stärker die mathematischen Konzepte betonen.

Um Platz zu sparen haben wir in den Struktogrammen (Abb. 4.11 und 4.12) die in der Mathematik generell gültige Konvention angewendet, die besagt, daß der Ausdruck "es existiert ein ..." bedeutet: "es existiert mindestens ein".

Wir machen ausdrücklich darauf aufmerksam, daß die Struktogramme in den Abbildungen 4.11 und 4.12 jeweils nur die Basisvariante (Grundschema) des Simplexalgorithmus darstellen. So kann z.B. die heuristische Aufnahmeregel verändert werden, die Eliminationsregel bedarf einer Präzisierung im Entartungsfall, und die Transformationsregel kann auch anders geschrieben werden. Wir vereinbaren z.B., daß im Falle des nicht eindeutig bestimmten i* in der Eliminationsregel i* zufällig gewählt wird.

### Beispiel

Wir betrachten ein reduziertes Problem zu unserem Fallbeispiel 1:

$$\max z = 40 \cdot x_1 + 60 \cdot x_2$$

$$\text{so daß} \quad x_1 + 2 \cdot x_2 + x_{s1} \qquad = 32$$

$$3x_1 + 4 \cdot x_2 \qquad + x_{s2} \quad = 72$$

$$\text{mit} \quad x_1, x_2, x_{s1}, x_{s2} \geq 0$$

Wir bezeichnen wie folgt um: $\quad x_3 := x_{s1}, \; x_4 := x_{s2}$

Dann können wir als Basisvariablen die Schlupfvariablen $x_3$, $x_4$ wählen; NBV sind damit $x_1$ und $x_2$. Wir erhalten die erste ZBL:

$$x_1 = x_2 = 0 \qquad \text{(NBV)}$$

$$x_3 = 32, \; x_4 = 72 \qquad \text{(BV)}$$

$$z = 0$$

Die zugehörige erste zulässige Basisdarstellung ergänzt durch die Zielfunktionszeile kann damit wie folgt geschrieben werden:

$$x_3 + \quad x_1 + 2 \cdot x_2 \quad = 32$$

$$x_4 + \; 3 \cdot x_1 + 4 \cdot x_2 \quad = 72$$

$$z \; - 40 \cdot x_1 - 60 \cdot x_2 \quad = 0$$

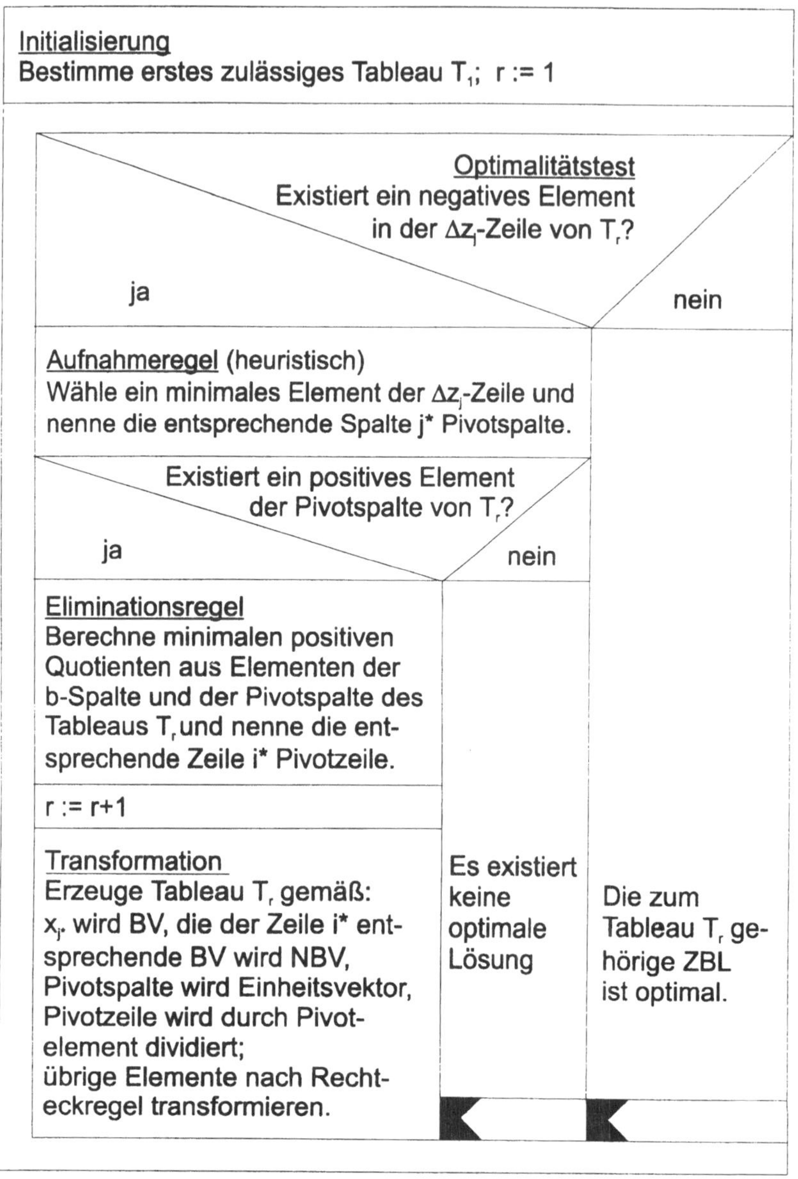


**Abb. 4.11:** *Grundschema des Simplexalgorithmus (Tableau-Terminologie)*

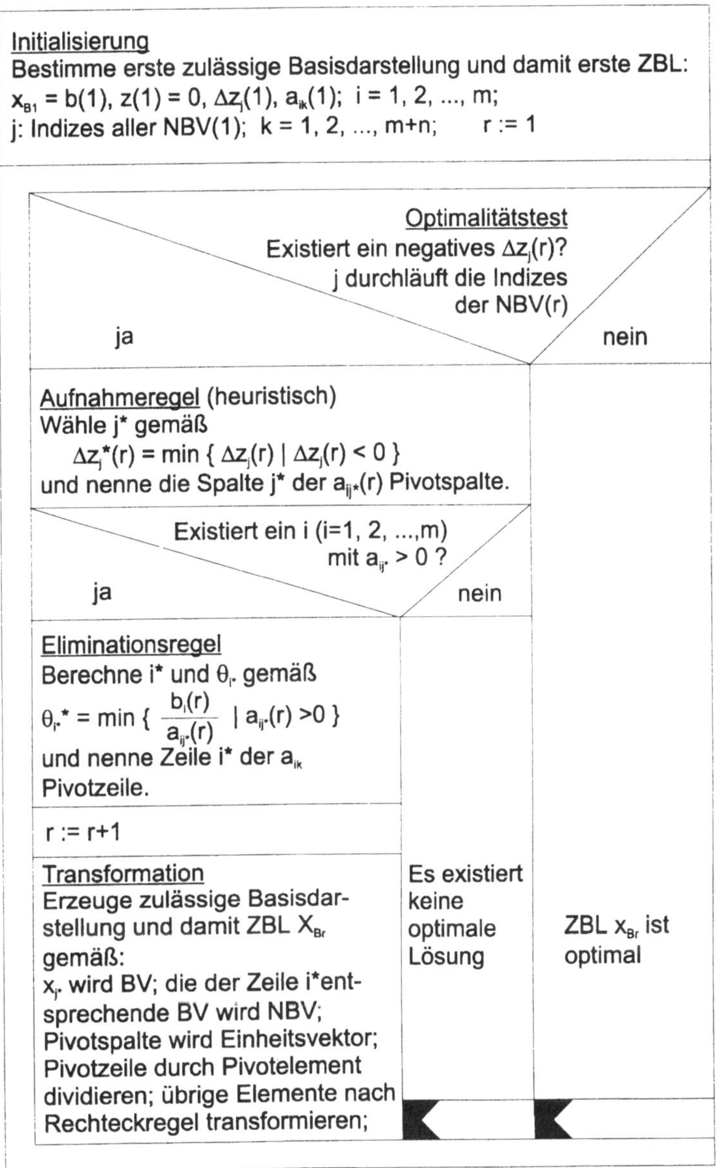



***Abb. 4.12:*** *Grundschema des Simplexalgorithmus (zulässige Basisdar-*
*stellung)*

Die erste zulässige BD als Tableau $T_1$ geschrieben ist dann:

| $c_i$ | $x_i \diagdown x_j$ | $x_1$ | $x_2$ | $x_3$ | $x_4$ | $x_{B1}, z_1$ | $\theta_i$ |
|---|---|---|---|---|---|---|---|
| | $c_j$ | $c_1=40$ | $c_2=60$ | $c_3=0$ | $c_4=0$ | | |
| 0 | $x_3$ | 1 | ②-----1-----0- | | -32 | | 16 | ← |
| 0 | $x_4$ | 3 | 4-----0-----1- | | -72 | | 18 |
| | $\Delta z_j$ | -40 | -60 | 0 | 0 | 0 | |

Pivot-spalte: $i^*=1$

Pivotzeile: $j^*=2$

**Tabelle 4.5**: *Tableau 1*

Da $\Delta z_j \geq 0$ für $j = 1,...,4$ nicht gilt, ist diese ZBL nicht optimal.

Wir wählen nach der Aufnahmeregel $j^* = 2$ (minimales $\Delta z_j$ ist -60). Damit ist Spalte 2 Pivotspalte. Der minimale Quotient $\theta_i$ steht in Zeile $i^* = 1$. Dem entspricht die BV $x_3$. Also wird $x_2$ neue BV, $x_3$ wird NBV, und wir kommen zu Tableau 2:

| $c_i$ | $x_i \diagdown x_j$ | $x_1$ | $x_2$ | $x_3$ | $x_4$ | $x_{B2}, z_2$ | $\theta_i$ |
|---|---|---|---|---|---|---|---|
| | $c_j$ | 40 | 60 | 0 | 0 | | |
| 60 | $x_2$ | 1/2 | 1 | 1/2 | 0 | 16 | 32 |
| 0 | $x_4$ | ① | 0 | -2 | 1 | ⑧* | 8 | ← |
| | $\Delta z_j$ | -10 | 0 | 30 | 0 | 960 | |

**Tabelle 4.6**: *Tableau 2*

Zur Berechnung von Element ⑧* gehen wir in Tableau 1. Dort betrachten wir das markierte Rechteck, in dessen Ecken das gesuchte Element von Tableau 2, das Pivotelement und die jeweils anliegenden Ecken stehen.

$$\begin{array}{ccc} ② & \cdots & 32 \\ 4 & \cdots & \boxed{72} \end{array}$$

Das anstelle von der Zahl 72 im neuen Tableau 2 stehende Element 8 ergibt sich nach der Rechteckregel:

$$8 = 72 - \frac{32 \cdot 4}{2}$$

Alle übrigen Elemente von Tableau 2 ergeben sich nach der gleichen Regel (außer Pivotzeile, -spalte und Quotientenspalte).

Da $\Delta z_1 = -10 < 0$ gilt, ist die dem Tableau 2 entsprechende ZBL:

$$x_2 = 16, \qquad x_4 = 8 \qquad \text{(BV)}$$
$$x_1 = 0, \qquad x_3 = 0 \qquad \text{(NBV)}$$

mit dem Zielfunktionswert $z_2 = 960$

nicht optimal. Mit $j^* = 1$ und $i^* = 2$ entsteht:

| $c_i$ | $x_i \diagdown x_j$ | $c_j$ | | | | $x_{B3}, z_3$ | $\theta_i$ |
|---|---|---|---|---|---|---|---|
| | | 40 | 60 | 0 | 0 | | |
| | | $x_1$ | $x_2$ | $x_3$ | $x_4$ | | |
| 60 | $x_2$ | 0 | 1 | 3/2 | -1/2 | 12 | |
| 40 | $x_1$ | 1 | 0 | -2 | 1 | 8 | |
| | $\Delta z_j$ | 0 | 0 | 10 | 10 | 1040 | |

*Tabelle 4.7*: *Tableau 3*

durch Vertauschen der NBV $x_1$ mit der BV $x_4$, d.h., $x_1$ wird BV, $x_4$ NBV im neuen Tableau 3.

Da alle $\Delta z_j$ in Tableau 3 nichtnegativ sind, ist die zugehörige ZBL:

$$x_1 = 8, \qquad x_2 = 12 \qquad \text{(BV)}$$
$$x_3 = 0, \qquad x_4 = 0 \qquad \text{(NBV)}$$
$$z_3 = 1040$$

eine optimale Lösung!


## 4.1.6 Einführung in die Methode "Branch and Bound" am Beispiel des Rucksackproblems

Bei der Betrachtung der Fälle 1 bis 6, mit denen wir den Einstieg in die Grundlagen des Simplexverfahrens der Linearen Programmierung vorgenommen haben, traten in einigen Fällen (Nr. 3, 5 und 6) zusätzlich Ganzzahligkeitsbedingungen auf, die wir bisher ignoriert haben.

Nehmen wir das Beispiel aus Fall 6:

$$\text{Maximiere } z = 11 \cdot x_1 + 14 \cdot x_2 + 16 \cdot x_3 + 8 \cdot x_4 + 7 \cdot x_5$$

so daß $\qquad 17 \cdot x_1 + 16 \cdot x_2 + 21 \cdot x_3 + 8 \cdot x_4 + 12 \cdot x_5 \le 37 \qquad$ (P)

und für alle $x_j, j = 1, ..., 5, \; x_j \in \{0, 1\}$ gilt.

Es handelt sich hierbei um ein Beispiel für ein sogenanntes Rucksackproblem. Ein "Rucksack" gegebener Kapazität (37 000 DM im Beispiel) ist mit Gegenständen (hier Investitionen) so zu füllen, daß eine Gewinnfunktion Z ihren maximal möglichen Wert annimmt. Dabei muß natürlich die beschränkte Kapazität des Rucksacks ("Fassungsvermögen" $\le 37$) eingehalten werden. Würden für die Entscheidungsvariablen $x_j$ Restriktionen der Form $0 \le x_j \le 1$ gelten, könnten wir im Prinzip die Simplexmethode anwenden. Hier sind aber die Entscheidungsvariablen $x_j$ ganzzahlig, noch spezieller, binär: $x_j$ ist entweder gleich 0 oder gleich 1. Mit derartigen zusätzlichen Restriktionen kann der Simplexalgorithmus nicht umgehen.

In unserem verhältnismäßig kleinen Beispiel, wir haben 5 Entscheidungsvariablen, die je zwei Werte annehmen können, gibt es insgesamt $2^5 = 32$ mögliche (nicht alle davon sind zulässige) Lösungen. Diese bilden den Lösungsraum und könnten z.B. als Wege im nachfolgenden Entscheidungsbaum von der Wurzel W (noch keine Variable liegt fest) bis zu jedem terminalen Knoten dargestellt werden. Legen wir die Variablen im Baum in der Reihenfolge ihrer Numerierung fest, so entsteht der Baum aus Abb. 4.13.

Der Weg von W zum terminalen Knoten $K_1$ entspricht z.B. der potentiellen Lösung $x_1 = x_2 = x_3 = x_4 = x_5 = 1$, die allerdings nicht zulässig ist, da

$$17 \cdot 1 + 16 \cdot 1 + 21 \cdot 1 + 8 \cdot 1 + 12 \cdot 1 > 37$$

gilt. Im Prinzip wäre es möglich, alle 32 Wege auf Zulässigkeit zu überprüfen, für die zulässigen Lösungen die entsprechenden Werte von z auszurechnen und danach die zulässigen Lösungen mit maximalem z auszuwählen. Was tun wir aber, wenn wir ein Investitionsbudget auf $n = 20$ oder $n = 50$ Projekte optimal aufteilen (auswählen!) sollen?

Dann wären
$$N = 2^{20} > 10^6 = 1.000.000$$
bzw.
$$N = 2^{50} > 10^{15} = 1.000.000.000.000.000$$
Lösungen als Wege im entsprechenden Lösungsbaum zu generieren, auf Zulässigkeit zu testen und bzgl. des Gewinns zu vergleichen. Diese vollständige Enumeration scheitert am viel zu hohen Aufwand.

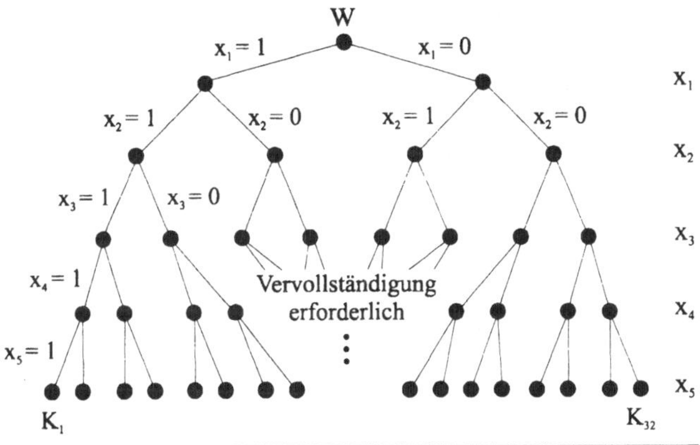


**Abb. 4.13**: *Lösungsraum des Rucksackproblems*

Man muß sich also, um beim obigen Baum zu bleiben, einen Algorithmus überlegen, der nur "kleine Teile" des Baumes (Lösungsraum) generiert und trotzdem garantiert, eine optimale Lösung zu finden.

Ein solches Verfahren ist die Methode "Branch and Bound" (verzweigen und abschneiden), die wir zunächst anhand unseres Beispiels einführen wollen.

### Idee eines "Branch and Bound"-Verfahrens für das Rucksackproblem:

- Man generiere einen Teilbaum des Entscheidungsbaumes aus Abb. 4.13, indem man Knoten (und damit von diesen ausgehende Teilbäume) so "früh wie möglich" als "nicht optimal" erkennt und damit terminiert. "Nicht optimal" bedeutet dabei, daß der entsprechende Teilbaum keine optimale Lösung enthält. "Branch and Bound" ist also ein exaktes Verfahren, keine Heuristik, da *Optimalitätsgarantie* gegeben ist.

- Als "bounds" für einen beliebigen Knoten (Teillösung) werden benutzt:
  a) der noch erreichbare Gewinn $b_i$
  b) das noch verfügbare Kapital (Restriktion) $f_i$

- Die Verzweigungsregel definiert, in welcher Reihenfolge die Variablen festgelegt werden und welcher der noch nicht terminierten Knoten zuerst weiterverzweigt (entwickelt) wird. Wir entscheiden uns nachfolgend dafür, den Knoten mit höchster Schranke a) zuerst weiterzuentwickeln. Deshalb entspricht diese Verzweigungsregel einer "best first search" Strategie.

- Ein Knoten i (der eine Teillösung repräsentiert) wird terminiert, falls:

1) das noch verfügbare Kapital $f_i$ für kein weiteres Projekt ausreicht oder
2) der noch erreichbare Gewinn $b_i$ niedriger ist als ein bereits realisierter Gewinn
   (d.h. der Gewinn z für eine zulässige Lösung).


Wendet man dieses prinzipielle Vorgehen auf das gegebene Rucksackproblem an und nimmt dabei die lexikographische Reihenfolge $x_1 \rightarrow x_2 \rightarrow x_3 \rightarrow x_4 \rightarrow x_5$ zur Verzweigung, erhält man den Baum in Abb. 4.14.

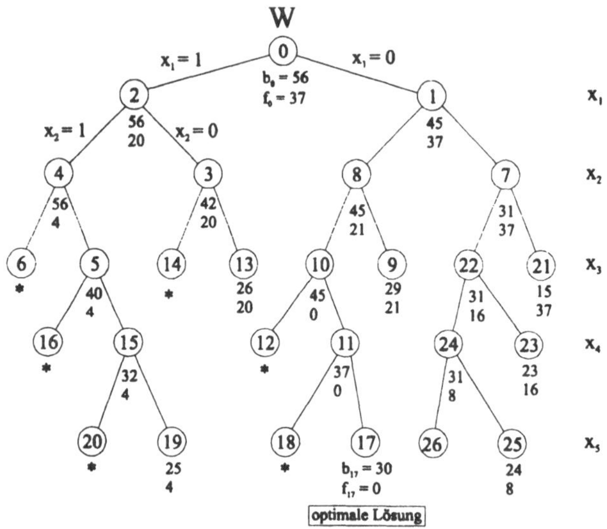


① : Knoten Nummer (in der Reihenfolge der Generierung)
$b_i$ : Bound a)
$f_i$ : Restriktion b)
* : Lösung nicht zulässig

---

***Abb. 4.14:*** *Ein Entscheidungsbaum gemäß Branch and Bound*

Wenn man beachtet, daß in Abb. 4.14 die Knoten in der Reihenfolge ihrer Entstehung numeriert sind, kann man die Entstehung des Baumes leicht nachvollziehen, indem man die beiden Schranken a) $b_i$ und b) $f_i$ betrachtet:

1) Wir generieren den Wurzelknoten W mit der Nummer 0. Es gilt $b_0 = 56$, da theoretisch alle Variablen noch gleich 1 gesetzt werden können. Für $f_0$ ergibt sich 37, da vom Budget noch nichts verwendet wurde.

2) Wir generieren Knoten 1, indem wir $x_1 = 0$ setzen, und wir generieren Knoten 2, indem wir $x_1 = 1$ festlegen. Dann erhalten wir:
   - für Knoten 1:

$b_1 = 45$ ($x_1 = 0$ bedeutet Verzicht auf 11 in der Zielfunktion)

$f_1 = 37$ (wegen $x_1 = 0$ wird noch nichts vom Budget investiert)

- für Knoten 2:

$b_2 = 56$ ($x_1 = 1$ der Maximalgewinn 56 ist theoretisch erreichbar)

$f_2 = 20$ ($x_1 = 1$ bedeutet Einsatz von 17 vom Gesamtbudget)

Beide Knoten sind "aktiv", d.h. nicht terminiert.

3) Nach der Verzweigungsregel wird zunächst Knoten 2 verzweigt ("weiterentwickelt"), da er den größeren b-Wert besitzt (Knoten 2 ist der aussichtsreichste aktive Knoten). Wir generieren Knoten 3 mit $b_3 = 42$, $f_3 = 20$, indem wir $x_2 = 1$ setzten.

Jetzt sind die Knoten 1, 3 und 4 aktiv. Die beste Schranke a) hat Knoten 4 mit $b_4 = 56$. Deshalb wird Knoten 4 als nächster Knoten verzweigt.

4) Knoten 5 und 6 werden gemäß $x_3 = 0$ und $x_3 = 1$ generiert. Knoten 6 kann terminiert werden, da aufgrund des Restbudgets $f_4 = 4$ am Knoten 4 die Investition von 21, die mit $x_3 = 1$ verbunden wäre, nicht mehr möglich ist. (Damit haben wir ein Beispiel dafür, daß der gesamte von Knoten 6 ausgehende Teilbaum nur unzulässige Lösungen enthält und deshalb nicht generiert werden muß.)
Knoten 5 hat die Bewertung $b_5 = 40$, $f_5 = 4$.

5) Die Liste der noch aktiven Knoten besteht nunmehr aus Knoten 1, 3 und 5. Die beste b-Schranke besitzt Knoten 1 mit $b_1 = 45$. Deshalb werden jetzt - ausgehend von Knoten 1 durch Verzweigung nach $x_2 = 0$ und $x_2 = 1$ - die Knoten 7 bzw. 8 generiert.

Wir beschreiben den Prozeß der weiteren Generierung des Entscheidungsbaumes nur noch exemplarisch.

Bei Knoten 11 wären wir erstmals in der Lage, zu einer vollständig spezifizierten Lösung vorzustoßen. Unsere "best-first"-Verzweigungsregel führt aber dazu, daß erst die Knoten 13, 14, 15 und 16 generiert werden, bevor Knoten 11 in die neuen Knoten 17 und 18 weiterentwickelt wird. Knoten 18 entspricht keiner zulässigen Lösung, während Knoten 17 mit $b_{17} = 30$ der zulässigen Lösung $x_1 = 0$, $x_2 = 1$, $x_3 = 1$, $x_4 = 0$, $x_5 = 0$ mit $z = b_{17} = 30$ entspricht, die das Budget komplett in Anspruch nimmt. Knoten 17 entspricht also keiner Teillösung, sondern einer vollständig spezifizierten Lösung. Er wird terminiert, weil er einer vollständig spezifizierten Lösung entspricht.

Wie sich zeigen wird, ist diese erste generierte Lösung bereits die optimale Lösung. Um dies nachzuweisen, müssen aber noch die Knoten 19 bis 26 generiert werden. Dabei entstehen (neben als unzulässig identifizierten Teilbäumen) noch zwei vollständig spezifizierte Lösungen als Knoten 19 und 25, die jedoch schlechtere b-Werte besitzen als Knoten 17.

Interessant ist noch Knoten 23: Dieser Knoten hat mit $b_{23} = 23$ eine schlechtere Schranke a) als der aufgrund vollständiger Lösung terminierte Knoten 17. Damit kann auf die weitere Verzweigung von Knoten 23 verzichtet werden (Knoten 23 wird terminiert), da im Teilbaum, der von Knoten 23 ausgeht, keine optimale Lösung enthalten sein kann. Man nennt diese Operation des Branch and Bound-Algorithmus auch "bounding".

Nach der Erzeugung der Knoten 25 und 26 gibt es keine aktiven Knoten mehr. Die optimale Lösung ist unter den terminierten Knoten zu finden, die einer vollständig spezifizierten Lösung entsprechen. Man wählt denjenigen dieser Knoten aus, der die maximale Schranke a) besitzt.

Das Beispiel zeigt typisches, aber auch eher nicht typisches Verhalten von Branch and Bound-Algorithmen. Daß bereits die erste gefundene vollständige spezifizierte Lösung optimal ist (was man natürlich zum Zeitpunkt der Generierung noch nicht weiß), ist nicht typisch. Die in der Regel aufwendige Untersuchung "danach" (Knoten 19 bis 26), die man auch "Optimalitätsbeweis" nennt, ist typisch.

Natürlich ist die "Größe" des Baumes auch von der gewählten Reihenfolge der $x_i$ zur Verzweigung abhängig.

Verzweigen wir z.B. in der Reihenfolge $x_3 \to x_1 \to x_2 \to x_5 \to x_4$, so entsteht der Baum in Abb. 4.15, der zur Übung nachgerechnet werden sollte.

Knoten 17 in Abb. 4.15 entspricht einer zweiten vollständig spezifizierten Lösung. Nach Generierung von Knoten 18 wird die Lösung, die Knoten 15 entspricht, als optimal erkannt. Auch das "bounding" macht bei der in Abb. 4.15 gewählten Reihenfolge der $x_i$ mehr frühzeitige Einschränkungen möglich. Insgesamt haben wir nur 18 Knoten im Vergleich zu den 26 Knoten, die bei der ersten Verzweigungsreihenfolge benötigt wurden.

Die Abhängigkeit des Aufwands von der Reihenfolge der Wahl der Variablen wirft natürlich die Frage auf, wie man diese Reihenfolge von vornherein günstig wählen kann. Generelle Antworten auf diese Frage sind kaum möglich. Dennoch macht es sicher Sinn, zunächst nach denjenigen Variablen zu verzweigen, bei denen der "Gewinn" einerseits und der "Ressourcenbedarf" andererseits in einem günstigen Verhältnis zueinander stehen.

Wir wollen nachfolgend noch einen alternativen Branch and Bound-Algorithmus entwickeln, der von der Idee ausgeht, daß die Lösung des relaxierten Problems, d.h. $0 \le x_i \le 1$ für alle $i = 1, 2, ..., n$, zugrunde gelegt wird, um zu verzweigen. Des weiteren wollen wir eine plausible Heuristik benutzen, um entsprechende Teilprobleme zu lösen.

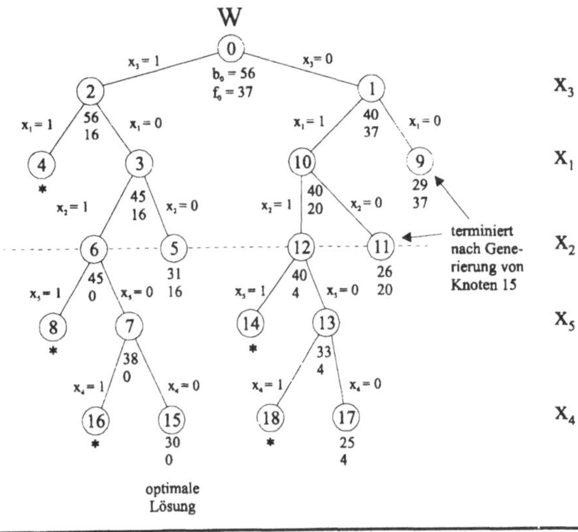



**Abb. 4.15**: *Ein Entscheidungsbaum bei geänderter Verzweigungsregel*

Wendet man den Simplex-Algorithmus der Linearen Programmierung auf Problem P an, nachdem man dort die Restriktionen $x_j \in \{0,1\}$ für $j = 1, 2, ...,5$ durch $0 \le x_j \le 1$ relaxiert hat, dann erhält man als optimale Lösung:

$$\hat{x}_1 = 0, \ \hat{x}_2 = 1, \ \hat{x}_3 = 0.62, \ \hat{x}_4 = 1, \ \hat{x}_5 = 0$$

Für diese Lösung erhalten wir einen Zielfunktionswert $z = 31.92$, die "Rucksackrestriktion" ist aktiv, d.h. als Gleichung erfüllt (im Rahmen der benutzten Rechengenauigkeit). Leider ist die Lösung aber nicht zulässig im Sinne unseres Problems P, da $\hat{x}_3$ nicht 0 bzw. 1 ist. Trotzdem ist die Lösung brauchbar. Der Wert $z = 31.92$ stellt eine obere Schranke des Optimalwertes von P dar, da wir durch die Relaxation den eigentlichen Bereich zulässiger Lösungen durch eine Obermenge ersetzt haben. Beachten wir noch die Ganzzahligkeit der Koeffizienten der Zielfunktion, können wir als obere Schranke $\bar{z} = 31$ verwenden. Wir könnten weiter auf die Idee kommen, aus der nichtzulässigen Lösung, die der Simplexalgorithmus erzeugt hat, eine zulässige Lösung durch Runden zu ermitteln. Runden ergibt:

$$\tilde{x}_1 = 0, \ \tilde{x}_2 = 1, \ \tilde{x}_3 = 1, \ \tilde{x}_4 = 1, \ \tilde{x}_5 = 0$$

Diese Lösung ist leider unzulässig wegen:

$$17 \cdot 0 + 16 \cdot 1 + 21 \cdot 1 + 8 \cdot 1 + 12 \cdot 0 = 45 > 37$$

"Abrunden" von $\hat{x}_3 = 0.62$ ergibt die Lösung

$$x_1^* = 0, \ x_2^* = 1, \ x_3^* = 0, \ x_4^* = 1, \ x_5^* = 0,$$

die zwar zulässig im Sinne von P ist, aber mit $z = 22$ keinen besonders guten Wert der Zielfunktion liefert. (Wir kennen ja den Optimalwert, der gleich 30 ist.) Dennoch, diese zulässige Lösung liefert eine untere Schranke $\underline{z} = 22$ der Zielfunktion.

Bevor wir ausgehend von der obigen Überlegung einen zweiten "Branch and Bound" Ansatz vorstellen, stellen wir noch eine plausible Heuristik vor, mit der man (mit geringerem Aufwand) ebenfalls eine zulässige Lösung von P generieren kann. Die Heuristik arbeitet nach folgendem Konzept:

> Ordne Projekte nach fallender "Rentabilität" und teile die Mittel zu, soweit sie ausreichen:

| Projekt-Nr. | $\dfrac{\text{Jahresgewinn}}{\text{Investition}}$ | | restliche Mittel |
|:---:|:---:|:---:|:---:|
| 4 | $\dfrac{8.000}{8.000}$ | $= 1,000$ | 29.000 |
| 2 | $\dfrac{14.000}{16.000}$ | $= 0,875$ | 13.000 |
| 3 | $\dfrac{16.000}{21.000}$ | $= 0,762$ | -3.000 |
| 1 | $\dfrac{11.000}{17.000}$ | $= 0,647$ | |
| 5 | $\dfrac{7.000}{12.000}$ | $= 0,580$ | |

***Tabelle 4.8***

Ergebnis:      Jahresgewinn                    22.000
               Rest Investitionsmittel         13.000

Die Lösung entspricht also der "abgerundeten" Lösung des Simplex-Algorithmus, der für das Problem ohne Ganzzahligkeitsbedingungen anwendbar ist:
$$x_1^* = x_3^* = x_5^* = 0, \ x_2^* = x_4^* = 1 \ \text{und} \ z = 22.$$

(Es sei bemerkt, daß man bei geringfügiger Modifikation der obigen Heuristik eine bessere Lösung finden kann. Investiert man in die Projekte 4 und 2, bleibt ein Rest von 13.000 DM. Diese Summe kann man in Projekt 5 investieren, wobei ein Rest von 1.000 DM bleibt und der Gesamtgewinn 29.000 DM beträgt.)

## 4.1.7 Ein alternativer Branch and Bound-Algorithmus für das Rucksackproblem

Das *relaxierte Problem zu P* kann aufgrund seiner sehr einfachen Struktur (eine Restriktion und einfache Schranken für alle Variablen $x_j$, $0 \le x_j \le 1$ für $j = 1, 2, ...,5$) mit Hilfe der oben angegebenen heuristischen Methode optimal gelöst werden.

Wir betrachten also ein Problem $P_1$, in dem wir die Variablen in der Reihenfolge fallender Quotienten aus Zielfunktionskoeffizient und Koeffizient in der Restriktion anordnen und für das wir sodann die Lösung derart gewinnen, indem wir in dieser Reihenfolge jede Variable auf ihren größten möglichen Wert setzen:

$$\max \ z = \ 8 \cdot x_4 + 14 \cdot x_2 + 16 \cdot x_3 + 11 \cdot x_1 + 7 \cdot x_5$$

$$\text{so daß} \quad 8 \cdot x_4 + 16 \cdot x_2 + 21 \cdot x_3 + 17 \cdot x_1 + 12 \cdot x_5 \ \le \ 37 \qquad (P_1)$$

$$\text{und} \ 0 \le x_j \le 1 \ \text{für } j = 1, 2, ...,5$$

Die zugehörige optimale Lösung ist:

$$x_4^* = 1, \ x_2^* = 1, \ x_3^* = \frac{13}{21}, \ x_1^* = 0, \ x_5^* = 0$$

$$z^* = 8 + 14 + 16 \cdot \frac{13}{21} \approx 31,9$$

$z^*$ ist eine obere Schranke für z (Problem P) und kann wegen der Ganzzahligkeit der Zielfunktionskoeffizienten auf $\bar{z} = 31$ verschärft werden.

Da die $x_j^*$ keine zulässige Lösung für (P) bilden, benutzen wir die nichtganzzahlige Variable $x_3^* = \frac{13}{21}$ zur Aufspaltung in $x_3 = 0$ bzw. $x_3 = 1$. Wir fügen also jeweils eine dieser Restriktionen zum Problem $P_1$ hinzu und erhalten so $P_2$ und $P_3$.

$$W = P_1$$

$$P_2 \quad \overset{x_3 = 0}{\diagdown} \quad \underset{\ }{\bigcirc} \quad \overset{x_3 = 1}{\diagup} \quad P_3$$

<table>
<tr><td>

$\max \ z = 8 \cdot x_4 + 14 \cdot x_2 +$
$\qquad\qquad 11 \cdot x_1 + 7 \cdot x_5$
$\text{mit} \quad 8 \cdot x_4 + 16 \cdot x_2 +$
$\qquad\qquad 17 \cdot x_1 + 12 \cdot x_5 \ \le \ 37$
$\text{und } 0 \le x_i \le 1 \ \text{für } i = 4, 2, 1, 5$

</td><td>

$\max \ z = 8 \cdot x_4 + 14 \cdot x_2 +$
$\qquad\qquad 11 \cdot x_1 + 7 \cdot x_5 + 16$
$\text{mit} \quad 8 \cdot x_4 + 16 \cdot x_2 +$
$\qquad\qquad 17 \cdot x_1 + 12 \cdot x_5 \ \le \ 16$
$\text{und } 0 \le x_i \le 1 \ \text{für } i = 4, 2, 1, 5$

</td></tr>
</table>

Damit ist in jedem der Knoten $P_2$ und $P_3$ wieder ein Problem analog $P_1$ mit jeweils einer Variablen weniger zu lösen. Wenden wir die gleiche Lösungsmethode wie oben an, erhalten wir:

$P_2$:  $x_4^* = 1$, $x_2^* = 1$, $x_1^* = \dfrac{13}{17}$, $x_5^* = 0$

   $z^* = 30,4$ ;  obere Schranke $\bar{z} = 30$

$P_3$:  $x_4^* = 1$, $x_2^* = \dfrac{1}{2}$, $x_1^* = 0$, $x_5^* = 0$

   $z^* = 31$ ;  obere Schranke $\bar{z} = 31$

Im Sinne einer best-first Knotenauswahlregel verzweigen wir zunächst $P_3$, da $P_3$ mit $\bar{z} = 31$ die größere obere Schranke besitzt. Dabei entstehen $P_4$ und $P_5$, indem wir die nicht-ganzzahlige Variable $x_2^* = \dfrac{1}{2}$ zum Anlaß nehmen, in $x_2 = 0$ und $x_2 = 1$ zu verzweigen:

P4:  max  $z = 8 \cdot x_4 + 11 \cdot x_1 + 7 \cdot x_5$
   so daß    $8 \cdot x_4 + 17 \cdot x_1 + 12 \cdot x_5 \leq 37$
   $0 \leq x_i \leq 1$  für i = 4, 1, 5
   mit der Lösung:  $x_4^* = 1$, $x_1^* = 1$, $x_5^* = 1$, $z^* = 26$

P5:  max  $z = 8 \cdot x_4 + 11 \cdot x_1 + 7 \cdot x_5 + 30$
   so daß    $8 \cdot x_4 + 17 \cdot x_1 + 12 \cdot x_5 \leq 0$
   mit der Lösung:  $x_4^* = x_1^* = x_5^* = 0$, $z^* = 30$

$P_4$ und $P_5$ liefern also jeweils zulässige Lösungen. Die z*-Werte nehmen deshalb den Charakter unterer Schranken an. Insgesamt erhalten wir den Entscheidungsbaum:

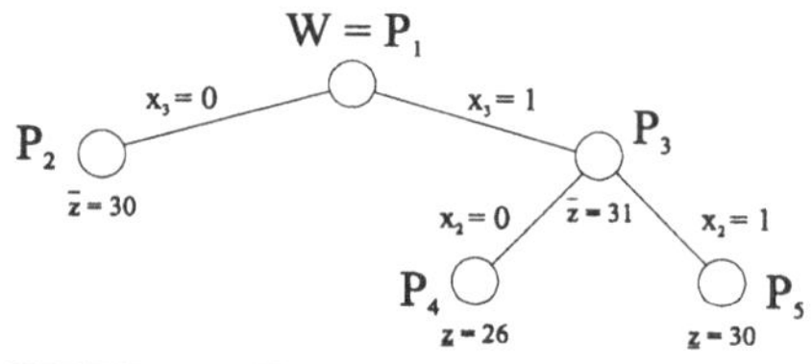


**Abb. 4.16**: *Entscheidungsbaum nach dem zweiten Branch and Bound-Algorithmus*

Da der einzige aktive Knoten $P_2$ eine obere Schranke $\bar{z} = 30$ besitzt, die gleich $\underline{z} = 30$ von $P_5$ ist, kann es im von $P_2$ ausgehenden Teilbaum keine bessere Lösung geben als die zu $P_5$.

## 4.1.8 Die Grundelemente der Branch and Bound-Methodik

Nachdem wir zwei Beispiele von Algorithmen behandelt haben, die das Branch and Bound-Konzept realisieren, wollen wir nachfolgend eine allgemeine Beschreibung geben. Branch and Bound ist kein vorgegebener Algorithmus, sondern eine Methodik zum Entwurf von Optimierungsalgorithmen, vorrangig gedacht für kombinatorische Optimierungsprobleme. Die Grundelemente dieser Methodik sollen nachfolgend beschrieben werden, mit dem Ziel, den Leser in die Lage zu versetzen, selbst Branch and Bound-Algorithmen zu entwerfen. Auf eine mögliche, mehr mathematische Beschreibung verzichten wir zugunsten der einfacheren Lesbarkeit.

Betrachten wir ein Problem P:

$$\max \quad z = f(x), \text{ mit } x \in S \tag{P}$$

Dabei ist x ein Vektor von Entscheidungsvariablen aus einem Lösungsbereich X, f eine reellwertige Funktion (Zielfunktion) auf X und $S \subseteq X$ eine Menge von zulässigen Entscheidungen (die Menge der zulässigen Lösungen).

Anstelle Problem P direkt zu lösen, konstruiert man einen Entscheidungsbaum, dessen Knoten Probleme $P_k$ (mit zugehörigen Lösungsbereichen $X_k$) darstellen.

Dabei verfolgt man die Zielstellung:
a) Bestimmung der optimalen Lösung von $P_k$ oder
b) Beweisen, daß der Optimalwert von $P_k$ nicht besser sein kann als der Wert einer bekannten zulässigen Lösung von P oder
c) Beweisen, daß $X_k$ leer ist.

Die Probleme $P_k$ entstehen durch Verzweigungsstrategien (branching). Das Terminieren ganzer Teilbäume, die von $P_k$ ausgehen, geschieht in den Fällen b) und c) (bounding!), bevor diese Bäume generiert werden.

Nachfolgend werden einige allgemeine Gesichtspunkte zur Generierung des Entscheidungsbaumes formuliert:

### *1. Initialisierung (Wurzelknoten)*

$P_1$ bezeichne das Problem, welches dem Wurzelknoten W entspricht. $P_1$ kann das ursprüngliche Problem P sein oder durch Relaxation aus P entstehen. Dies geschieht, indem eine Obermenge T aus S als zulässiger Bereich gewählt wird.
Mit dem Wurzelknoten $P_1$ assoziiert man
- bei Maximierungsproblemen (das ist unsere Problemstellung):
  eine aktuelle untere Schranke $\underline{z}$ der Zielfunktion,
- bei Minimierungsproblemen: eine aktuelle obere Schranke $\overline{z}$ der Zielfunktion.

Dazu benutze man möglichst eine bekannte zulässige Lösung oder setze $\underline{z} = -\infty$ bzw.
$\overline{z} = +\infty$.


### 2. *Verzweigung (Branching)*

Verzweigung bedeutet:

a) Auswahl eines noch nicht verzweigten Teilproblems $P_k$ und

b) Generierung von Teilproblemen $P_{k_1}, P_{k_2}, \ldots, P_{k_{n_k}}$ ausgehend von diesem
   Teilproblem $P_k$.


Zu a) ist wichtig, daß das entsprechende Teilproblem $P_k$ noch "aktiv", d.h. nicht
terminiert ist. Welchen derartigen Knoten $P_k$ man zuerst betrachtet, entscheidet man
anhand von sogenannten Knotenauswahlregeln bzw. Kontrollstrategien. Wie man aus
dem ausgewählten Teilproblem $P_k$ neue Teilprobleme (Folgeknoten) generiert, wird
in Verzweigungsregeln festgelegt. Auch die Knotenauswahlregeln sind spezielle Verzweigungsregeln.

(In unserem ersten Branch and Bound-Algorithmus für das Rucksackproblem war die
Verzweigungsregel zur Generierung von Nachfolgeknoten gegeben durch: Generiere
2 Nachfolgeknoten durch Wahl von $x_j = 0$ bzw. $x_j = 1$. Die Knotenauswahlregel war
"best first search": entwickle zunächst den nicht terminierten (aktiven) Knoten mit
der besten Schranke a).

Während die Bestimmung der eigentlichen Verzweigungsregeln, die die Generierung
von Nachfolgeproblemen beschreiben, problemabhängig erfolgen muß und die
eigentliche "Modellierungskunst" beim Branch and Bound darstellt, kann man für die
Knotenauswahlregeln eine Anzahl von Alternativen problemunabhängig angeben, aus
denen beim konkreten Algorithmenentwurf auszuwählen ist. Das sind Knotenauswahlregeln:

a) orientiert an den bounds der aktiven Teilprobleme (Knoten), z.B. best-first-search,

b) extern festgelegte Regeln,

c) schrankenunabhängige Regeln, z.B. depth-first-search mit backtracking.

(Zu diesen Regeln siehe auch Abschnitt 2.1.3 und 2.1.4.)

Gute Kontrollstrategien ändern die Knotenauswahlregeln dynamisch. Zum Beispiel
verwendet man in einer ersten Phase des Branch and Bound-Algorithmus
depth-first-search (um schnell Schranken $\underline{z}$ bzw. $\overline{z}$ zu erhalten) und schaltet dann
auf schrankenabhängige Regeln um.

### 3. Terminierung (Bounding)

Ein Teilproblem $P_k$ (Knoten) kann terminiert werden, und damit kann auf die Entwicklung des gesamten von diesem Knoten ausgehenden Teilbaumes verzichtet werden, wenn:

- nachgewiesen werden kann, daß der Lösungsbereich $X_k$ von $P_k$ leer ist oder

- eine obere Schranke $\bar{z}_k$ für den Zielfunktionswert von $P_k$ angegeben werden kann, die nicht größer ist als die aktuelle untere Schranke $\underline{z}$ des Ausgangsproblems (diese Formulierung gilt für das Maximierungsproblem).

Außerdem können Knoten terminiert werden, deren Lösungen vollständig spezifiziert und zulässig sind (terminale Knoten des Entscheidungsbaumes).

Die "Kunst" beim Entwerfen eines Branch and Bound-Algorithmus besteht in der konkreten Ausgestaltung dieser allgemeinen Elemente. So müssen die Probleme $P_k$ vergleichsweise (zu P) einfach und effizient lösbar sein, die Berechnung oberer Schranken $\bar{z}_k$ darf nicht zu aufwendig sein, dennoch sollten diese Schranken möglichst "gut" sein. Insgesamt benötigt man ein geschicktes Abwägen dieser Optionen und, in der Regel, ausgedehnte Testrechnungen, um herauszufinden, welche der möglichen Verzweigungsregeln und bounds - angepaßt an die betrachtete Klasse von Aufgaben - wirklich gut funktionieren.

Die allgemeine Kontrollstruktur eines Branch and Bound-Algorithmus, d.h. eines Algorithmus, der nach obiger Methodik arbeitet, kann in einem Struktogramm präsentiert werden (Abb. 4.17), wenn man voraussetzt, daß die Verzweigungsregel extern festgelegt ist.

Wir werden nach der Behandlung des Zuordnungsproblems ein weiteres Beispiel für Branch and Bound-Verfahren kennenlernen. Damit gelingt es, asymmetrische TSP's zu lösen. Dieses Branch and Bound-Verfahren benutzt Zuordnungsprobleme als Teilprobleme $P_k$ in jedem Knoten k des Entscheidungsbaumes.

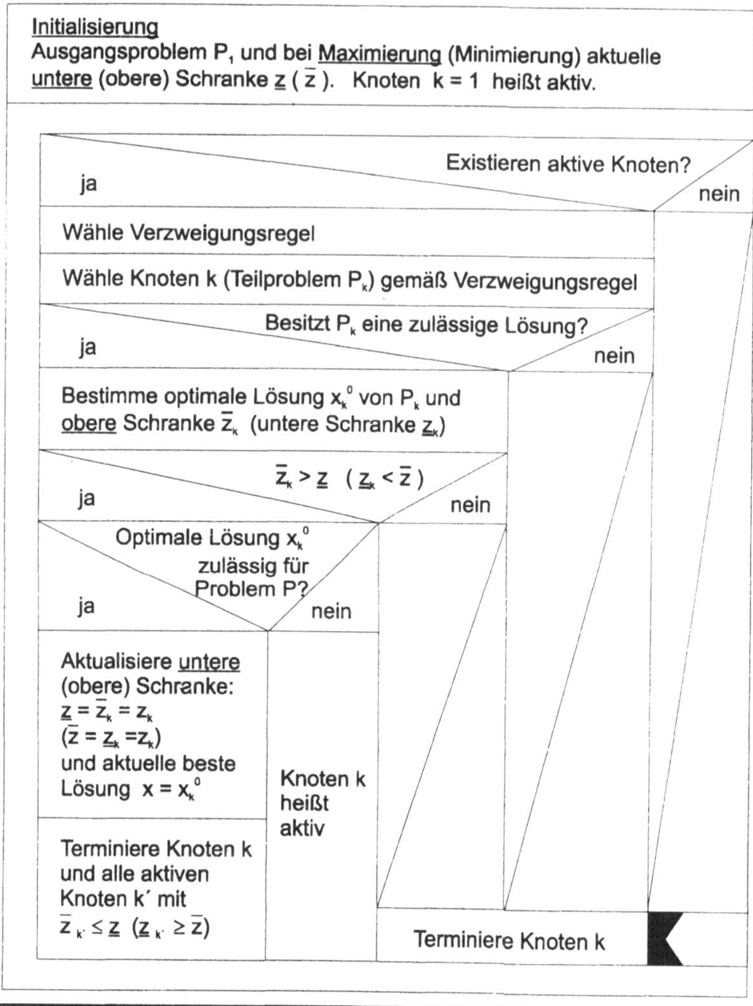


**Abb. 4.17**: *Grundlegende Kontrollstruktur eines Branch and Bound-Algorithmus*

## 4.2 Zuordnungsprobleme

Zuordnungsprobleme sind besonders einfach modellierbare Probleme, die im Operations Research zur Behandlung betriebswirtschaftlicher Aufgabenstellungen verschiedener Art untersucht werden.

## 4.2.1 Modellierungsbeispiele für Zuordnungsprobleme

***Fall 1:***

Es seien n Tätigkeiten (in der Netzplantechnik Vorgänge genannt) $T_1, T_2, ..., T_n$ auszuführen. Dazu mögen m Ressourcen (Betriebsmittel, z.B. Maschinen, Arbeitskräfte etc.) $R_1, R_2, ..., R_m$ zur Verfügung stehen. Die Ressourcen seien für jede Tätigkeit einsetzbar, und zur Ausführung jeder Tätigkeit sei genau eine der Ressourcen einzusetzen. Bei Ausführung der Tätigkeit $T_j$ unter Benutzung der Ressource $R_i$ entstehen Kosten $c_{ij}$.

Gesucht ist dann eine solche Zuordnung von Ressourcen zu den Tätigkeiten, daß die Gesamtkosten dieser Zuordnung minimal sind. Eine solche Aufgabenstellung nennt man Zuordnungsproblem.

Es sei zunächst vorausgesetzt, daß m = n gilt (Zahl der Ressourcen gleich Zahl der Tätigkeiten). Dann ist die oben geforderte Art einer Zuordnung von genau einer Ressource zu jeder der Tätigkeiten durchführbar und kann mit binären Entscheidungsvariablen wie folgt modelliert werden:

$$x_{ij} = \begin{cases} 1, & \text{falls } R_i \text{ der Tätigkeit } T_j \text{ zugeordnet wird} \\ 0, & \text{sonst} \end{cases} \quad ; i, j = 1, ..., n \qquad (0)$$

Jeder Tätigkeit $T_j$ wird genau eine Ressource $R_i$ zugeordnet, bedeutet:

$$\sum_{i=1}^{n} x_{ij} = 1 \quad , \text{für jedes } j = 1, ..., n \qquad (1)$$

Jede Ressource $R_i$ wird von genau einer Tätigkeit $T_j$ in Anspruch genommen, kann wie folgt formuliert werden:

$$\sum_{j=1}^{n} x_{ij} = 1 \quad , \text{für jedes } i = 1, ..., n \qquad (2)$$

Die Forderung nach einer kostenminimalen Zuordnung schreiben wir als:

$$z = \sum_{i=1}^{n} \sum_{j=1}^{n} c_{ij} \cdot x_{ij} \rightarrow \min \qquad (3)$$

Wenn wir von der konkreten Bedeutung der Entscheidungsvariablen $x_{ij}$ gemäß (0) abstrahieren und statt dessen:

$$x_{ij} \in \{0, 1\} \quad ; i, j = 1, ..., n \qquad (4)$$

fordern, dann stellt (1), (2), (3), (4) die mathematische Formulierung des Zuordnungsproblems im Falle n = m dar.

Im Fall  $m \neq n$  führen wir, je nachdem welche der beiden Zahlen größer ist,  $n-m \geq 1$
fiktive Tätigkeiten oder  $m-n \geq 1$  fiktive Ressourcen ein. Die zugehörigen Kosten-
koeffizienten $c_{ij}$ werden gleich einem Wert g gesetzt, ( g > max $c_{ij}$). Die den fiktiven
Tätigkeiten in einer optimalen Lösung zugeordneten Ressourcen bleiben dann
unberücksichtigt.


## *Fall 2:*

Dieses Fallbeispiel steht für eine große Klasse (i.allg. komplizierter) Probleme, die
als "Crew Scheduling" Probleme bei der Personaleinsatzplanung von Fluggesell-
schaften und anderen Transportunternehmen von großer Bedeutung sind. Wir
beschränken uns hier auf einen einfachen Spezialfall.


### *Das Übernachtungsproblem von Acapulco*

Die Reisebusse einer Omnibusgesellschaft versehen einen Liniendienst zwischen
Mexico-City und Acapulco. Die Fahrt dauert 6 Stunden in jede der beiden
Richtungen. Eine Busbesatzung (Crew) besteht aus dem Fahrer und einer Hosteß. Die
Reisebusse fahren nach dem folgenden Fahrplan:

| Mexico - Acapulco | | | Acapulco - Mexico | | |
|---|---|---|---|---|---|
| Abfahrt | Linie | Ankunft | Ankunft | Linie | Abfahrt |
| 06:00 | $\xrightarrow{\ a\ }$ | 12:00 | 11:30 | $\xleftarrow{\ 1\ }$ | 05:30 |
| 07:30 | $\xrightarrow{\ b\ }$ | 13:30 | 15:00 | $\xleftarrow{\ 2\ }$ | 09:00 |
| 11:30 | $\xrightarrow{\ c\ }$ | 17:30 | 21:00 | $\xleftarrow{\ 3\ }$ | 15:00 |
| 19:00 | $\xrightarrow{\ d\ }$ | 01:00 | 00:30 | $\xleftarrow{\ 4\ }$ | 18:30 |
| 00:30 | $\xrightarrow{\ e\ }$ | 06:30 | 06:00 | $\xleftarrow{\ 5\ }$ | 00:00 |

Ein sowohl für die Omnibusgesellschaft als auch für die Crew wichtiges Problem ist
das der Wohnorte der Bus-Crews. Eigentlich möchten alle aus naheliegenden Gründen in Acapulco wohnen, andererseits gibt es gewisse Restriktionen:

Abwesenheit vom Wohnort wird bezahlt, gleichgültig ob es sich um Wartezeit oder
Fahrzeit handelt. Eine Besatzung muß mindestens 4 Stunden Pause gehabt haben, ehe
sie eine Fahrt antritt. Die Pause vor Antritt der Rückfahrt soll aber auch nicht länger
als 24 Stunden sein.

Nimmt man familiäre Gründe hinzu, so kann man sagen, daß die Abwesenheit der
Crews von Wohnort aus finanziellen und organisatorischen, aber auch aus persön-
lichen Gründen möglichst klein gehalten werden soll.

Die Fahrpläne werden als gegeben und nicht veränderbar vorausgesetzt.

Eine genauere Betrachtung der obigen Fahrpläne zeigt, daß für die Crews folgende Wartezeiten auftreten:

|   | 1 | 2 | 3 | 4 | 5 |
|---|---|---|---|---|---|
| a | 17,5 | 21 | 3 | 6,5 | 12 |
| b | 16 | 19,5 | 1,5 | 5 | 10,5 |
| c | 12 | 15,5 | 21,5 | 1 | 6,5 |
| d | 4,5 | 8 | 14 | 17,5 | 23 |
| e | 23 | 2,5 | 8,5 | 12 | 17,5 |

**Tabelle 4.9**: *Wartezeiten für Crews, die in Mexico-City wohnen*

|   | 1 | 2 | 3 | 4 | 5 |
|---|---|---|---|---|---|
| a | 18,5 | 15 | 9 | 5,5 | 0 |
| b | 20 | 16,5 | 10,5 | 7 | 1,5 |
| c | 0 | 20,5 | 14,5 | 11 | 5,5 |
| d | 7,5 | 4 | 22 | 18,5 | 13 |
| e | 13 | 9,5 | 3,5 | 0 | 18,8 |

**Tabelle 4.10**: *Wartezeiten für Crews, die in Acapulco wohnen*

Zur Erläuterung betrachten wir ein Feld, a - 1, aus Tabelle 4.9:

|   | 1 | 2 | 3 | 4 | 5 |
|---|---|---|---|---|---|
| a | 17,5 |   |   |   |   |
| b |   |   |   |   |   |
| c |   |   |   |   |   |
| d |   |   |   |   |   |
| e |   |   |   |   |   |

Die Crews wohnen in Mexico-City und warten folglich in Acapulco. Das Feld a - 1 bedeutet:

1) Fahrt mit Linie a von Mexico-City nach Acapulco, d.h. Abfahrt 06:00 Uhr in Mexico City, Ankunft 12:00 Uhr in Acapulco. Dort wartet die Crew.
2) Rückfahrt mit Linie 1 von Acapulco nach Mexico-City, d.h. Abfahrt ist 05:30 Uhr in Acapulco. Das ergibt die Wartezeit von 17,5 Stunden.

Die Tabellen 4.9 und 4.10 berücksichtigen Restriktionen bzgl. der Wartezeit noch nicht.

Aufgrund dieser zwei Tabellen kann man nun eine dritte aufstellen, in der jeweils die kleinere der beiden in den Tabellen 4.9 bzw. 4.10 enthaltenen Wartezeiten aufzunehmen ist. Um die Mindestwerte für Pausen von 4 Stunden zu berücksichtigen, werden "Verlustzeiten" von weniger als 4 Stunden unberücksichtigt gelassen (desgleichen Wartezeiten von mehr als 24 Stunden, die ohnehin in Tabelle 4.9 und 4.10 nicht auftreten).

|   | 1    | 2    | 3    | 4    | 5    |
|---|------|------|------|------|------|
| a | 17,5 | 15   | 9    | 5,5  | 12   |
| b | 16   | 16,5 | 10,5 | 5    | 10,5 |
| c | 12   | 15,5 | 14,5 | 11   | 5,5  |
| d | 4,5  | 4    | 14   | 17,5 | 13   |
| e | 13   | 9,5  | 8,5  | 12   | 17,5 |

**Tabelle 4.11**: *Günstige Wartezeiten*

Die Wahl eines Einsatzplanes besteht nun aus der Bestimmung von Paaren von Hin- und Rückfahrten, so daß alle 5 Crews eingesetzt sind. Eine Möglichkeit eines solchen Fahrplanes wäre die folgende Tabelle 4.12:

|   | 1 | 2 | 3 | 4 | 5 |
|---|---|---|---|---|---|
| a | 0 | 1 | 0 | 0 | 0 |
| b | 1 | 0 | 0 | 0 | 0 |
| c | 0 | 0 | 0 | 0 | 1 |
| d | 0 | 0 | 1 | 0 | 0 |
| e | 0 | 0 | 0 | 1 | 0 |

**Tabelle 4.12**: *Einsatzplan*

Sie entspricht dem Fahrplan 2a, b1, 5c, d3, e4, da man aufgrund der Wartezeiten in Tabelle 4.11 rekonstruieren kann, ob diese Wartezeiten für eine in Mexico-City bzw. Acapulco wohnende Crew bestimmt wurden. Hierbei würden dann drei Besatzungen in Mexico City und zwei in Acapulco wohnen, und die Gesamtwartezeit wäre:

$$15 + 16 + 5{,}5 + 14 + 12 = 62{,}5 \text{ Std.}$$

Die optimale Lösung besitzt übrigens eine Gesamtwartezeit von 33,5 Stunden. Die schlechteste Lösung würde eine Gesamtwartezeit von 83,5 Stunden verursachen. Nachdem das Optimierungsverfahren aus 4.2.2 bekannt ist, kann man die optimale Lösung ausgehend von Tabelle 4.11 leicht nachrechnen.

Das Finden eines Fahrplanes entspricht also der Festlegung von genau einer 1 in jeder Zeile und Spalte einer nxn-Matrix, während alle anderen Elemente gleich 0 sind.

Wenn wir die durch Tabelle 4.11 gegebenen Daten als Matrix C auffassen und binäre
Entscheidungsvariablen wie folgt definieren:

$$x_{ij} = \begin{cases} 1, & \text{falls Element } (i, j) \text{ ausgewählt wird} \\ 0, & \text{sonst} \end{cases}$$

$$\text{mit } j = 1, 2, 3, 4, 5 \text{ und } i = a, b, c, d, e,$$

dann ist auch unser "Übernachtungproblem in Acapulco" als Zuordnungsproblem (1)
bis (4) formuliert.


### *Fall 3: Warentransportanlagen*

Warentransportanlagen treten in Fertigungshallen, auf Flughäfen, in Großkliniken
und anderen Bereichen auf, wo Versorgung oder Entsorgung mit Material, Speisen
etc. ein ständiges wichtiges Problem ist, um reibungslos die Hauptprozesse in den
entsprechenden Einrichtungen zu gewährleisten.

Man hat ein Schienennetz gegeben, in dem Fahrwerke automatisch gesteuert unter-
wegs sind, mit dem Ziel, Container von Sendestationen zu Empfangsstationen zu
transportieren.

Das folgende vereinfachte Beispiel soll die prinzipiell auftretende Problematik verdeutlichen:

Es existiert eine Reihe von Empfangs- und Sendestationen, die an das Schienennetz
angeschlossen sind. Auf diesem Schienennetz verkehren Fahrwerke, die entweder
Lastfahrten (das Fahrwerk transportiert einen Container) oder Leerfahrten (das
Fahrwerk ist nicht beladen) durchführen. Ihre Positionen im Schienennetz sind
bekannt. Das Problem besteht nun darin, den Fahrwerken - sofern sie nicht eine
Lastfahrt durchführen - eine Zielstation zuzuordnen, so daß die Summe der Rufrückstandszeiten minimiert wird. In Abb. 4.18 ist die Ausgangssituation dargestellt, die
darin besteht, daß derzeit 3 Lastfahrten durchgeführt werden. Angenommen, es
kommen neue Aufträge zu bereits existierenden Aufträgen hinzu, d.h., an bestimmten
Stationen liegen neue Aufträge vor. Das bedeutet, daß leere Fahrwerke zu diesen
Zielstationen geschickt werden müssen, um die Aufträge zu realisieren. Zielstation
kann dabei die Empfangsstation selbst sein. Es ist aber auch möglich, daß der Auftrag
darin besteht, zunächst eine Sendestation anzufahren und danach ein bestimmtes Gut
zur Empfangsstation zu transportieren. Um beide Fälle zu illustrieren, haben wir in
Abb. 4.18 die neu aufkommenden Aufträge teilweise Empfangs- und teilweise
Sendestationen zugeordnet. Im letzten Fall liegt aber die Fahrt von der Sende- zur
Empfangsstation mit der Zuordnung bereits automatisch fest. Bei bekannter Position
jedes leeren Fahrwerkes im Schienennetz sei weiterhin die Transportzeit jedes

Fahrwerkes aus seiner aktuellen Position zu jeder Zielstation bekannt. Diese Zeiten werden gegebenenfalls dynamisch verändert, falls Sperrungen von Teilstücken im Schienennetz auftreten. Eine mögliche derartige Situation sei in Abb. 4.18 dargestellt.

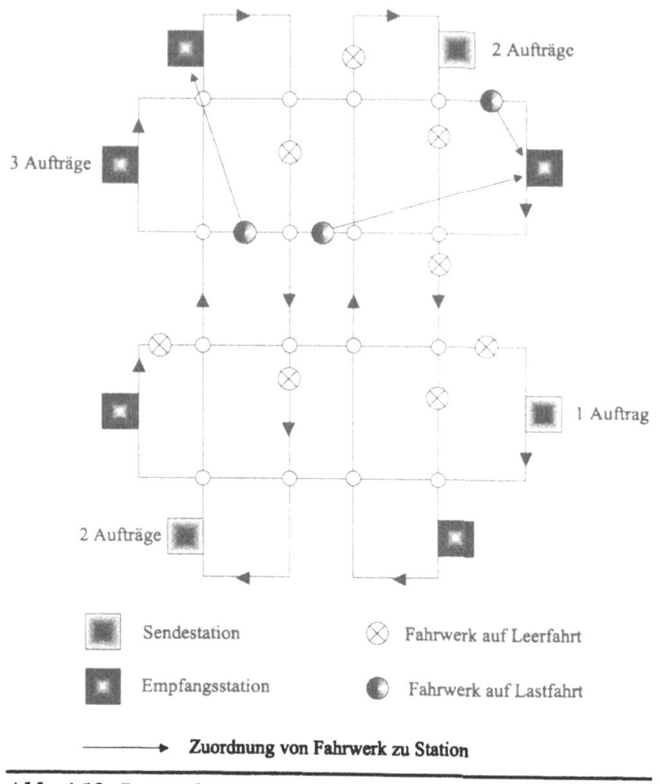


*Abb. 4.18: Beispiel einer Warentransportanlage*

Wir haben 8 Fahrwerke auf Leerfahrt, 8 Aufträge und 3 Fahrwerke auf Lastfahrt. Die 8 freien Fahrwerke sind nun den Zielstationen, denen die neuen Aufträge zugeordnet sind, so zuzuordnen, daß die Summe der erwarteten Transportzeiten (Rufrückstands-zeiten) minimal wird. Die Festlegung des Weges, den das zugeordnete Fahrzeug nimmt, ist ein nachgeordnetes Problem, welches so gelöst wird, daß die erwarteten Zeiten möglichst eingehalten werden (Beachtung von Staus, Kollisionsvermeidung etc.). Wir werden dieses Wegeproblem hier nicht behandeln.

Definiert man nun binäre Entscheidungsvariablen gemäß:

$$x_{ij} = \begin{cases} 1, & \text{falls das freie Fahrwerk i dem Auftrag j und damit einer} \\ & \text{Zielstation zugeordnet wird} \\ 0, & \text{sonst} \end{cases}$$

und Rufrückstandszeiten $c_{ij}$ für die Zeit, die Fahrwerk i aus seiner aktuellen bekannten Position benötigt, um Auftrag j an einer Zielstation zu realisieren, dann kann man das Problem analog zu den Fällen 1 und 2 mathematisch modellieren ((1) bis (4)). Man sieht natürlich, daß das Problem dynamisch ist, denn Zuordnungsprobleme oben beschriebener Art sind immer dann zu lösen, wenn neue Aufträge auftreten bzw. prognostiziert worden sind. Da sich die Positionen und die Zustände (beladen / leer) der Fahrzeuge ändern, erhält man dann zu unterschiedlichen Zeiten Zuordnungsprobleme, deren Matrizen C unterschiedliche Dimensionen haben und veränderte $c_{ij}$ besitzen. Natürlich können die Zahl der Aufträge und die der freien Fahrwerke unterschiedlich sein. In der Definition der $x_{ij}$ wird vorausgesetzt, daß mit der Nummer j des Auftrages die zugehörige auslösende Empfangsstation und damit die Zielstation eindeutig bestimmt ist.

In der nachfolgenden Abb. 4.19 repräsentieren wir eine mögliche Lösung des Zuordnungsproblems aus Abb. 4.18 durch entsprechende Pfeile von den freien Fahrwerken zu den zu bedienenden Zielstationen.

Es sei noch bemerkt, daß sich diese Zuordnung dynamisch verändern läßt, bevor Fahrwerke ihre Ziele erreicht haben, wenn dies aufgrund einer veränderten Situation Sinn macht.

Nachfolgend behandeln wir als Optimierungsverfahren die "Ungarische Methode", welche die spezielle Struktur des Zuordnungsproblems (1) bis (4) ausnutzt.

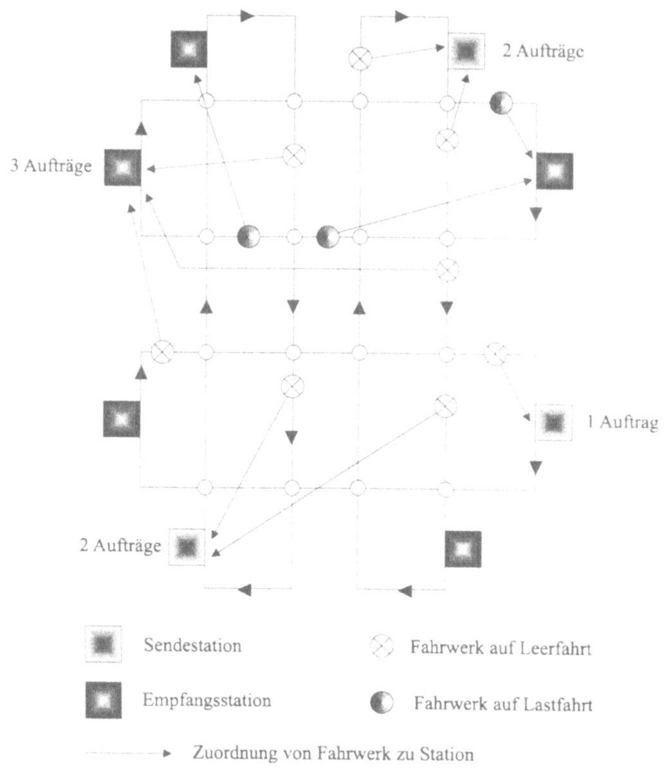


***Abb. 4.19****: Eine Lösung des Zuordnungsproblems*

## 4.2.2 Die Ungarische Methode zur Lösung des Zuordnungsproblems

Beginnen wir mit einer auf den Lösungsprozeß ausgerichteten Formulierung des Zuordnungsproblems.

Gegeben sei eine quadratische Matrix C mit reellen Zahlen $c_{ij} \geq 0$ (Kostenmatrix) $i,j = 1,...,n$. Man zeichne in jeder Zeile und in jeder Spalte von C genau ein Element derart aus, daß die Summe der $c_{ij}$, die den ausgezeichneten Elementen entsprechen, minimal ist.

Wir definieren für $i,j = 1, ..., n$:

$$x_{ij} = \begin{cases} 1, \text{ falls Element } (i, j) \text{ ausgewählt wird} \\ 0, \text{ sonst} \end{cases} \tag{1}$$

Dann sind $x_{ij} \in \{0,1\}$ für $i,j = 1, ..., n$ so zu bestimmen, daß gilt:

$$\text{Zeilenbedingung:} \qquad \sum_{j=1}^{n} x_{ij} = 1 \qquad , \text{ für jedes } i = 1, ...,n \tag{2}$$

$$\text{Spaltenbedingung:} \qquad \sum_{i=1}^{n} x_{ij} = 1 \qquad , \text{ für jedes } j = 1, ...,n \tag{3}$$

$$\text{Zielfunktion:} \qquad Z = \sum_{i,j} c_{ij} x_{ij} \rightarrow \min \tag{4}$$

Eine einfache Heuristik zur Lösung dieses Problems ist die Greedy-Heuristik, die kurz (und wenig formalisiert) wie folgt formuliert werden kann.

Greedy-Heuristik:

> Man zeichne nacheinander das kleinste, jeweils noch nicht festgelegte Element der Matrix C unter Beachtung der Zeilen- und Spaltenbedingungen aus!

Betrachten wir ein Beispiel:

$$C = \begin{bmatrix} 4 & 9 & 18 & 6 & 5 \\ 23 & 6 & 2 & 3 & 3 \\ 7 & 2 & 0 & 21 & 3 \\ 4 & 8 & 7 & 6 & 28 \\ 4 & 9 & 18 & 3 & 2 \end{bmatrix}$$

Zu Beginn der Abarbeitung der Greedy-Heuristik ist noch kein Element festgelegt. Das kleinste Element ist also $c_{33} = 0$. Dieses wird ausgezeichnet. Wegen der Zeilen- und der Spalten-Bedingung darf danach weder in Zeile 3 noch in Spalte 3 ein weiteres Element ausgezeichnet werden. Wir streichen deshalb diese Spalte und Zeile.

$$C = \begin{bmatrix} 4 & 9 & 18 & 6 & 5 \\ 23 & 6 & 2 & 3 & 3 \\ 7 & 2 & [0] & 21 & 3 \\ 4 & 8 & 7 & 6 & 28 \\ 4 & 9 & 18 & 3 & 2 \end{bmatrix}$$

Danach wird die Auszeichnungsprozedur der Heuristik auf das Restgebilde der Matrix C (nicht gestrichener Teil) angewendet. Das kleinste Element ist $c_{55} = 2$. Nach Streichen von Zeile 5 und Spalte 5 erhalten wir

$$C = \begin{bmatrix} 4 & 9 & 18 & 6 & 5 \\ 23 & 6 & 2 & 3 & 3 \\ 7 & 2 & [0] & 21 & 3 \\ 4 & 8 & 7 & 6 & 28 \\ 4 & 9 & 18 & 3 & [2] \end{bmatrix}$$

Bei Fortsetzung des Verfahrens erhalten wir die ausgezeichneten Elemente:

$$c_{33} = 0, \ c_{55} = 2, \ c_{24} = 3, \ c_{11} = 4, \ c_{42} = 8$$
$$Z = \sum_{ij} c_{ij} = 0 + 2 + 3 + 4 + 8 = 17$$

Die Greedy-Heuristik liefert also eine zulässige Lösung des Zuordnungsproblems mit geringem Aufwand. Wir bemerken noch, daß zur vollständigen algorithmischen Festlegung die Anweisung gehört, wie zu verfahren ist, wenn das kleinste Element nicht eindeutig bestimmt ist.

Man kann dann z.B. das kleinste Element mit dem kleinsten Zeilenindex auswählen oder unter den "kleinsten Elementen" eines zufällig auswählen. In unserem Beispiel ist diese Situation bei der Auszeichnung des vierten Elementes (in der Reihenfolge der Auszeichnung) gegeben. Kleinste Elemente sind $c_{11} = 4$ und $c_{41} = 4$. Wir haben $c_{11} = 4$ (kleinster Zeilenindex) ausgezeichnet.

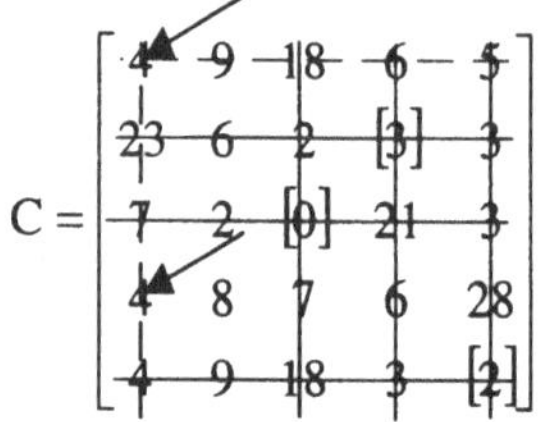

Man sieht, daß in Abhängigkeit davon, welche der beiden gleichen Zahlen "4" man auszeichnet, im letzten Schritt der Auszeichnungsprozedur entweder die Zahl 8 ($c_{42}$) oder die Zahl 9 ($c_{12}$) auszuzeichnen wäre. Auch daran sieht man, daß die Greedy-Heuristik natürlich nicht die optimale Lösung zwangsläufig finden muß. Noch schlimmer: Es kann sein, daß die Heuristik die schlechteste Lösung findet, was man an folgendem trivialen und zugegebenermaßen pathologischen Beispiel sieht:

$$C = \begin{bmatrix} 1 & 0 \\ 100 & 1 \end{bmatrix}$$

Es gibt nur zwei Lösungen:

$x_{11} = 1$, $x_{22} = 1$ mit dem Wert $z = 2$ ist die optimale Lösung.

$$C = \begin{bmatrix} [1] & 0 \\ 100 & [1] \end{bmatrix}$$

Die Greedy-Heuristik findet aber gerade die schlechteste Lösung:

$x_{12} = 1$, $x_{21} = 1$ mit $z = 100$

$$C = \begin{bmatrix} 1 & [0] \\ 100 & 1 \end{bmatrix}$$

Das kleinste Element $c_{12} = 0$ wird ausgezeichnet. Damit bleibt aufgrund der Zeilen- und Spaltenbedingung nur noch übrig, auch $c_{21} = 100$ auszuzeichnen ($x_{21} = 1$), was zu $z = 100$ führt. Die Strategie "gierig" (greedy) zu sein, ist also keinesfalls immer optimal.

Kommen wir nun zur Ungarischen Methode. Dieser vorgeschaltet ist sinnvollerweise ein gewisses Preprocessing, mit dem man die Hoffnung verbindet, eine relativ gute Ausgangslösung für ein iteratives Verbesserungsverfahren zu erhalten.

Grundlage ist der folgende Satz 4.1.

---

**Satz 4.1:**

Die optimale Zuordnung (optimale Lösung des Problems (1) - (4)) verändert sich nicht, wenn zu einer beliebigen Zeile oder Spalte von C eine Konstante addiert wird.

---

Beweis:

Wir betrachten die i-te Zeile und j-te Spalte von C:

$$C = \begin{bmatrix} c_{11} & \cdots & c_{1j} & \cdots & c_{1n} \\ \cdots & & \cdots & & \cdots \\ c_{i1} & \cdots & c_{ij} & \cdots & c_{in} \\ \cdots & & \cdots & & \cdots \\ c_{n1} & \cdots & c_{nj} & \cdots & c_{nn} \end{bmatrix}$$

Angenommen, wir addieren zur i-ten Zeile die reelle Zahl $p_i$ und zur j-ten Spalte die reelle Zahl $q_j$ ($p_i$ und $q_j$ dürfen also auch negativ sein). Dann entsteht eine Matrix $\overline{C}$ :

$$\overline{C} = \begin{bmatrix} c_{11} & \cdots & c_{1j} + q_j & \cdots & c_{1n} \\ \cdots & & \cdots & & \cdots \\ c_{i1} + p_i & \cdots & c_{ij} + p_i + q_j & \cdots & c_{in} + p_i \\ \cdots & & \cdots & & \cdots \\ c_{n1} & \cdots & c_{nj} + q_j & \cdots & c_{nn} \end{bmatrix}$$

Betrachten wir nun das Zuordnungsproblem (1) bis (4) mit Matrix $\overline{C}$ anstelle von C. Dann gilt für die Zielfunktion

$$\overline{Z} = \sum_{i=1}^{n} \sum_{j=1}^{n} \overline{c}_{ij} x_{ij} = \sum_{i=1}^{n} \sum_{j=1}^{n} (c_{ij} + p_i + q_j) \cdot x_{ij}.$$

Dieser Ausdruck kann wegen der Zeilen- und Spaltenrestriktion leicht umgeformt werden:

$$\overline{Z} = \sum_{i=1}^{n} \sum_{j=1}^{n} c_{ij} x_{ij} + \sum_{i=1}^{n} \sum_{j=1}^{n} p_i x_{ij} + \sum_{i=1}^{n} \sum_{j=1}^{n} q_j x_{ij}$$

$$= Z + \sum_{i=1}^{n} p_i \sum_{j=1}^{n} x_{ij} + \sum_{j=1}^{n} q_j \sum_{i=1}^{n} x_{ij}$$

$$= Z + \sum_{i=1}^{n} p_i + \sum_{j=1}^{n} q_j, \quad \text{da} \sum_{i=1}^{n} x_{ij} = \sum_{j=1}^{n} x_{ij} = 1,$$

d.h., Z und $\overline{Z}$ unterscheiden sich nur durch eine Konstante. Die optimalen Zuordnungen dagegen sind gleich.

Nach Satz 1 ändert sich die optimale Zuordnung nicht, wenn wir eine Matrix $\overline{C} \geq 0$ derart konstruieren, daß wir in jeder Zeile das kleinste Element der Zeile subtrahieren (Zeilenreduktion) und danach von jeder Spalte das Spaltenminimum ebenfalls subtrahieren (Spaltenreduktion). Dann entsteht eine Matrix mit der Eigenschaft, daß in jeder Zeile und jeder Spalte je mindestens eine Null steht.

Im nachfolgenden Beispiel zeigen wir in Schritt 1 die Zeilenreduktion und danach in Schritt 2 die Spaltenreduktion.

$$C = \begin{bmatrix} 4 & 9 & 18 & 6 & 5 \\ 23 & 6 & 2 & 3 & 3 \\ 7 & 2 & 0 & 21 & 3 \\ 4 & 8 & 7 & 6 & 28 \\ 4 & 9 & 18 & 3 & 2 \end{bmatrix} \to ZR \to \begin{bmatrix} 0 & 5 & 14 & 2 & 1 \\ 21 & 4 & 0 & 1 & 1 \\ 7 & 2 & 0 & 21 & 3 \\ 0 & 4 & 3 & 2 & 24 \\ 2 & 7 & 16 & 1 & 0 \end{bmatrix} \to SR \to$$

$$\begin{bmatrix} 0 & 3 & 14 & 1 & 1 \\ 21 & 2 & 0 & 0 & 1 \\ 7 & 0 & 0 & 20 & 3 \\ 0 & 2 & 3 & 1 & 24 \\ 2 & 5 & 16 & 0 & 0 \end{bmatrix} = \overline{C}$$

Lösung des Zuordnungsproblems bedeutet, eine vollständige Auszeichnung von Elementen zu finden (In jeder Zeile und jeder Spalte wird genau ein Element ausgezeichnet.), so daß die Summe der ausgezeichneten Elemente der Kostenmatrix minimal ist. Da alle Elemente nichtnegativ sind, wäre also eine vollständige Auszeichnung, die ausschließlich Nullen auswählt, mit Sicherheit eine optimale Lösung. Aus diesem Grund haben wir mit Matrix $\overline{C}$ eine solche Matrix konstruiert, die "relativ viele" Nullen besitzt.

Wir führen nun heuristisch eine Auszeichung durch, die zunächst versucht, nur Nullen auszuwählen:

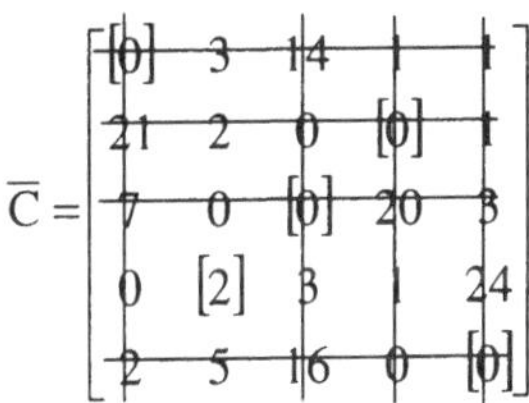

Diese Auszeichnung ist nicht vollständig und läßt sich auch nicht *mit einer weiteren Null* vervollständigen. Eine Vervollständigung ist nur möglich, indem man $\overline{c}_{42} = 2$ auswählt. Damit hat man keine Optimalitätsgarantie für die ausgewählte Lösung. (Hier ist die Lösung nicht optimal.)

Das folgende Beispiel zeigt, daß man durch eine andere geschickte Auszeichnung von Nullen gegebenenfalls zu einer vollständigen Auszeichnung kommen könnte.

In den nachfolgenden Matrizen seien a, b, c, d, e > 0.

$$
\begin{bmatrix} [0] & a & 0 \\ b & [0] & c \\ 0 & d & e \end{bmatrix} \xrightarrow{\ ?\ } \begin{bmatrix} 0 & a & [0] \\ b & [0] & c \\ [0] & d & e \end{bmatrix}
$$

*1. Gewählte Auszeichnung*
Eine Vervollständigung zu einer
Auszeichnung, die nur Nullen
auswählt und zulässig ist, ist
nicht möglich.

*2. Gewählte Auszeichnung*
Vollständige Auszeichnung, die
nur Nullen enthält. Diese Auszeichnung entspricht einer
optimalen Lösung.

Im allgemeinen kann man nicht erwarten, daß man eine mögliche vollständige Auszeichnung, die nur Nullen enthält, auf einen Blick sieht. (Man denke z.B. an eine $100 \times 100$ Matrix $\overline{C}$ !) Deshalb ist ein Algorithmus gesucht, der ausgehend von einer Lösung, die im obigen Beispiel der 1. gewählten Auszeichnung entspricht, diese so modifiziert, daß man nach einigen Schritten eine vollständige Auszeichnung erreicht, *die nur Nullen enthält*. Dies leistet die Ungarische Methode.

Die Methode besteht aus dem abwechselnden Aufruf der Prozeduren "Alternierende Pfade" und "Überdeckung", die wir nachfolgend einführen werden.

Wir nennen eine Null in einer Matrix $\overline{C}$ , die nicht ausgezeichnet (ausgewählt) ist, eine freie Null.

***Definition 4.1:***

Ein alternierender Pfad (auch alternierender Weg genannt) ist ein Kantenzug in der Matrix $\overline{C}$, der aus sich abwechselnden senkrechten und waagerechten Kanten besteht, wobei gilt:
- Der Kantenzug beginnt mit einer freien Null in einer Zeile, in der keine Auszeichnung vorgenommen wurde, und
- in den Ecken des Kantenzuges stehen abwechselnd freie und ausgezeichnete Nullen.

Nachfolgend stellen wir verschiedene Typen alternierender Pfade abstrakt dar, d.h. ohne konkrete Matrizen zu hinterlegen. Die schwarzen Quadrate symbolisieren ausgezeichnete, die weißen Quadrate freie Nullen.

a) ein erwünschter alternierender Pfad:

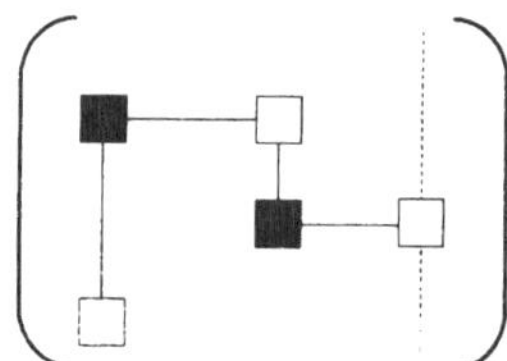

Der Pfad endet in einer freien Null, da in der Spalte keine ausgezeichnete Null existiert.

Dieses Szenario ist insofern erwünscht, weil man auf dem alternierenden Pfad die Rollen der freien und ausgezeichneten Nullen vertauschen kann und dabei eine zusätzliche ausgezeichnete Null entsteht, ohne daß die Zeilen- und Spaltenrestriktionen des Zuordnungsproblems verletzt würden.

Dann entsteht eine neue Lösung:

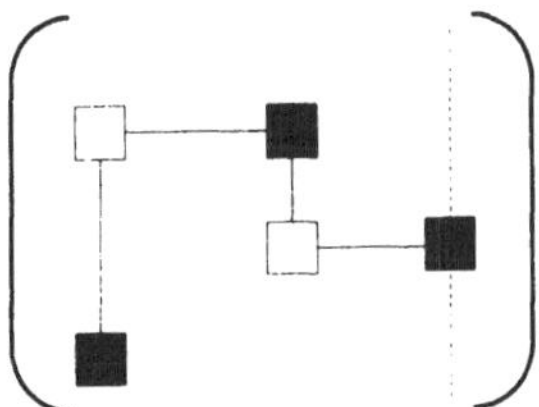

b)   Es gibt aber auch zwei unerwünschte Typen von alternierenden Pfaden, die man wiederum durch den Typ des Abbruchs charakterisieren kann.

b1) Pfad endet mit einer ausgezeichneten Null, da in der Zeile keine freie Null mehr existiert.

b2) Pfad enthält einen Zyklus

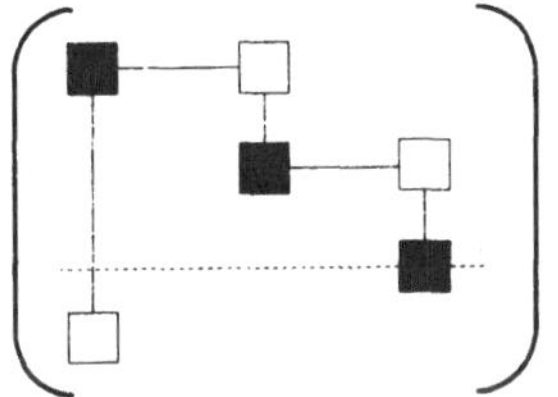

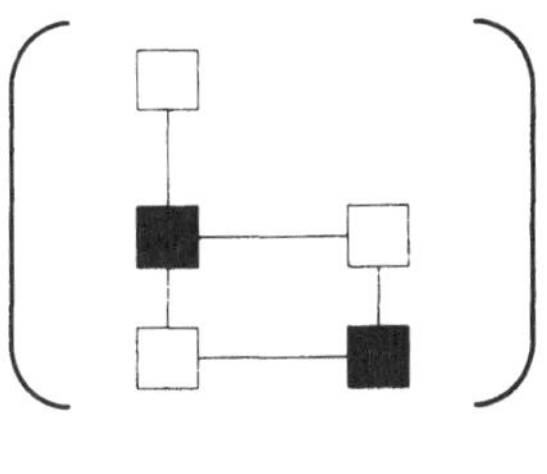

Beide Pfadtypen stellen "Sackgassen" dar, da ein Vertauschen freier und ausgezeichneter Nullen keine Vergrößerung der Zahl ausgezeichneter Nullen bewirkt.

Betrachten wir unsere beiden Ausgangs-Beispiele:

1)

$$\begin{bmatrix} [0] & a & 0 \\ b & [0] & c \\ 0 & d & e \end{bmatrix} \xrightarrow[\text{Rollentausch}]{\text{Typ a),}} \begin{bmatrix} 0 & a & [0] \\ b & [0] & c \\ [0] & d & e \end{bmatrix}$$

Es gibt einen alternierenden Pfad vom Typ a). Der Rollentausch führt in einem Schritt zur optimalen Lösung.

2)
$$\begin{bmatrix} [0] & 3 & 14 & 1 & 1 \\ 21 & 2 & 0 & [0] & 1 \\ 7 & 0 & [0] & 20 & 3 \\ 0 & 2 & 3 & 1 & 24 \\ 2 & 5 & 16 & 0 & [0] \end{bmatrix}$$

Es gibt nur einen alternierenden Pfad. Dieser ist vom Typ b1), also ein Sackgassen-pfad.

Wir haben also über einen Ausweg nachzudenken, indem wir im Fall b) den Algorithmus terminieren oder anderweitig zu einer zusätzlichen Null gelangen.

Die Frage ist also: Kann man im Fall b) zu den Zeilen und Spalten von $\overline{C}$ Konstanten derart addieren, daß $\overline{C} \geq 0$ erhalten bleibt, aber mindestens eine "neue Null" entsteht?

Diese Frage beantwortet Satz 4.2:

---

***Satz 4.2:***

Lassen sich in einer n×n-Bewertungsmatrix auch nach Bestimmung der alternierenden Pfade nur k,  k < n, Nullen auszeichnen, dann gibt es k gerade Linien durch die Spalten und Zeilen der Bewertungsmatrix, die alle Nullen überdecken.

---

Der Beweis erfolgt durch Angabe eines konstruktiven Verfahrens:

- Streiche alle Spalten mit einer ausgezeichneten Null, die auf einem Sackgassen-weg liegen (alternierender Pfad vom Typ b).
- Streiche alle Zeilen, in denen eine ausgezeichnete Null noch nicht gestrichen wurde.

Die Prozedur erzeugt genau k,  k < n, Linien, und jede der Nullen ist durch die Linien überdeckt (gestrichen).

In unserem Beispiel waren 4 Nullen ausgezeichnet. Der einzige Sackgassenweg ist die Spalte 1.  Das System aus  k = 4 Linien, die alle Nullen überdecken, ist nach-folgend angegeben.

$$\begin{bmatrix} [0] & 3 & 14 & 1 & 1 \\ 21 & 2 & 0 & [0] & 1 \\ 7 & 0 & [0] & 20 & 3 \\ 0 & 2 & 3 & 1 & 24 \\ 2 & 5 & 16 & 0 & [0] \end{bmatrix}$$

Nachdem das System aus k Linien, die alle Nullen überdecken, gefunden ist, bestimmen wir das Minimum aller nicht überdeckten Matrixelemente und nennen es m.

Danach verfahre man nach folgender *Regel*:

> Man subtrahiere m von allen nicht überdeckten Elementen (dabei entsteht mindestens eine neue Null) und addiere m zu allen Kreuzungspunkten des Liniensystems (denen ohnehin positive Matrixelemente entsprechen, d.h., man "zerstört" keine Null).

Damit entsteht eine Bewertungsmatrix $\overline{\overline{C}}$ , für die die gleiche Zuordnung optimal ist wie für $\overline{C}$ und mindestens eine Null mehr enthält. Das ermöglicht es uns, auf der Basis von $\overline{\overline{C}}$ wiederum nach einer vollständigen Zuordnung mit ausschließlich Nullen zu suchen.

Unklar bleibt auf den ersten Blick, warum $\overline{\overline{C}}$ die gleichen optimalen Lösungen besitzt wie $\overline{C}$ . Das ist aber einfach zu sehen. Die Operationen der obigen Regel sind nämlich äquivalent zu den folgenden Operationen:
Man addiere zu allen gestrichenen Zeilen und Spalten m/2 und subtrahiere von allen nicht gestrichenen Zeilen und Spalten ebenfalls m/2.
Nach Satz 1 ändern diese Operationen die optimalen Zuordnungen nicht.

In unserem Beispiel entsteht nach Ausführung der Prozedur Überdeckung durch k=4 Linien und m=1 die Matrix:

$$\begin{bmatrix} [0] & 2 & 13 & 0 & 0 \\ 22 & 2 & 0 & [0] & 1 \\ 8 & 0 & [0] & 20 & 3 \\ 0 & 1 & 2 & 0 & 23 \\ 3 & 5 & 16 & 0 & [0] \end{bmatrix}$$

In dieser Matrix läßt sich der folgende alternierende Weg auszeichnen:

$$\begin{bmatrix} [0] & 2 & 13 & 0 & 0 \\ 22 & 2 & 0 & [0] & 1 \\ 8 & 0 & [0] & 20 & 3 \\ 0 & 1 & 2 & 0 & 23 \\ 3 & 5 & 16 & 0 & [0] \end{bmatrix}$$

Der alternierende Weg endet mit einer freien Null in einer Spalte ohne Auszeichnung. Deshalb führt Vertauschen von ausgezeichneten und freien Nullen auf diesem Weg zu einer zusätzlichen ausgezeichneten Null.

$$\begin{bmatrix} 0 & 2 & 13 & [0] & 0 \\ 22 & 2 & [0] & 0 & 1 \\ 8 & [0] & 0 & 20 & 3 \\ [0] & 1 & 2 & 0 & 23 \\ 3 & 5 & 16 & 0 & [0] \end{bmatrix}$$

Dies ist eine vollständige Auszeichnung, die ausschließlich Nullen enthält. Deshalb entspricht sie einer optimalen Lösung:

$$x_{14} = 1 \qquad x_{23} = 1 \qquad x_{32} = 1 \qquad x_{41} = 1 \qquad x_{55} = 1$$
$$x_{ij} = 0 \quad \text{für alle i,j sonst.}$$

Der optimale Zielfunktionswert ist:

$$Z = 6 \cdot 1 + 2 \cdot 1 + 2 \cdot 1 + 4 \cdot 1 + 2 \cdot 1 = 16$$

Im Vergleich zur Greedy-Heuristik, die in diesem Beispiel eine Lösung mit $Z = 17$ erzeugt hat, erscheint die Verbesserung geringfügig, ist aber letztlich davon abhängig, in welcher Einheit die Kosten beschrieben sind.

Nachfolgend wird in Abb. 4.20 ein Struktogramm der Ungarischen Methode angegeben.

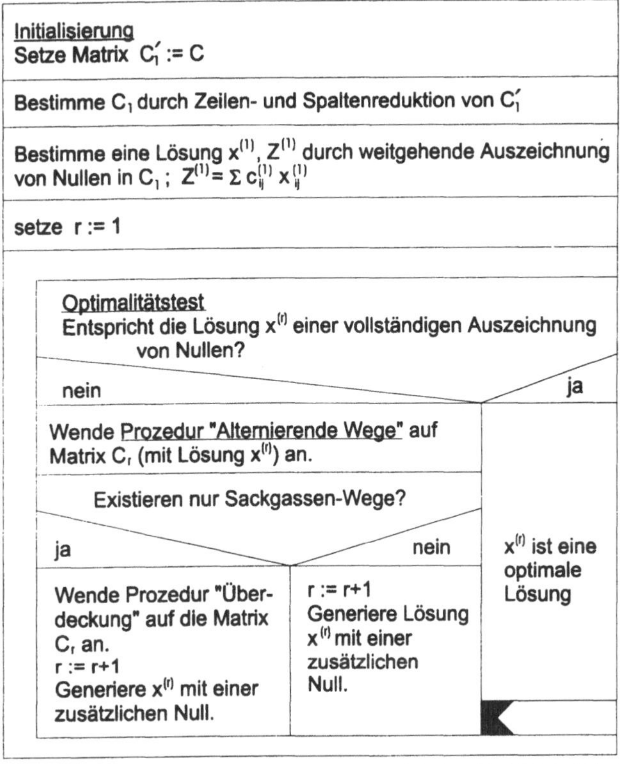


**Abb. 4.20**: *Struktogramm der Ungarischen Methode (Basisvariante)*

Der Begriff Basisvariante in Abb. 4.20 bedeutet, daß wir uns auf die Darstellung der grundlegenden Kontrollstruktur der Ungarischen Methode beschränken. Eine Implementierung der Methode erfordert deshalb eine weitere Verfeinerung des Algorithmus.

## 4.2.3 Ein Branch and Bound-Algorithmus zur Lösung des Asymmetrischen Travelling Salesman Problems

Zum Abschluß dieses Kapitels wollen wir eine für das Operation Research sehr typische Vorgehensweise zur Problemlösung anhand des Asymmetrischen Travelling

Salesman Problems (TSP) zeigen.

Nachdem wir mit der Ungarischen Methode einen leistungsfähigen Algorithmus für Zuordnungsprobleme gefunden haben und die Branch and Bound-Methodik kennen, werden wir versuchen, die Ungarische Methode als Problemlöser innerhalb eines Branch and Bound-Algorithmus für das Asymmetrische TSP anzuwenden. Typisch ist, daß wir mit den Knoten des Entscheidungsbaumes nicht einfache Auswahloperationen, sondern die Lösung von Optimierungsproblemen (nämlich des Zuordnungsproblems) verbinden. Derartige komplexe Probleme, die einem Knoten entsprechen (relaxierte Teilprobleme), verhindern, daß "riesige" Entscheidungsbäume allein aufgrund einer simplen Modellierung entstehen können. Diesen Effekt haben wir bereits in 4.1.6 und 4.1.7 am Beispiel des Rucksackproblems demonstriert, indem wir einen elementaren und danach einen anspruchsvolleren Branch and Bound-Algorithmus entwickelt haben, der in der Lage ist, in den Knoten des Entscheidungsbaumes einfache relaxierte Probleme zu lösen.

Wie kommt man nun aber vom TSP (siehe auch Abschnitt 2.1.4) zum Zuordnungsproblem? Nehmen wir an, das TSP mit n Städten sei durch die Kosten-/Entfernungsmatrix $C = (c_{ij})$ beschrieben. Da wir hier am asymmetrischen Fall interessiert sind, muß die Matrix C also nicht symmetrisch sein. (Der symmetrische Fall $c_{ij} = c_{ji}$ sei aber als Spezialfall zugelassen.) Gewisse $c_{ij}$ können gleich $+\infty$ sein (d.h., es gibt keine direkte Verbindung von i nach j). Insbesondere sind die $c_{ii} = +\infty$ für alle i. Es ist also verboten (unendlich teuer), daß eine Rundreise in einem Ort „steckenbleibt".
Wir werden nun versuchen, dieses Asymmetrische TSP als Zuordnungsproblem zu modellieren. Dazu sei:

$$x_{ij} = \begin{cases} 1, & \text{falls ausgehend von Ort i der Ort j als unmittelbarer} \\ & \quad \text{Nachfolgeort in der Tour angefahren wird} \\ 0, & \text{sonst} \end{cases} \qquad (1)$$

$$\text{für alle } i,j = 1, ..., n$$

Es ist also wie beim Zuordnungsproblem $x_{ij} \in \{0, 1\}$. Dann ergeben sich die folgenden Restriktionen, um zu garantieren, daß die Gesamtheit aller $x_{ij}$ eine Rundtour beschreibt.

$$\sum_{j=1}^{n} x_{ij} = 1 \quad \text{für alle } i = 1, 2, ..., n \qquad (2)$$

d.h.: für alle Städte i gilt: Es muß genau einen *Nachfolgeort* in der Tour geben.
(In der Zeile i der Matrix C muß also mindestens ein $c_{ij} < \infty$ sein.)

$$\sum_{i=1}^{n} x_{ij} = 1 \quad \text{für alle } j = 1, 2, ..., n \qquad (3)$$

d.h.: Für alle Städte j gilt: Es muß genau einen *Vorgängerort* in der Tour geben. (In der Spalte j der Matrix C muß mindestens ein $c_{ij} < \infty$ sein.)

Die Zielfunktion ist wie beim Zuordnungsproblem

$$\sum_{i=1}^{n} \sum_{j=1}^{n} c_{ij} \cdot x_{ij} \;\to\; \text{min.} \tag{0}$$

Damit können wir (bei oberflächlicher Betrachtung) zu der Meinung kommen, wir hätten mit (0) bis (3) das Asymmetrische TSP als Zuordnungsproblem modelliert. Daß dies nicht (ganz) so ist, zeigt das folgende Beispiel.

Für ein 6-Städte-Problem ist eine Lösung, die die Nebenbedingungen (1) bis (3) erfüllt, durch Abb. 4.21 ohne die gestrichelten Linien gegeben.

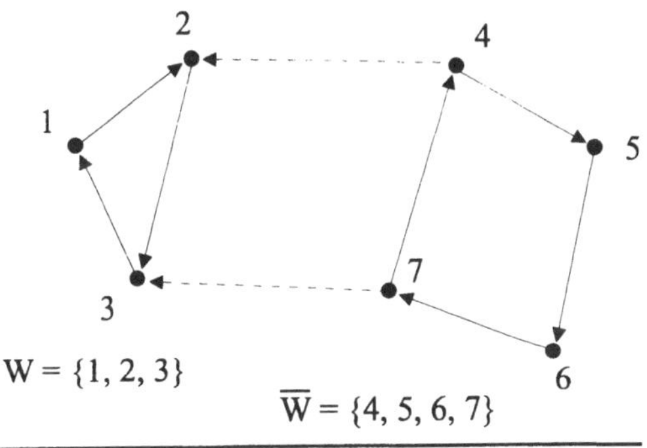


**Abb. 4.21**: *Teiltouren*

Es handelt sich aber nicht um eine Rundtour, sondern um zwei Teiltouren. Da dies mit den Restriktionen (1) bis (3) vereinbar ist, haben wir also eine wichtige Restriktion bei der Modellierung vergessen, nämlich die, daß genau eine Rundtour entstehen muß.

Es gibt verschiedene Möglichkeiten, mittels zusätzlicher Restriktionen zu verhindern, daß Teiltouren (Subtouren, Kurzzyklen) als Lösung entstehen können. Wir wählen eine davon aus:

$$\sum_{i \in W} \sum_{j \in \overline{W}} x_{ij} \geq 1 \qquad \text{für alle echten Teilmengen W, } W \neq \emptyset, \text{ der Menge} \tag{4}$$
$$\text{V aller Städte, } V = \{1, 2, ..., n\}$$

Illustrieren wir die Restriktion (4) zunächst für das Beispiel in Abb. 4.21. Es sei W = {1, 2, 3}, V = {1, ..., 7}. Wenn $i \in W$ ist, gilt $j \in \overline{W}$ = {4, 5, 6, 7}. Dann bedeutet (4) also, daß mindestens eine Kante im Graphen aus Abb. 4.21 von W nach $\overline{W}$ führen müßte, damit überhaupt eine Rundtour entstehen kann. Wegen der Forderung "für alle W" könnten wir als W natürlich auch $W = \{4, 5, 6, 7\}$ benutzen, wodurch $\overline{W} = \{1, 2, 3\}$ würde. Damit muß auch mindestens eine Kante von $\{4, 5, 6, 7\}$ nach $\{1, 2, 3\}$ führen. Als Beispiel hierfür haben wir zwei mit -----▶ repräsentierte Kanten in Abb. 4.21 eingefügt.

Die Restriktion (4) können wir wie folgt interpretieren: Wenn wir für eine Belegung der Variable $x_{ij}$ mit 1 eine gerichtete Kante von Knoten i nach Knoten j in einem Graphen eintragen, dessen Knotenmenge V die Menge aller Städte ist, $V = \{1, 2, ...,7\}$, dann muß gelten:

> Aus jeder echten Teilmenge von Knoten (von Städten) führt mindestens eine gerichtete Kante hinaus.

Das Problem dieses Nebenbedingungstyps (4) ist der kombinatorische Charakter. Es gibt so viele Restriktionen vom Typ (4) wie es nichtleere, echte Teilmengen von V gibt. W durchläuft also die Elemente der Potenzmenge von V (ohne $\emptyset$ und V selbst), deren Anzahl von Elementen gleich $2^n$ ist. Dabei besteht W aus $2^n-2$ Elementen. Wir haben also ein exponentielles Wachstum in der Zahl der Restriktionen mit wachsender Städtezahl, wenn wir das TSP wie beschrieben modellieren.

Dennoch macht es Sinn, das asymmetrische TSP mittels (0), (1) - (4) zu modellieren. Relaxiert man (4), d.h., läßt man (4) zunächst weg, dann erhält man ein Zuordnungsproblem, also ein Problem, welches man gut lösen kann. Dies ist aber eine wichtige Idee der Branch and Bound-Methode. Wir lassen (4) zunächst weg und nehmen dann während des Verzweigungsprozesses Bedingungen schrittweise hinzu, die die Einhaltung von (4) im Verlaufe des Algorithmus erzwingen.

Methodisch gehen wir folgendermaßen vor:

1) Wir erklären die Verzweigungsregel des Branch and Bound-Algorithmus für den allgemeinen Fall.

2) Wir illustrieren den Algorithmus an einem Beispiel.


**Lösung des Asymmetrischen Travelling Salesman Problems mit Branch and Bound**

Wir betrachten das Modell (0) - (4) des Asymmetrischen TSP und bezeichnen es mit Problem (P).

Das relaxierte Problem (R), welches durch Weglassen der sehr großen Anzahl von Restriktionen vom Typ (4) entsteht, ist dann das Zuordnungsproblem (0) bis (3).

*Verzweigungsregel:*

Eine Lösung des Zuordnungsproblems (0) bis (3) wird als Graph wie folgt repräsentiert: Die Knotenmenge entspricht den Städten, der Belegung $x_{ij} = 1$ entspricht eine gerichtete Kante (ein Pfeil) von Knoten i nach Knoten j.

Falls die Lösung des Zuordnungsproblems in Teiltouren (man spricht dann von Teiltouren des Graphen) zerfällt, dann spalte man das gerade betrachtete Problem (am Anfang das Problem R) in Teilprobleme auf. Diese Verzweigung besteht darin, daß man mindestens einen Pfeil des Graphen, der durch die Lösung des Zuordnungsproblems generiert wurde, verbietet. Zur Illustration betrachten wir Abb. 4.22. Diese Lösung sei durch das Zuordnungsproblem generiert. Dann ist anschaulich klar, daß nicht alle Pfeile aus Abb. 4.22 in einer Rundreise enthalten sein können, die alle Orte umfaßt. Man muß also mindestens einen dieser Pfeile verbieten, um Zulässigkeit im Sinne des Asymmetrischen TSP zu erhalten.

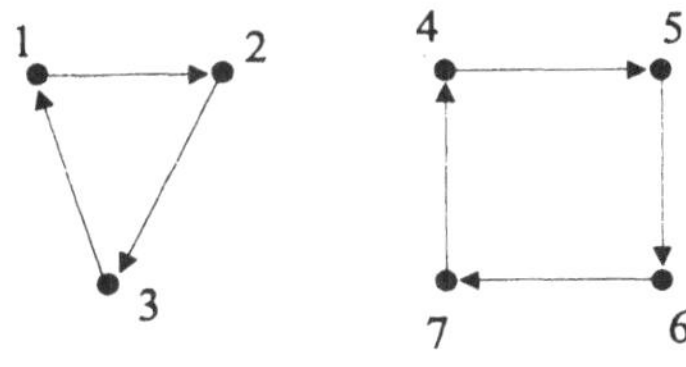


***Abb. 4.22:*** *Zwei Teiltouren*

In Wirklichkeit wird man versuchen, in sowenig wie möglich Teilprobleme aufzuspalten *und* so viele Pfeile wie möglich zu verbieten, um die vorhandene Information maximal zu nutzen.

Betrachten wir das Beispiel. Wenn wir die kürzere der beiden Teiltouren ("Kurzzyklen") zur Verzweigung wählen, könnten wir wie folgt in 3 Teilprobleme $R'_1$, $R'_2$, $R'_3$ aufspalten:

   $R'_1$:   verbiete (1, 2) in R
   $R'_2$:   verbiete (2, 3) in R
   $R'_3$:   verbiete (3, 1) in R

Betrachten wir $R'_1$ näher. Das Verbieten von (1, 2) führt dazu, daß ein Pfeil zu einem Knoten der zweiten Teiltour gehen muß (Nebenbedingung (2)). Das wiederum zieht nach sich, daß mindestens ein Pfeil aus dem zweiten Kurzzyklus in Abb. 4.22 entfernt werden muß. Außerdem sieht man, daß durch die Aufspaltung in $R'_1$, $R'_2$, $R'_3$ keine zulässige Lösung verloren gehen kann, d.h., die Verzweigungsregel ist mit der Branch and Bound-Methodik konsistent.

Dennoch wird man die Verzweigung anders wählen, um zu erzwingen, daß mindestens ein Pfeil aus dem betrachteten Kurzzyklus herausgeht, und um soviel wie möglich Pfeile zu verbieten, ohne eine zulässige Lösung aus allen Teilproblemen zu eliminieren. (Jede zulässige Lösung muß in mindestens einem der Teilprobleme zulässig sein!) Indem wir eine feste Numerierung der Knoten der kürzesten Teiltour vornehmen, können wir systematisch wesentlich mehr Pfeile verbieten und damit die entstehenden Zuordnungsprobleme effektiver lösen. Es ergibt sich die folgende Verzweigung ausgehend von Abb. 4.22.

R1:    Verbiete $(1, 2)$ und $(1, 3)$ in $(R)$
      (Knoten 1 wird betrachtet. Indem man so wie beschrieben verbietet, erzwingt man einen Pfeil von Knoten 1 zu den Knoten des anderen Kurzzyklus. Damit ist die Betrachtung von Knoten 1 abgeschlossen.)

R2:    Verbiete $(2, 1)$, $(2, 3)$ und $(1, 4)$, $(1, 5)$, $(1, 6)$, $(1, 7)$ in $(R)$
      (Knoten 2 wird betrachtet. Man erzwingt einen Pfeil von Knoten 2 zu den Knoten des anderen Kurzzyklus. Der in R1 betrachtete Fall, daß ein Pfeil von 1 nach 4, 5, 6 oder 7 führt, wird hier zusätzlich verboten.)

R3:    Verbiete $(3, 1)$, $(3, 2)$   und $(1, 4)$, $(1, 5)$, $(1, 6)$, $(1, 7)$
                        und $(2, 4)$, $(2, 5)$, $(2, 6)$, $(2, 7)$ in R
      (Die Argumentation ist analog zu den Problemen R1 und R2.)

Im Prinzip zeigt dieses Beispiel das Vorgehen bei der Definition einer Verzweigungsregel, die den Entscheidungsbaum von vornherein stark eingrenzen soll. Dennoch sei diese Regel nachfolgend für den allgemeinen Fall definiert:

1. Man wähle einen möglichst "kurzen" Zyklus (Teiltour), der aus z Pfeilen besteht. Man numeriere die z Knoten dieses Zyklus von 1, 2, ..., z.

2. Man verzweige in z Teilprobleme $R_i$ wie folgt:
    Fall 1:    Es geht ein Pfeil vom ersten der z Knoten des Zyklus zu einer anderen Teiltour. (Das schließt nicht aus, daß von weiteren Knoten des Zyklus ebenfalls Pfeile nach anderen Teiltouren gehen.)
    Fall i:    Es geht ein Pfeil vom i-ten Knoten des Zyklus zu einer anderen Teiltour des Graphen, *aber nicht* von den Knoten 1 bis i-1. (Fall i schließt alle Lösungen explizit aus, die in einem der Fälle 1 bis i-1 zulässig sind.)
            ($i = 2, 3, ..., z$).

3. Man definiere zu jedem Fall i ($i = 1, 2, ..., z$) ein Teilproblem $(R_i)$. Im Problem $(R_i)$ werden folgende Pfeile verboten:
    a) Alle Pfeile des i-ten Knoten zu den übrigen z-1 Knoten des Zyklus (weil vom i-ten Knoten der *eine mögliche* Pfeil zu einer anderen Teiltour des Graphen führt).
    b) Alle Pfeile der ersten i-1 Knoten des Zyklus zu einer anderen Teiltour des Graphen (weil diese *in einem* der Probleme $R_1$, $R_2$, ...,$R_{i-1}$ zulässig sind).

Abb. 4.23 illustriert die Verzweigungsregel an einem etwas komplexeren Beispiel.

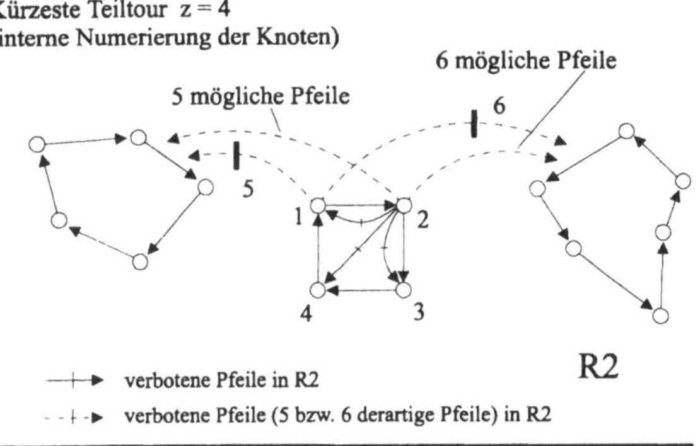


***Abb. 4.23****: Illustration zur Verzweigungsregel*

Das Symbol $- - \vdash - \blacktriangleright$ steht für 5 bzw. 6 verbotene Pfeile, das Symbol $- - - - \blacktriangleright$ für 5 bzw. 6 mögliche neue Pfeile. Wir verwenden solche "Mehrfachpfeile" wegen der besseren Übersichtlichkeit.

Da die übrigen Elemente eines Branch and Bound-Algorithmus direkt aus Abschnitt 4.1.8 übernommen werden können (die Spezifikation besteht in der Art der Relaxation, der Verzweigungsregel und dem in jedem Knoten des Entscheidungsbaumes zu lösenden Zuordnungsproblem), erläutern wir den Algorithmus anhand eines kleinen Beispiels. Ein asymmetrisches 5-Städteproblem sei durch folgende modifizierte Kostenmatrix gegeben:

$$C = \begin{bmatrix} - & 9 & 18 & 16 & 5 \\ 23 & - & 2 & 3 & 3 \\ 7 & 2 & - & 21 & 3 \\ 4 & 8 & 7 & - & 28 \\ 4 & 9 & 18 & 3 & - \end{bmatrix}$$

Modifiziert bezieht sich darauf, daß wir anstellte $+\infty$ zur Vermeidung von extremen Kurzzyklen (Schleifen) das Symbol — verwenden, welches auch nachfolgend generell für eine verbotene Zuordnung (das entsprechende $x_{ij}$ muß 0 sein) steht.

Die Lösung des relaxierten Problems (R) ergibt sich wie folgt:

Einfache Zeilenreduktion ergibt in diesem Beispiel zwangsläufig eine vollständige Zuordnung durch Nullen, die für (R) optimal ist.

$$\begin{bmatrix} - & 9 & 18 & 16 & 5 \\ 23 & - & 2 & 3 & 3 \\ 7 & 2 & - & 21 & 3 \\ 4 & 8 & 7 & - & 28 \\ 4 & 9 & 18 & 3 & - \end{bmatrix} \rightarrow \begin{bmatrix} - & 4 & 13 & 11 & [0] \\ 21 & - & [0] & 1 & 1 \\ 5 & [0] & - & 19 & 1 \\ [0] & 4 & 3 & - & 24 \\ 1 & 6 & 15 & [0] & - \end{bmatrix}$$

Diese Lösung ist in Variablenschreibweise:

$x_{15} = 1, \ x_{23} = 1, \ x_{32} = 1, \ x_{41} = 1, \ x_{54} = 1,$
$x_{ij} = 0$, sonst

Der entsprechende Graph besteht aus zwei Komponenten (Teiltouren, Kurzzyklen):

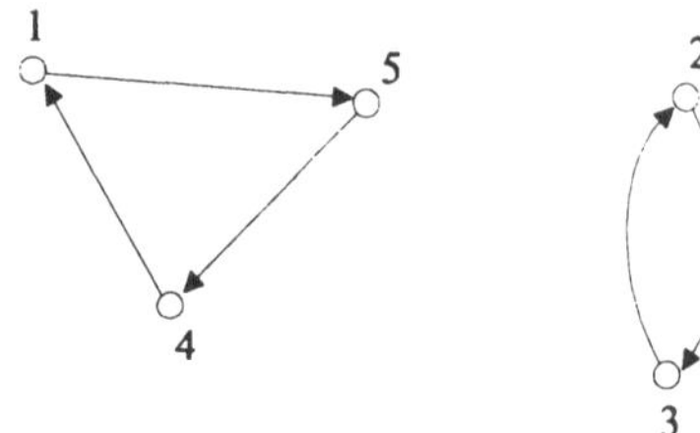


Der Zielfunktionswert Z zu dieser unzulässigen Lösung ist Z = 16. Dieser Wert stellt eine untere Schranke für das Minimum der Zielfunktion dar. Der kürzere der beiden Kurzzyklen besteht aus z = 2  Pfeilen (Knoten). Damit ergeben sich zwei Teilprobleme (R1) und (R2) wie folgt:

(R1): Verbiete (2, 3) in (R)
(R2): Verbiete (3, 2) und (2, 1), (2, 4), (2, 5) in (R)

(Auf eine weitere interne Numerierung im Zyklus mit z = 2 kann hier aufgrund des geringen Umfanges des Problems verzichtet werden.)

Jetzt wäre zu entscheiden, in welcher Reihenfolge (R1) und (R2) zu lösen ist. Da wir per Hand rechnen, starten wir mit (R2), da in (R2) mehr Pfeile verboten sind. (Der Lösungsraum ist "kleiner".) Wir gehen von der in C durchgeführten Zeilenreduktion aus, verbieten entsprechend (R2) und erhalten die Matrix:

$$\begin{bmatrix} - & 4 & 13 & 1 & 0 \\ - & - & 0 & - & - \\ 5 & - & - & 19 & 1 \\ 0 & 4 & 3 & - & 24 \\ 1 & 6 & 15 & 0 & - \end{bmatrix}$$

Dabei wurden natürlich die vorgenommenen Auszeichnungen rückgängig gemacht. Durch das "Verbieten" ergeben sich zusätzliche Möglichkeiten der Zeilen- und Spaltenreduktion (Zeile 3, Spalte 2).
Man erhält:

$$\begin{bmatrix} - & 0 & 13 & 1 & 0 \\ - & - & 0 & - & - \\ 4 & - & - & 18 & 0 \\ 0 & 0 & 3 & - & 24 \\ 1 & 2 & 15 & 0 & - \end{bmatrix}$$

Man sieht leicht, daß in dieser Matrix eine vollständige Auszeichnung mit ausschließlich Nullen vorgenommen werden kann.

$$\begin{bmatrix} - & [0] & 13 & 1 & 0 \\ - & - & [0] & - & - \\ 4 & - & - & 18 & [0] \\ [0] & 0 & 3 & - & 24 \\ 1 & 2 & 15 & [0] & - \end{bmatrix}$$

Also findet man auch bei diesem Problem eine optimale Lösung, indem man lediglich Zeilen- und Spaltenreduktion durchführt und geschickt auszeichnet. Der eigentliche Kern der Ungarischen Methode, die Überdeckung und die alternierenden Wege, wird nicht benötigt. Die optimale Lösung des Problems (R2)

$$x_{12} = 1, \quad x_{23} = 1, \quad x_{35} = 1, \quad x_{41} = 1, \quad x_{54} = 1,$$
$$x_{ij} = 0, \text{ sonst}$$

entspricht einer Rundtour, also einer zulässigen Lösung unseres TSP.

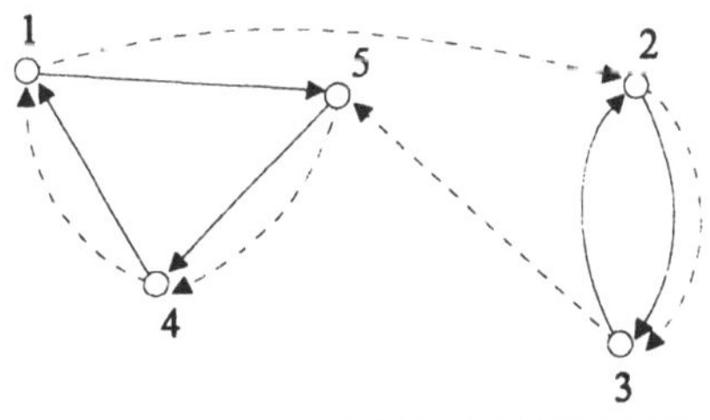


*Abb. 4.24: Lösung relaxierter Probleme*

Abb. 4.24 zeigt die Lösung des relaxierten Problems (R) und die Lösung von (R2) (gestrichelte Pfeile).

Mit Hilfe der Originalkostenmatrix C errechnet man für die Lösung des Problems (R2) (zulässig für das Asymmetrische TSP) einen Zielfunktionswert Z:

$$Z = 21.$$

Dieser Wert stellt eine obere Schranke $\overline{Z}$ für das Kostenminimum dar. Höhere Kosten als $\overline{Z} = 21$ müssen wir also in keinem Fall akzeptieren. Für den gesuchten Minimalwert der Zielfunktion gilt also

$$\underline{Z} = 16 \leq \text{Min } Z \leq \overline{Z} = 21$$

Der Knoten (R1) in unserem Entscheidungsbaum (Branch and Bound-Algorithmus) ist noch nicht terminiert. Wir lösen also das (R1) entsprechende Zuordnungsproblem mit der Ungarischen Methode. Zeilen- und Spaltenreduktion ergeben:

$$
\begin{bmatrix}
- & 4 & 13 & 1 & 0 \\
21 & - & - & 1 & 1 \\
5 & 0 & - & 19 & 1 \\
0 & 4 & 3 & - & 24 \\
1 & 6 & 15 & 0 & -
\end{bmatrix}
\xrightarrow[\text{SR}]{\text{ZR}}
\begin{bmatrix}
- & 4 & 10 & 1 & [0] \\
20 & - & - & [0] & 0 \\
5 & [0] & - & 19 & 1 \\
[0] & 4 & 0 & - & 24 \\
1 & 6 & 12 & 0 & -
\end{bmatrix}
$$

Da eine vollständige Auszeichnung von Nullen nicht möglich erscheint, wählen wir nach Zeilen- und Spaltenreduktion die oben angegebene Auszeichnung. Es gibt genau einen alternierenden Weg, der jedoch eine Sackgasse darstellt ( ---- Sackgassenweg). Die Prozedur Überdeckung ergibt das nachfolgende Linienbild und den Wert m=1.

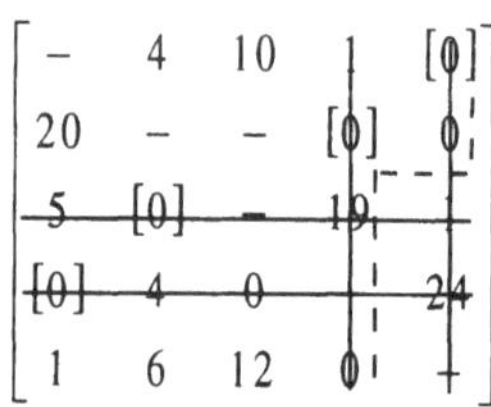

m = 1, Minimum der nichtgestrichenen Elemente

Man erhält die nachfolgende Matrix, für die eine vollständige Auszeichnung mit Nullen leicht gefunden werden kann.

$$\begin{bmatrix} - & 3 & 9 & 1 & [0] \\ 19 & - & - & [0] & 0 \\ 5 & [0] & - & 20 & 2 \\ 0 & 4 & [0] & - & 25 \\ [0] & 5 & 11 & 0 & - \end{bmatrix}$$

Eine optimale Lösung von (R1) ist also

$$x_{15} = 1, \quad x_{24} = 1, \quad x_{32} = 1, \quad x_{43} = 1, \quad x_{51} = 1,$$
$$x_{ij} = 0, \text{ sonst.}$$

Der Zielfunktionswert Z für diese Lösung beträgt $Z = 21$.

Wie man sieht, ist diese Lösung des Zuordnungsproblems (R1) keine Lösung des Asymmetrischen TSP, denn sie zerfällt in zwei Teiltouren (Abb. 4.25).

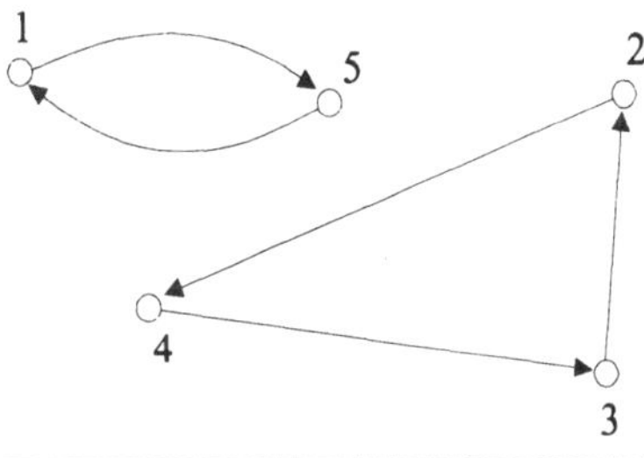


**Abb. 4.25:** *Lösung des Problems (R1)*

Deshalb ist der Zielfunktionswert eine untere Schranke für den gesuchten Optimalwert. Wir verschärfen die bisherige untere Schranke $\underline{Z} = 16$ auf $\underline{Z} = 21$ und erhalten:

$$\underline{Z} = 21 \le \text{Min } Z \le \overline{Z} = 21$$

Demzufolge ist die Lösung von (R2) mit dem Zielfunktionswert 21 eine optimale Lösung. Eine weitere Verzweigung von (R1) ist nicht nötig, wenn wir mit *einer* optimalen Lösung zufrieden sind (bounding).

Der gesamte (sehr kleine Entscheidungsbaum) ist in Abb 4.26 dargestellt.

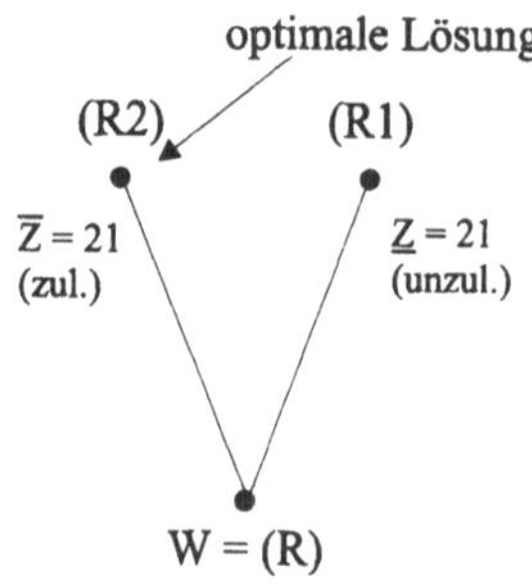


**Abb. 4.26**: *Entscheidungsbaum nach dem Branch and Bound-Verfahren*

## 4.3 Modellierungsunterstützung durch Verwendung von Konzepten aus der Künstlichen Intelligenz

In diesem Abschnitt wollen wir einen wichtigen Aspekt der Modellbildung kurz anreißen - die Unterstützung durch eine Modellierungsumgebung. Dabei soll gleichzeitig illustriert werden, wie verschiedene Modellierungskonzepte geeignet kombiniert werden können.

In 4.1.1 haben wir 6 Fallbeispiele behandelt und dabei gezeigt, wie man eine verbal formulierte Problembeschreibung in ein Optimierungsmodell umsetzen kann. Die wesentliche Schwierigkeit für den "nicht vorwiegend in mathematischen Termen denkenden Anwender", der ein derartiges Modell erstellen soll, ist die Einführung von Entscheidungsvariablen und die Bildung analytischer Ausdrücke mit Hilfe dieser Variablen. Aber genau das muß ein Mensch eigentlich auch nicht tun. Es genügt, wenn er das Modell durch Einführung aller relevanten Objekte, deren Relationen untereinander und des Zieles auf einem linguistischen Level spezifiziert, während die Transformation in das analytische Modell bzw. in die Datenstruktur, die dem Lösungsalgorithmus angepaßt ist (z.B. dem Simplexalgorithmus), automatisch im Rechner (durch einen geeigneten Algorithmus) geschieht.

Wir illustrieren diese Vorgehensweise an einem Produktionsplanungsproblem, welches das Fallbeispiel 1 aus 4.2.1 als Spezialfall enthält.

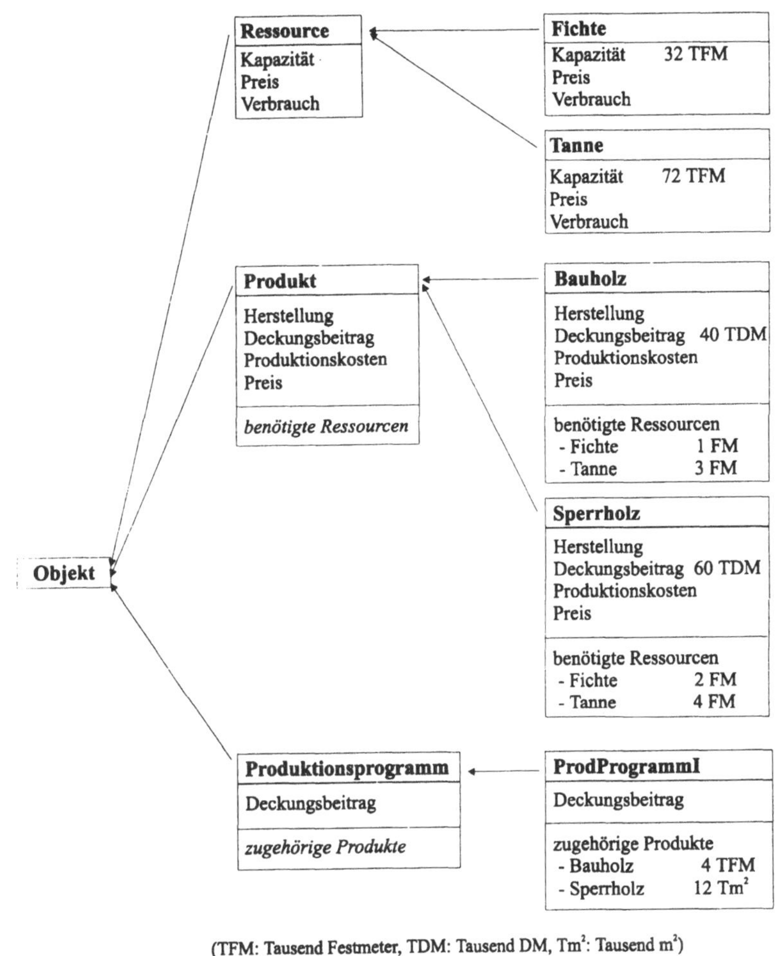



**Abb. 4.27:** *Eine Objektstruktur für Fallbeispiel 1, →Is-a Relation*

Indem wir eine den FRAMES verwandte Notation (FRAMES siehe 2.3) verwenden, können wir das Problem aus Fallbeispiel 1 wie folgt strukturieren:

Der Begriff **Ressource** und dessen Spezialisierungen **Fichte** und **Tanne** sind Objekte. Ebenso sind **Produkte**, die zu **Bauholz** bzw. **Sperrholz** spezialisiert werden können, und das **Produktionsprogramm**, d.h. der gesuchte Plan, der angibt, wieviel **Bauholz** und **Sperrholz** herzustellen sind (Slot: "zugehörige Produkte"), Objekte der Hierarchie in Abb. 4.27. **Produktionsprogramm** wird also beispielsweise zu

**ProdProgrammI** spezialisiert. Von besonderem Interesse ist der Slot mit dem Namen "Herstellung" bei **Produkt** bzw. den Spezialisierungen von **Produkt**. Dieser Name steht für die entsprechenden Entscheidungsvariablen $x_1$, $x_2$ aus Fallbeispiel 1. Der Modellierer kann sich nun darauf beschränken, die Daten der spezialisierten Objekte als Filler der entsprechenden Slots einzutragen (Abb. 4.27). Dagegen muß er sich nicht darum kümmern, die Zielfunktion und die Restriktionen (Constraints) zu spezifizieren. Nachfolgend wird gezeigt, wie auf dem *abstrakten Level* der Objekte **Ressource**, **Produkt** und **Produktionsprogramm** in Abhängigkeit von den Slotnamen sowohl die Zielfunktion als auch die Constraints (d.h. die Restriktionen) formuliert werden können. Dabei werden *keine* Variablennamen wie $x_i$ verwendet. Demzufolge wird die Bedeutung der einzelnen Größen nicht unterdrückt (wie in den analytischen Modellen), sondern explizit repräsentiert. Dies ermöglicht in einem zweiten Schritt, "automatisch" die Zielfunktion und die Constraints entsprechend der Spezialisierungshierarchie der Objekte zu spezialisieren. Damit entsteht ein Modell in einer dem Menschen ohne nähere Erklärung der Symbole verständlichen Form.

*Zielfunktion und Constraints auf abstraktem Level:*

**Ziel**: Produktionsprogramm (Deckungsbeitrag) → Max
**Constraints**:
Produktionsprogramm (Deckungsbeitrag)

$\qquad = \sum_i$ Produktionsprogramm.zugehörige Produkte (Produkt$_i$)

$\qquad\qquad \cdot$ Produkt$_i$ (Deckungsbeitrag)

(i läuft über alle Produkte, die im Slot "zugehörige Produkte" von Produktionsprogramm aufgeführt sind.)
Produktionsprogramm.zugehörige Produkte (Produkt) = Produkt (Herstellung)
Produkt (Deckungsbeitrag) = Produkt (Preis) - Produkt (Produktionskosten)
Produkt (Produktionskosten) = $\sum_j$ Produkt.benötigte Ressource (Ressource$_j$)

$\qquad\qquad \cdot$ Ressource$_j$ (Preis)

(j läuft über alle Ressourcen, die im Slot "benötigte Ressourcen" von Produkt aufgeschrieben sind.)
Ressource (Verbrauch) = $\sum_i$ Produkt$_i$.benötigte Ressource (Ressource)

$\qquad\qquad \cdot$ Produkt$_i$ (Herstellung)

(Summation über alle Produkte i)
Ressource (Kapazität) $\geq$ Ressource (Verbrauch)

Diese Constraints (Restriktionen) sind auf der Ebene der Objekte, man sagt auch der Konzepte, definiert. Man nennt sie deshalb auch konzeptuelle Constraints. Durch Spezialisierung erhält man die konkreten Constraints für das spezielle Problem. Zum Beispiel:

$$\text{Fichte(Kapazität)} \quad \geq \quad \text{Fichte(Verbrauch)}$$
$$\rightarrow \quad 32 \quad \geq \quad \text{Fichte(Verbrauch)}$$
$$\text{Tanne(Kapazität)} \quad \geq \quad \text{Tanne(Verbrauch)}$$
$$\rightarrow \quad 72 \quad \geq \quad \text{Tanne(Verbrauch)}$$
$$\text{Fichte(Verbrauch)} \quad = \quad \text{Bauholz.benötigte Ressource (Fichte)} \cdot \text{Bauholz (Herstellung)}$$
$$+ \text{ Sperrholz.benötigte Ressource (Fichte)} \cdot$$
$$\text{Sperrholz (Herstellung)}$$
$$\rightarrow \quad = \quad 1 \cdot \text{Bauholz(Herstellung)} + 2 \cdot \text{Sperrholz(Herstellung)}$$

Die Übersetzung in das analytische Modell kann manuell leicht nachvollzogen werden, geschieht aber bei der Verwendung geeigneter Software[4] automatisch durch den Computer.

Die konzeptuellen Constraints sind also für Klassen von Problemen nur einmal aufzuschreiben und sind damit "programmiert". Jedes konkrete Beispiel entsteht durch Spezialisierung dieser Constraints. Aber auch damit hat der Anwender nichts zu tun. Er muß die Objektstruktur aus Abb. 4.27 z.B. über eine graphische Oberfläche betrachten und konkrete Werte in entsprechende Slots eintragen.


## Literatur zu Kapitel 4


Beisel, E.-P., Mendel, M.: *Optimierungsmethoden des Operations Research, Band 1: Lineare und ganzzahlige lineare Optimierung*. Vieweg, Braunschweig, Wiesbaden 1987.

Domschke, W., Drexl, A.: *Einführung in das Operations Research*. 3., verb. und erw. Aufl., Springer Verlag, Berlin 1995.

Neumann, K., Morlock, M.: *Operations Research*. Hanser, München, Wien 1993.

Zimmermann, H.-J.: *Methoden und Modelle des Operations Research.*, Vieweg, Braunschweig, Wiesbaden 1992.


---

4) Günter, A. (Hrsg.): *Wissensbasiertes Konfigurieren: Ergebnisse aus dem Projekt PROKON*. INFIX Verlag, Stankt Augustin 1995.

# 5 Naturanaloge Modellierung und Problemlösung

Die Natur mit der Vielfalt der Lebewesen und Lebensformen, wie sie sich uns heute präsentiert, ist das Ergebnis einer langen Entwicklung. Von der Vielzahl der Einflüsse, die bei dieser Entwicklung von Bedeutung waren, werden zwei in diesem Kapitel als Vorbild für die Modellierung und Lösung von Problemen genutzt: Lernfähigkeit und Darwinismus.

Die **Lernfähigkeit** ist insbesondere dem Menschen eigen. In diesem Buch werden **künstliche neuronale Netze** als ein Ansatz behandelt, der in Analogie zum Gehirn von Menschen in einem Modell Lernfähigkeit nachbildet.

Der **Darwinismus** charakterisiert die Weiterentwicklung von Lebewesen über Generationen gemäß dem Gesetz "survival of the fittest". Hierzu werden im folgenden zwei Ansätze vorgestellt, welche die Prinzipien des Darwinismus auf die Modellierung und Problemlösung zu übertragen suchen, nämlich **genetische Algorithmen** und **Evolutionsstrategien**.

## 5.1 Künstliche neuronale Netze

### Biologisches Vorbild: Das Gehirn

Das Gehirn von Menschen sowie das Gehirn von Säugetieren allgemein hat eine Anzahl von faszinierenden Eigenschaften und Fähigkeiten, für die es auch heute noch extrem schwierig oder gar unmöglich ist, diese mit Computern nachzubilden.

Die Leistungsfähigkeit unseres Gehirns im Bereich der Bilderkennung läßt sich eindrucksvoll an einem kleinen Beispiel demonstrieren. **Die 100-Schritt-Regel:** Wenn ein Mensch die Abb. 5.1 betrachtet, so benötigt er, vorausgesetzt ihm ist die dargestellte Figur bekannt, ca. 0,1 Sekunden, was etwa 100 sequentiellen Zeitschritten zur Verarbeitung des gesehenen Bildes durch das Gehirn entspricht, um die dargestellte Figur wiederzuerkennen. Zusätzlich werden durch die Betrachtung des Bildes weitere Assoziationen hervorgerufen, was das Bereitstellen

*Abb. 5.1: Bilderkennung*

von "Hintergrundinformation" zu dem wahrgenommenen Bild entspricht. Assoziationen könnten beispielsweise "Asterix" oder "listiger Gallier" sein. Die Gesamtzahl der Verarbeitungsschritte liegt wesentlich höher als 100, was aufgrund der massiv parallelen Arbeitsweise des Gehirns möglich ist.

Computer können im Gegensatz zum Gehirn in 100 Zeittakten fast nichts berechnen. Ein sequentiell arbeitender Computer würde bereits mehr als 100 Zeittakte benötigen, um die Abbildung zu erfassen, und bei weitem mehr, um sie zu "erkennen". Hierbei ist zu beachten, daß zur Durchführung eines Assemblerbefehls in der Regel bereits mehr als ein Zeittakt erforderlich ist.

Für die Motivation künstlicher neuronaler Netze als ein Ansatz zur Modellierung von Lernfähigkeit ist es wichtig, sich einige Zahlen sowie den biologischen Hintergrund zumindest grob zu vergegenwärtigen.

| Merkmal | Gehirn | Rechner |
|---|---|---|
| Anzahl der Verarbeitungselemente | ca. $10^{11}$ Neuronen | ca. $10^7$ Transistoren |
| Art der Verarbeitung | massiv parallel | i.allg. sequentiell |
| Speicherung | assoziativ | adreßbezogen |
| Schaltzeit eines Elements | ca. 1 ms | ca. 1 ns |
| "Schaltvorgänge" /s | ca. $10^3$/s | ca. $10^9$/s |
| "Schaltvorgänge" insges. (theoretisch) | ca. $10^{14}$/s | ca. $10^{16}$/s |
| "Schaltvorgänge" insges. (tatsächlich) | ca. $10^{12}$/s | ca. $10^{10}$/s |

**Tabelle 5.1:** *Vergleich in Zahlen zwischen Gehirn und Rechner in Anlehnung an [Zell 96])*

In Tab. 5.1 ist ein Vergleich in Zahlen zwischen dem Gehirn und einer zeitgemäßen Workstation wiedergegeben. Besonders auffällig ist, daß die Schaltzeit für die Workstation um den Faktor $10^6$ geringer ist als die des Gehirns. Mit anderen Worten: Während das Gehirn in einer Sekunde 1.000 Zeittakte abarbeitet, arbeitet der Computer 1.000.000.000=$10^9$ Zeittakte ab. Wenn auch die Informationsverarbeitung eines Schaltvorgangs in einem Transistor von niedrigerer Komplexität ist als die eines Schaltvorgangs in einem Neuron, so scheinen Rechner Gehirnen in diesem Punkt doch zunächst überlegen zu sein. Die Schaltvorgänge erfolgen durch die Verarbeitungselemente. Ein Gehirn hat geschätzte $10^{11}$ Verarbeitungselemente, sprich

Neuronen, und der Prozessor einer Workstation hat in der Größenordnung $10^7$ Transistoren. Hinzu kommen für einen Rechner mit einem Hauptspeicher von 128 MByte mindestens $10^9$ Transistoren, die zur Speicherung der Daten benötigt werden. Durch Multiplikation der Schaltvorgänge pro Sekunde mit der Anzahl der Verarbeitungselemente kommt man zu der theoretisch möglichen Anzahl Schaltvorgänge $10^{14}$/s für das Gehirn und $10^{16}$/s für Computer. Die tatsächlich realisierte Anzahl von Schaltvorgängen liegt etwa bei $10^{12}$/s für das Gehirn, während eine Workstation ca. $10^{10}$/s Schaltvorgänge realisiert. Die Überlegenheit des Gehirns, die sich hierin ausdrückt, ist großenteils auf die massiv parallele Arbeitsweise zurückzuführen, wohingegen Computer im allgemeinen sequentiell arbeiten. Ein weiterer wesentlicher Faktor, der zur Überlegenheit des Gehirns gegenüber Computern bei Aufgaben wie der Bilderkennung erheblich beiträgt, ist die assoziative Speicherung gegenüber der adreßbezogenen Speicherung bei Computern.

Wesentliche Eigenschaften und Fähigkeiten von Gehirnen lassen sich in vier charakteristische Gruppen gliedern. Diese Gruppen sind die Art der Informationsverarbeitung, die Art der Informationsverwaltung, die Art der Informationsaufnahme und die Güte der Informationsverarbeitung.

Wie zuvor bereits dargestellt, geschieht **Informationsverarbeitung** im Gehirn *massiv parallel*, also mittels einer Vielzahl von eigenständigen informationsverarbeitenden Einheiten, welche jeweils über gesonderte Informationsspeicher verfügen. Dadurch können in jedem Zeittakt eine Vielzahl von Schaltvorgängen stattfinden. Am Beispiel der Bilderkennung zeigt sich, daß diese hochgradige Parallelität der Informationsverarbeitung die im Vergleich zu Rechnern niedrige Taktfrequenz mehr als kompensiert.

Die **Informationsverwaltung** im Gehirn ist durch eine *verteilte Wissensrepräsentation* charakterisiert. Das Wissen ist weitgehend in den Verbindungen zwischen einzelnen Nervenzellen abgelegt und kann inhaltsbezogen abgerufen werden. Dies bezeichnet man als *assoziative Speicherung* im Gegensatz zur adreßbezogenen Speicherung, bei der Daten über ihren Speicherplatz abgerufen werden. Die hochgradig parallele Informationsverarbeitung im Gehirn wird durch die verteilte Wissensrepräsentation bereits begünstigt. Zusätzlich wirkt sich vorteilhaft aus, daß dies eine *aktive Repräsentation* ist. Das bedeutet: Die Verbindungen zwischen Nervenzellen, in denen das Wissen gespeichert ist, sind auch an der Verarbeitung dieses Wissens beteiligt. Im Unterschied dazu liegt Wissen auf Rechnern in der Regel passiv in Form von Daten vor, die adreßbezogen gespeichert sind und auf die ein Programm als aktive Komponente zugreift.

Die **Informationsaufnahme** erfolgt beim Gehirn durch *Lernen*. Ausnahmen bilden angeborene Instinkte und Reflexe. Das Lernen erfolgt durch eine Kombination von

Reizen, worauf das Gehirn reagiert. Anschließend lernt das Gehirn aufgrund der
Konsequenzen, zu der die Reaktion geführt hat, wie es besser reagiert hätte. Faßt ein
Kind beispielsweise auf eine heiße Herdplatte, so ist die Konsequenz, daß es einen
starken Schmerz spürt. Diese Erfahrung wird durch Lernen im Gehirn gespeichert
und hat zur Folge, daß sich dieses Kind bei nächster Gelegenheit dem Herd vorsich-
tiger nähert, um diese schmerzhafte Erfahrung nicht noch einmal zu machen. Die
Fähigkeit, aus Erfahrung zu lernen, trägt maßgeblich zur *hohen Adaptivität* des Gehirns an veränderte Situationen bei. Dem Lernen stehen computerseitig häufig pro-
grammierte Algorithmen gegenüber, die einen Problemlösungsweg starr implementieren.

An dieser Stelle ist bewußt eine vereinfachte Darstellung des komplizierten Themas
*Lernen* gewählt worden. Eine umfassende Betrachtung dieses komplexen Sach-
verhalts kann nicht Gegenstand dieses Buches sein.

Die **Güte der Informationsverarbeitung** durch das Gehirn ist besonders durch die
Schlagworte Generalisierungsfähigkeit, Fehlertoleranz und Robustheit gekennzeichnet. Unter *Generalisierungsfähigkeit* versteht man die Fähigkeit, aufgrund von
in der Vergangenheit gemachten Erfahrungen in einer neuen und unbekannten, aber
ähnlichen Situation richtig zu reagieren. *Fehlertoleranz* meint, daß Gehirne selbst bei
Störung oder Ausfall einzelner Nervenzellen bis hin zum Ausfall kleinerer Verbände
von Nervenzellen im Vergleich zu herkömmlichen Algorithmen gute Reaktionen
zeigen. Die *Robustheit* von Gehirnen steht mit der Generalisierungsfähigkeit und der
Fehlertoleranz in einer Linie. Sie bezeichnet das Vermögen, auch aufgrund ungenauer
oder gestörter Daten eine gute Reaktion hervorzubringen. Verschieden dazu führen
geringe Störungen der Eingabedaten bei konventionellen Computerprogrammen oft
schon zu gänzlich unbrauchbaren Ergebnissen.

Dies ist bei weitem keine erschöpfende Darstellung der Eigenschaften und
Fähigkeiten des Gehirns, doch machen die obigen Ausführungen deutlich, daß das
Gehirn in vielen Belangen ein Vorbild bei der Suche nach neuen und erfolgver-
sprechenden Problemlösungsstrategien sein kann.


**Künstliche neuronale Netze als Modell von Gehirnen**


In Abb. 5.2 sind schematisch die wesentlichen Elemente, die Gehirne zu einem
Verbund von Nervenzellen machen, dargestellt: Die Zellkörper, die Dendriten und
das Axon. In den Zellkörpern geschieht ein wesentlicher Teil der Verarbeitung der
Information, die zuvor über die Dendriten aufgenommen wurde. Diese Information
ist in der Abbildung durch $net_i$ angedeutet. Umgangssprachlich könnte man die
Dendriten als Empfangsantennen des Zellkörpers, der seinerseits als eigentliche

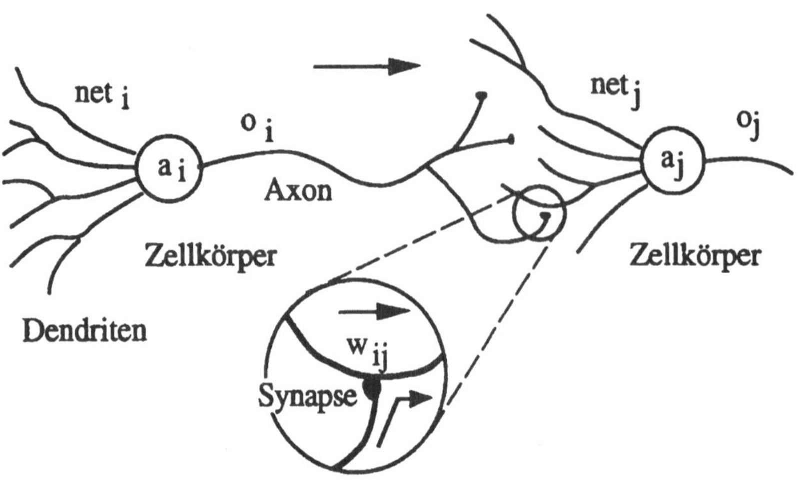



**Abb. 5.2:** *Zellen als stark idealisierte Neuronen*                    aus [Zell 96, S. 71]

Verarbeitungseinheit für die Information verstanden werden kann, bezeichnen. Im Zellkörper wird jede Information, die über die Dendriten in einem Zeittakt empfangen wurde, zu der Information $a_i$ aggregiert. Die Information $a_i$, die in der $i$-ten Nervenzelle vorliegt, wird dann aufbereitet zur Information $o_i$, bevor sie an andere Nervenzellen weitergeleitet wird. Bei der Aufbereitung kann verschiedenerlei passieren; Beispiele sind Verstärkung oder Filterung der Information $a_i$. Das Axon läßt sich - ebenfalls umgangssprachlich - als Sendeantenne für Information, die von einem Zellkörper zu in der Verarbeitung nachfolgenden Zellen übermittelt wird, bezeichnen. Die Kontaktstellen zwischen zwei Nervenfasern bezeichnet man als Synapsen. Solche Synapsen sind unterschiedlich in ihrer Ausprägung, d.h. - wieder umgangssprachlich - die Kontaktstellen leiten die Information unterschiedlich gut weiter. Wie die konkrete Ausprägung einer Kontaktstelle zwischen dem Axon einer Zelle $i$ und einem Dendriten der Zelle $j$ ist, kann durch eine Größe $w_{ij}$ angegeben werden. Man nimmt an, daß der Prozeß des Lernens wesentlich durch die Einstellung der Größen $w_{ij}$ bestimmt ist. Aus der Anzahl der Nervenzellen und der Anzahl der Synapsen kann man Rückschlüsse auf den Grad der Vernetzung ziehen.

Die Elemente der schematischen Darstellung aus Abb. 5.2 finden sich in der Abb. 5.3 als Ausschnitt eines neuronalen Netzes wieder. Was zuvor allgemein als "Information" bezeichnet wurde, wird nun konkret durch Zahlenwerte repräsentiert. Das bedeutet, daß die Information, die durch ein neuronales Netz verarbeitet werden soll, zunächst so kodiert werden muß, daß sie durch Zahlenwerte darstellbar ist. Information wird in Form von Daten verarbeitet. Auf den Kodierungsschritt wird später im Zusammenhang mit einem Anwendungsbeispiel noch näher eingegangen. Hier mag es genügen, daß die Zahlenwerte grundsätzlich aus der Menge der reellen Zahlen oder aus Mengen diskreter Werte, wie z.B. {0, 1} bzw. {-1, 1}, sind.

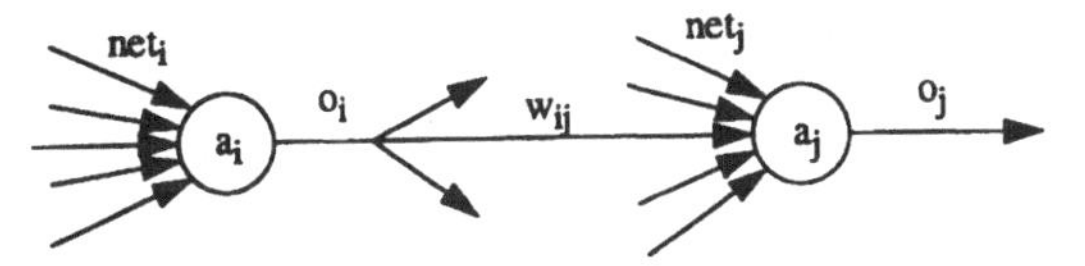


**Abb. 5.3:** *Zellen eines künstlichen neuronalen Netzes*

Betrachtet man das neuronale Netz als ein Geflecht von Neuronen, so läßt sich dieses graphentheoretisch als ein gerichteter und gewichteter Graph interpretieren (siehe Anhang A). In diesem Graphen stehen die Kanten für Verbindungen zwischen je zwei Neuronen. Die Orientierung der Kanten gibt die Richtung des Datenflusses durch den Graphen an. Die Kantengewichte stehen für die konkrete Ausprägung der jeweiligen Verbindung. Als Konvention für das weitere Vorgehen sei hier festgelegt, daß $w_{ij}$ das Gewicht der Verbindung, die von Neuron $i$ zu Neuron $j$ führt[1], angibt. Die Gesamtheit aller Verbindungsgewichte zwischen Neuronen wird durch eine Gewichtsmatrix $W$ repräsentiert.

Betrachten wir die Datenverarbeitung in neuronalen Netzen am Beispiel des Neurons $j$ aus dem in Abb. 5.3 dargestellten Ausschnitt. Die Netzeingabe $net_j(t)$ für das Neuron $j$ wird durch Summation aller mit den Verbindungsgewichten $w_{ij}$ gewichteten Ausgabewerte $o_i(t)$ ($i \in J$, $J$ sei die Indexmenge der Neuronen, von denen eine direkte Verbindung zum Neuron $j$ ausgeht) der unmittelbaren Vorgänger des Neurons $j$ berechnet. Statt der Summe, die hier zur Aggregation benutzt wird, kann auch eine andere Funktion verwendet werden; eine solche Funktion bezeichnet man allgemein als Propagierungsfunktion. Mit der Summe als spezieller Propagierungsfunktion ist die Berechnung von $net_j(t)$ durch folgende Formel beschrieben:

$$net_j(t) = \sum_{i \in J} o_i(t) w_{ij}$$

Der Ausgabewert $o_j(t)$ eines Neurons zum Zeitpunkt $t$ wird mittels der Ausgabefunktion $f_{out}$ aus der Aktivierung $a_j(t)$ des jeweiligen Neurons $j$ zum gleichen Zeitpunkt $t$ berechnet:

---

1)  In der Literatur ist diese gleichberechtigt neben einer zweiten hierzu gegensätzlichen Konvention für die Indizierung der Verbindungsgewichte gebräuchlich.

$$o_j(t) = f_{out}(a_j(t))$$

Der Aktivierungszustand $a_j(t+1)$ eines Neurons $j$ zum Zeitpunkt $t+1$ ist durch die Aktivierungsfunktion $f_{act}$ in Abhängigkeit vom Aktivierungszustand $a_j(t)$ im Zeitpunkt $t$, von der Netzeingabe $net_j(t)$ in dieses Neuron $j$ zum Zeitpunkt $t$ und von

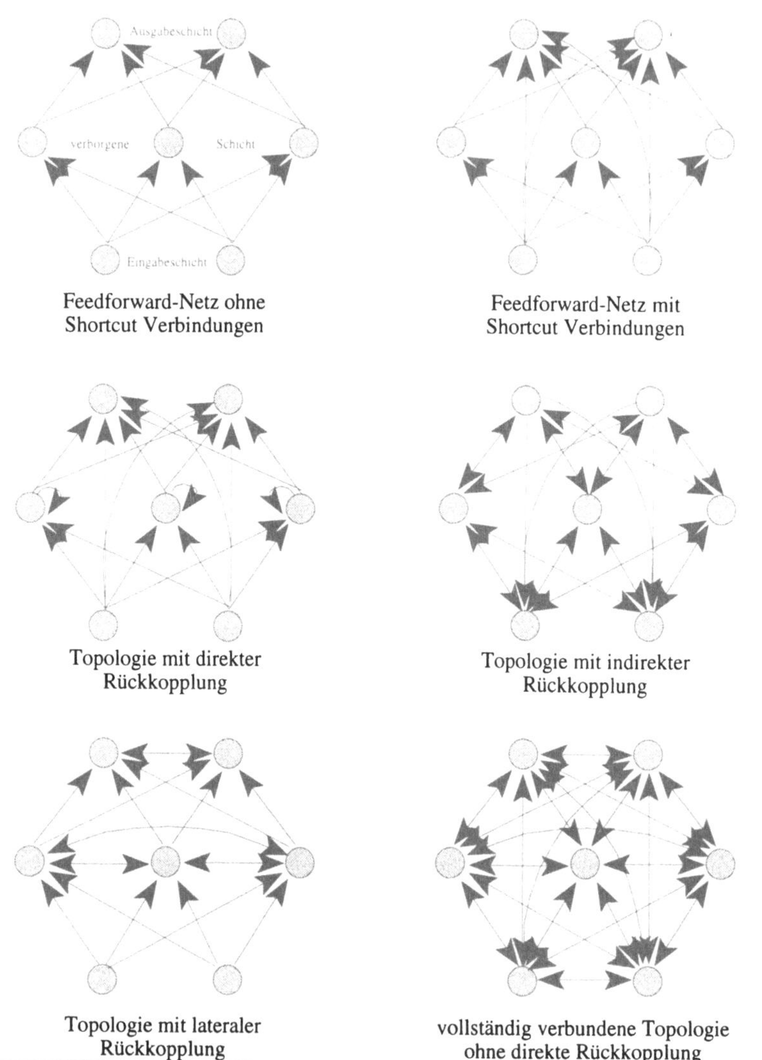


Feedforward-Netz ohne
Shortcut Verbindungen

Feedforward-Netz mit
Shortcut Verbindungen

Topologie mit direkter
Rückkopplung

Topologie mit indirekter
Rückkopplung

Topologie mit lateraler
Rückkopplung

vollständig verbundene Topologie
ohne direkte Rückkopplung

**Abb. 5.4:** *Gebräuchliche Topologien für neuronale Netze*

einem Neuron-spezifischen Schwellwert $\theta_j$ bestimmt. Formal ist dieser Zusammenhang so darstellbar:

$$a_j(t+1) = f_{act}(a_j(t), net_j(t), \theta_j)$$

Damit ist auf allgemeine Weise beschrieben, wie Informationsverarbeitung durch ein einzelnes Neuron im Geflecht eines neuronalen Netzes geschieht.

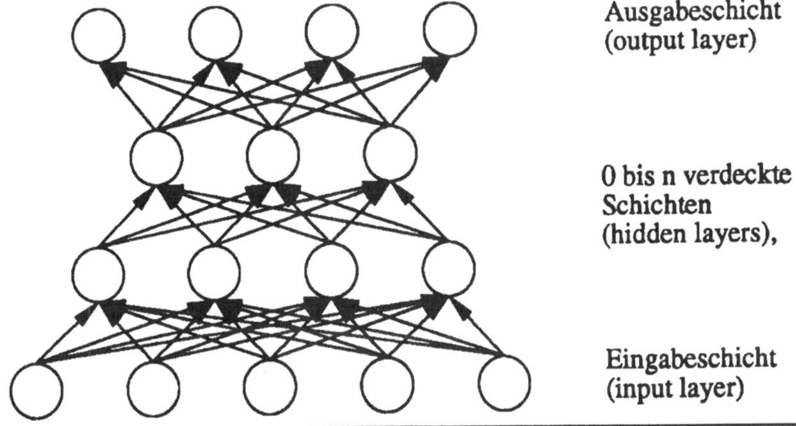


**Abb. 5.5:** *Ebenenweise verbundenes Feedforward Netz*      aus [Zell 96, S. 73]

Die "Bauweise" eines neuronalen Netzes, d.h. die Art des Verbindungsnetzwerkes, welchem das neuronale Netz graphentheoretisch entspricht, bezeichnet man als Topologie. In Abb. 5.4 ist eine Übersicht verschiedener gebräuchlicher Topologien dargestellt. In Anbetracht dessen, daß in diesem Buch lediglich eine kurze Einführung in das Gebiet der neuronalen Netze gegeben wird, beschränken wir uns im weiteren auf sogenannte feedforward-Netze (siehe auch Abb. 5.5): Feedforward-Netze sind schichtenweise (oder synonym: ebenenweise) aufgebaut. Dabei sind typischerweise drei Arten von Schichten zu unterscheiden: die Eingabeschicht, an welcher die Eingabedaten angelegt werden, die Ausgabeschicht, über welche das neuronale Netz das Verarbeitungsergebnis nach außen kommuniziert, und die verdeckten Schichten, die zwischen Ein- und Ausgabeschicht liegen und nicht von außen für den Benutzer eines neuronalen Netzes sichtbar sind. Im Beispiel aus Abb.

5.5 handelt es sich um ein vierlagiges[2], vollständig ebenenweise verbundenes neuronales Netz.

### 5.1.1 Anwendungsgebiete und Leistungsfähigkeit künstlicher neuronaler Netze

Künstliche neuronale Netze werden insbesondere in zwei - aus mathematischer Sicht grundverschiedenen - Anwendungsbereichen eingesetzt, nämlich im Bereich der Funktionsapproximation und im Bereich der Klassifikation.

Unter dem Oberbegriff **Funktionsapproximation** können alle die Anwendungen subsumiert werden, die ausgehend von diskreten Daten, die durch Beobachtung eines Prozesses ermittelt wurden, eine Funktion bestimmen, welche sich an die Struktur, für welche diese diskreten Daten beispielhaft stehen, möglichst gut anpaßt. Beispielhaft seien Prognoseanwendungen und Identifikationssysteme (z.B. Gesichtserkennung) angeführt. In theoretischen Arbeiten wurde gezeigt, daß jede beliebige Funktion durch ein künstliches neuronales feedforward-Netz mit einer verborgenen Schicht und sigmoiden Aktivierungsfunktionen beliebig genau approximiert werden kann.

In den Bereich der **Klassifikation** fallen alle die Anwendungen, bei denen Objekte (im einfachen Fall) einer von mehreren verschiedenen Klassen zugeordnet werden sollen. In der Qualitätskontrolle ist zum Beispiel zu entscheiden, ob ein Objekt fehlerfrei - und somit zur Klasse der fehlerfreien Objekte gehörig - oder fehlerbehaftet - also zur Klasse der fehlerhaften Objekte gehörig - ist. Die Leistungsfähigkeit von binärwertigen neuronalen Netzen[3] für die Klassifikation ist theoretisch sorgfältig untersucht worden: Mit **einer** verborgenen Schicht ist ein Netz in der Lage, linear trennbare Daten zu klassifizieren. Mit **zwei** verborgenen Schichten können Klassengrenzen, die durch konvexe Polygone beschreibbar sind, gelernt werden. Bei **drei** verborgenen Schichten ist es möglich, durch Überlagerung und Schnitt konvexer Polygone beliebig geformte Klassengrenzen durch ein neuronales Netz zu repräsentieren. Neuronale Netze mit sigmoiden Aktivierungsfunktionen sind in dem Sinne leistungsfähiger, daß man mit einer geringeren Anzahl von Schichten sowie mit

---

2) Die Zählung der Schichten neuronaler Netze ist in der Literatur nicht einheitlich definiert. Während hier ein Netz als $n$-lagig bezeichnet wird, wenn es eine Eingabe-, eine Ausgabe- und $n$-2 verdeckte Schichten besitzt, gibt es eine andere Definition, die ein Netz als $n$-lagig bezeichnet, wenn es über $n$ Schichten trainierbarer Verbindungen verfügt.

3) Wenn keine Verwechslungsgefahr besteht, werden künstliche neuronale Netze auch einfach als neuronale Netze bezeichnet.

insgesamt weniger Neuronen die entsprechende Klassifikationsfähigkeit erreichen kann.

## 5.1.2 Lernen in künstlichen neuronalen Netzen

Für künstliche neuronale Netze werden typischerweise drei Arten des Lernens unterschieden: unüberwachtes, bestärkendes und überwachtes Lernen. Das **unüberwachte Lernen** (engl.: unsupervised training) erfolgt durch "Selbstorganisation", indem beispielsweise statistische Eigenschaften der Eingabemuster extrahiert werden, um ähnliche Eingabemuster in ähnliche Kategorien zusammenzufassen. Bei **bestärkendem Lernen** (engl.: reinforcement training) erhält das Netz während der Trainingsphase Unterstützung, indem ihm mitgeteilt wird, ob seine Reaktion richtig oder falsch war. Die gewünschte Reaktion wird dem Netz jedoch nicht bekannt gemacht. Beim **überwachten Lernen** (engl.: supervised training) wird einem neuronalen Netz in der Trainingsphase die gewünschte Reaktion präsentiert.

Eine mögliche Definition für das Lernen in neuronalen Netzen, die den verschiedenen Arten des Lernens gerecht wird, läßt sich in Anlehnung an Haykin so formulieren:

*Lernen ist ein Prozeß, bei dem die freien Parameter eines neuronalen Netzes adaptiert werden. Dies geschieht durch einen kontinuierlichen Prozeß der Stimulation durch die Umgebung, in die das Netz eingebettet ist. Die Art der Parameteränderung bestimmt den Typ des Lernens.*

Freie Parameter im Sinne obiger Definition können vielfältig sein. Bezogen auf die Verbindung zwischen zwei Neuronen kann dies die Modifikation der Verbindungsstärke, das Generieren neuer Verbindungen oder das Löschen existierender Verbindungen sein. Bezogen auf Neuronen ist das Erzeugen neuer und das Löschen existierender Neuronen vorstellbar. Ebenso ist Lernen durch die Modifikation des Schwellwertes von Neuronen denkbar. Weitere Möglichkeiten zu lernen, bietet die Modifikation von Aktivierungs- und Propagierungsfunktionen, die später noch als Bestandteil von Neuronen als Informationsverarbeitungseinheiten besprochen werden.

## 5.1.3 Informationsverarbeitung in künstlichen neuronalen Netzen

Für die Informationsverarbeitung, die in einem neuronalen Netz stattfindet, sind zwei Phasen zu unterscheiden, nämlich die Trainings- und die Anwendungsphase. In der **Trainingsphase** lernt ein neuronales Netz, aus Eingabedaten die zugehörigen

Ausgabedaten zu erzeugen. Das Lernen geschieht wesentlich durch Einstellen der Verbindungsgewichte $w_{ij}$ an den Verbindungen zwischen Neuronen verschiedener Schichten und wird durch eine Lernregel gesteuert. In der **Anwendungsphase** nutzt man den gelernten Zusammenhang zwischen Ein- und Ausgabedaten und bestimmt mit Hilfe des neuronalen Netzes zu gegebenen Eingabedaten die noch unbekannten erwarteten Ausgabedaten. Ein Beispiel, an dem leicht diese beiden Phasen zu unterscheiden sind, ist die Prognose des Passagieraufkommens im Flugverkehr in der Periode $t+1$ unter der Voraussetzung, daß die Eingangsdaten bis zur Periode $t$ bekannt sind. Einem neuronalen Netz würden während der Trainingsphase jeweils Datensätze aus der Vergangenheit präsentiert, für welche der zu prognostizierende Wert bereits bekannt ist. Durch Anwendung der Lernregel wird der Zusammenhang zwischen Eingabe- und Ausgabedaten durch das Netz gelernt. Mit diesem trainierten Netz können anschließend in der Anwendungsphase Prognosen aus der jeweiligen Gegenwart in die Zukunft gemacht werden, also der zu prognostizierende und noch unbekannte Wert bestimmt werden.

Die Informationsverarbeitung geschieht nun gemäß der allgemeinen Vorgehensweise, die oben vorgestellt wurde: Die Eingabedaten werden an den Eingabeneuronen - den Neuronen der Eingabeschicht - angelegt. Die Daten werden schrittweise in den einzelnen Schichten, zunächst in den verdeckten und dann in der Ausgabeschicht weiterverarbeitet. Schließlich liegt an der Ausgabeschicht die Netzausgabe vor.

Künstliche neuronale Netze haben sich insbesondere bei der Anwendung auf nichtlineare Probleme als besonders erfolgreich herausgestellt. Entscheidend hierfür ist dabei eine geeignete Wahl der Aktivierungsfunktion. Die Abb. 5.6 zeigt eine Auswahl häufig verwendeter Aktivierungsfunktionen. Für den Backpropagation-Algorithmus, der im folgenden als spezielle Lernregel beschrieben werden wird, eignet sich für viele Probleme die Funktion Tangens Hyperbolicus ($tanh(x)$) besonders gut als Aktivierungsfunktion. Für ein vollständig ebenenweise verbundenes feedforward-Netz, wie es zuvor eingeführt wurde, läßt sich die Aktivierungsfunktion dann so konkretisieren:

$$a_j(t+1) = \tanh(net_j(t) - \theta_j)$$

In dieser Formel geht der Schwellwert $\theta_j$ explizit in die Berechnung der Aktivierung des Neurons $j$ ein. Der Schwellwert dient als Äquivalent zur Reizschwelle der biologischen Nervenzellen, welche überschritten werden muß, damit ein Neuron "feuert", d.h. ein Signal an nachgelagerte Nervenzellen sendet. Da auch die Schwellwerte durch die Lernregel an das jeweils gegebene Problem adaptiert werden müssen, ist es besonders elegant, diese Schwellwerte analog zu Verbindungsgewichten zu modellieren. Dies erreicht man, indem man in das Netz ein sogenanntes Bias-Neuron 0 (synonym: On-Neuron, 1-Neuron) einfügt, das mit allen Neuronen der verdeckten

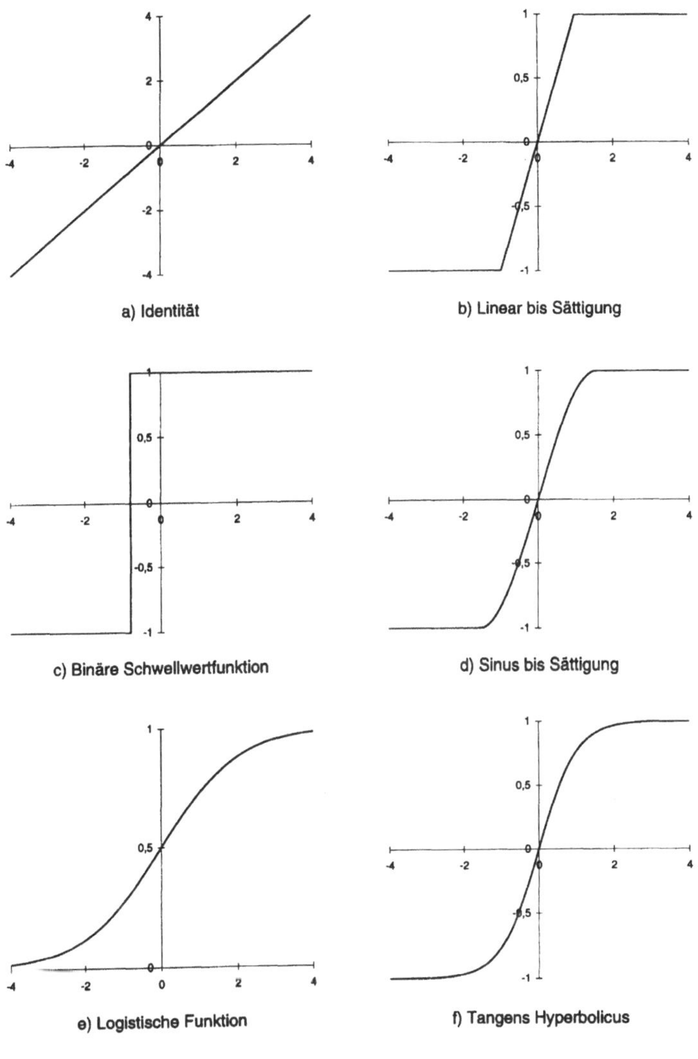



**Abb. 5.6:** *Häufig verwendete Aktivierungsfunktionen*

Schichten und der Ausgabeschicht verbunden ist. Dieses Neuron soll beständig den Ausgabewert $o_0=1$ liefern. Dann läßt sich der Schwellwert $\theta_j$ schreiben als:

$$\theta_j = o_0 \cdot (-w_{0j})$$

Bei dieser Modellierung geht der Schwellwert implizit über die Netzeingabe $net_j$ in die Berechnung der Aktivierung eines Neurons $j$ ein ($J$ sei die Indexmenge der Neuronen, von denen eine direkte Verbindung zum Neuron $j$ ausgeht):

$$net_j(t) = \sum_{i \in J \setminus \{0\}} o_i(t)w_{ij} - \theta_j = \sum_{i \in J \setminus \{0\}} o_i(t)w_{ij} + 1 w_{0j} = \sum_{i \in J} o_i(t)w_{ij}$$

Wählt man die Aktivierungsfunktion nichtlinear (z.B. *tanh*), so kombiniert man diese häufig mit der Identität als Ausgabefunktion, was so zu konkretisieren ist:

$$o_j(t) = f_{out}(a_j(t)) = a_j(t)$$

Zur Veranschaulichung wird nun das Beispiel aus Abb. 5.7 einmal mit einem Bias-Neuron dargestellt; zusätzlich ist in der beigefügten stilisierten Verbindungsmatrix eingezeichnet (grau hinterlegte Felder), welche der bei dieser Neuronenanzahl und Anordnung möglichen Verbindungen ein solches feedforward-Netz nutzt.

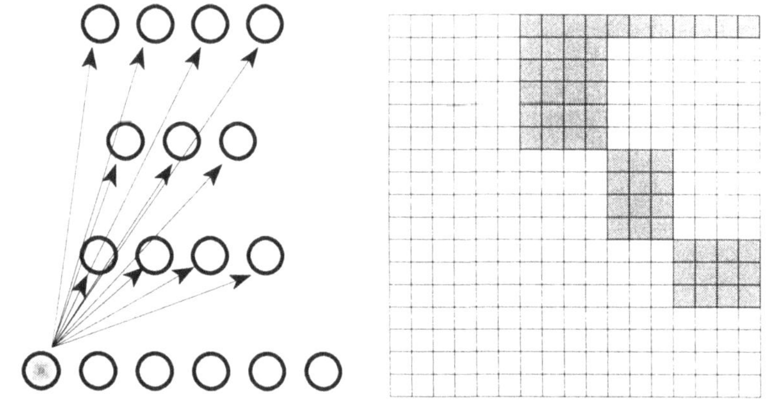

*Abb. 5.7: Feedforward Netz mit Bias-Neuron und den davon ausgehenden Verbindungen (übrige Verbindungen ausgeblendet); stilisierte Verbindungsmatrix (inklusive ausgeblendeter Verbindungen)*

## Matrixschreibweise

Für den weiteren Text sei als Konvention folgende Matrixschreibweise vereinbart: Die Gewichtsmatrix sei allgemein bezeichnet als $W$ mit

$$W \in R^{(n+1)\times(n+1)} \quad mit \quad W = \begin{pmatrix} 1 & w_{01} & \cdots & w_{0n} \\ 0 & \vdots & \ddots & \\ \vdots & & & \\ 0 & w_{n1} & \cdots & w_{nn} \end{pmatrix}$$

Dabei stehe $w_{ij}$ für das Verbindungsgewicht von Neuron $i$ zu Neuron $j$. Das Bias-Neuron möge hierbei mit 0 bezeichnet sein.

Die Ausgaben der $n+1$ Neuronen werden durch den Zeilenvektor $O(t)$ dargestellt, der die Ausgabe für den Verarbeitungsschritt $t$ angibt:

$$O(t) \in \mathbb{R}^{1\times(n+1)}, \quad O(t) = \left(o_0(t), o_1(t), \ldots, o_n(t)\right)$$

$$mit \quad o_0(t) = 1 \quad und \quad o_j(t+1) = f_{out}\left(\sum_{i=0}^{n} o_i(t)\, w_{ij}\right), \ j \in \{1, \ldots, n\}, \ t \in \mathbb{N}$$

Mit der so eingeführten Schreibweise ergibt sich die Ausgabe der Neuronen für den Arbeitsschritt $t+1$ zu:

$$O(t+1) = f_{out}(O(t)W) = f_{out}\left( \left(1, o_1(t), \ldots, o_n(t)\right) \begin{pmatrix} 1 & w_{01} & \cdots & w_{0n} \\ 0 & \vdots & \ddots & \\ \vdots & & & \\ 0 & w_{n1} & & w_{nn} \end{pmatrix} \right)$$

*Hinweis:* Bei der anderen Schreibweise, bei der die Gewichtsmatrix bezüglich der Richtung der Verbindungen anders interpretiert wird, ist der Ausgabevektor durch einen Spaltenvektor bezeichnet.

### 5.1.4 Motivation des Backpropagation Lernverfahrens

Das Backpropagation Lernverfahren gehört zur Klasse der überwachten Lernverfahren. Während der Trainingsphase, also der Phase, in der das Netz die Gesetzmäßigkeit eines interessierenden Zusammenhangs erlernen soll, sind die Ergebnisse, die durch das Netz aus einer Anzahl von Eingangsgrößen abgebildet werden sollen, bekannt. Man kann also vergleichen, welche Ausgabe ein neuronales Netz zu einer konkreten Eingabe erzeugt und welche Ausgabe es hätte erzeugen sollen. Mathematisch bedeutet dies, die Abweichung von Netzausgabe zu Sollwert zu bestimmen. Diese Abweichung bezeichnet man auch als Fehler oder Residuum. Benennt man die Ausgabe eines Neurons $j$ für ein Eingabe-Muster $p$ (pattern) mit $o_{pj}$ und den Sollwert (target) für dieses Neuron $j$ zu Muster $p$ mit $t_{pj}$ (die $t_{pj}$ sind für die Neuronen der Ausgabeschicht bekannt), so kann man den Fehler, den das neuronale Netz bei anliegendem Muster $p$ im Ausgabeneuron $j$ macht, angeben mit $t_{pj}$-$o_{pj}$.

Man kann den Lernvorgang als ein Einstellen der Verbindungsgewichte des neuronalen Netzes, welches zu einem minimalen Fehler führt, interpretieren. Dann ist der Fehler, den ein neuronales Netz bei der Abbildung von Eingangsdaten auf Ausgangsdaten in jeder beliebigen, aber festen Netztopologie macht, nur von der Einstellung der Verbindungsgewichte abhängig. Somit ist dieser Fehler durch eine Fehlerfunktion $E(W)$ zu beschreiben. Lernen bedeutet bei dieser Interpretation, die Fehlerfunktion $E(W)$ zu minimieren. Das Backpropagation-Lernverfahren wendet ein Gradientenverfahren zur Minimierung der Fehlerfunktion an. Die prinzipielle Arbeitsweise von Gradientenverfahren zum Training neuronaler Netze kann so charakterisiert werden: Für einen Zustand des neuronalen Netzes, der durch eine konkrete Belegung der Gewichtematrix $W$ beschrieben ist und dem ein Wert der Fehlerfunktion $E(W)$ zugeordnet ist, wird die Richtung des "steilsten Abstiegs", also die Richtung, in der die Fehlerfunktion am stärksten abnimmt, bestimmt. Mathematisch entspricht diese Richtung im Variablenraum genau der Richtung, in die der negative Gradient der Fehlerfunktion im Punkt $W$ zeigt. Die Verbindungsgewichte werden nun ein wenig in Richtung des negativen Gradienten verschoben, und man erhält eine neue Gewichtsmatrix $W'$. Mit dieser Matrix beginnt man nun einen analogen Lernschritt. Dies setzt man so lange fort, bis ein Abbruchkriterium - zum Beispiel ein tolerabler Fehler - erreicht wird.

### 5.1.5 Das Backpropagation Lernverfahren

Konkret läßt sich die Anpassung der Gewichte berechnen als:

$$\Delta W = -\eta\, \nabla E(W)$$

Hierbei ist $\eta$ die Schrittweite, mit der man sich aus dem in $W$ beschriebenen Zustand in Richtung des negativen Gradienten, der durch $-\nabla E(W)$ beschrieben ist, bewegt. Folglich ist $\Delta W$ als eine Änderung der Gewichtematrix $W$ zu interpretieren, die sich als Übergang von einem Zustand $W$ in einen Zustand $W'$ im Lernprozeß ergibt.

Für jedes einzelne Argument $w_{ij}$ läßt sich die Änderung aus obiger Formel angeben mit:

$$\Delta w_{ij} = -\eta \frac{\partial}{\partial w_{ij}} E(W) \quad \text{für } i=0,...,n, \; j=1,...,n$$

Benutzt man zur Messung des Fehlers die quadratische Abweichung von Ausgabe zu Sollwert summiert über die Menge aller Ausgabeneuronen $J_{Out}$ und die Menge aller Eingabe-Muster $P$, so kann die Fehlerfunktion wie folgt konkretisiert werden, wobei der Faktor ½ lediglich aus rechentechnischen Gründen eingefügt wurde:

$$E(W) = \sum_{p \in P} E_p(W) = \sum_{p \in P} \sum_{j \in J_{Out}} \frac{1}{2}(t_{pj} - o_{pj})^2$$

Die quadratische Abweichung unterscheidet sich von $(t_{pj}\text{-}o_{pj})$ als Fehlermaß insbesondere in zwei Aspekten: Zunächst wird durch das Quadrieren jede Abweichung eines Ausgabewertes von einem Sollwert positiv berücksichtigt; dadurch wird insbesondere das Saldieren von Überschätzungen und Unterschätzungen von Sollwerten verhindert. Ferner gewichtet die quadratische Abweichung größere Fehler stärker gegenüber kleineren im Unterschied zu $(t_{pj}\text{-}o_{pj})$, wobei alle Fehler gleich gewichtet werden. Ferner hat die quadratische Abweichung als Fehlermaß die angenehme Eigenschaft, zweifach stetig differenzierbar zu sein; sie erfüllt damit eine wichtige Voraussetzung zur Anwendung einer großen Klasse mathematischer Methoden.

Durch Einsetzen ergibt sich nun also:

$$\Delta w_{ij} = \sum_{p \in P} -\eta \frac{\partial E_p}{\partial w_{ij}} \quad \text{für } i=0,...,n, \; j \in J_{Out}$$

An dieser Stelle nutzt man aus, daß gilt:

$$net_{pj} = \sum_{i=0}^{n} o_{pi} w_{ij} \quad \text{für } p \in P, \; j=1,...,n$$

$$o_j = f_{act}(net_{pj}) \quad \text{für } p \in P, \; j=1,...,n$$

(*)

Aufgrund dieser Gleichheiten läßt sich die Kettenregel anwenden:

$$\frac{\partial E_p}{\partial w_{ij}} = \frac{\partial E_p}{\partial net_{pj}} \cdot \frac{\partial net_{pj}}{\partial w_{ij}}$$

(**)

Den rechten Faktor von (**) kann man unmittelbar ausrechnen als:

$$\frac{\partial net_{pj}}{\partial w_{ij}} = \frac{\partial}{\partial w_{ij}} \sum_{i=0}^{n} o_{pi} w_{ij} = o_{pi}$$

Den linken Faktor der Gleichung (**) bezeichnen wir als $-\delta_{pj}$ und interpretieren ihn als Fehlersignal. Es ist also:

$$\delta_{pj} = -\frac{\partial E_p}{\partial net_{pj}}$$

und somit:

$$\Delta w_{ij} = \eta \sum_{p \in P} o_{pi} \delta_{pj} \quad \textit{für } i=0,\ldots,n, \ j=1,\ldots,n$$

Macht man Gebrauch von (*), so ergibt sich $\delta_{pj}$ mit Hilfe der Kettenregel zu:

$$\delta_{pj} = -\frac{\partial E_p}{\partial net_{pj}} = -\frac{\partial E_p}{\partial o_{pj}} \cdot \frac{\partial o_{pj}}{\partial net_{pj}} \qquad (\text{***})$$

und der rechte Faktor von (***) kann ausgerechnet werden:

$$\frac{\partial o_{pj}}{\partial net_{pj}} = \frac{\partial}{\partial net_{pj}} f_{act}(net_{pj}) = f'_{act}(net_{pj})$$

Für den ersten Faktor von (***) sind zwei Fälle zu unterscheiden: 1. Neuron $j$ ist ein Ausgabeneuron; in diesem Fall kann das Fehlersignal unmittelbar bestimmt werden. 2. Neuron $j$ liegt auf einer inneren Schicht des Netzwerkes; in dem Fall muß das Fehlersignal mittelbar berechnet werden.

Im Fall 1. gilt:

$$-\frac{\partial E_p}{\partial o_{pj}} = -(t_{pj} - o_{pj}) = o_{pj} - t_{pj}$$

Im Fall 2. gilt:

$$-\frac{\partial E_p}{\partial o_{pj}} = -\sum_{k=0}^{n} \frac{\partial E_p}{\partial net_{pk}} \cdot \frac{\partial net_{pk}}{\partial o_{pj}}$$

$$= \sum_{k=0}^{n} \delta_{pk} \cdot \frac{\partial}{\partial o_{pj}} \sum_{i=0}^{n} o_{pi} w_{ik}$$

$$= \sum_{k=0}^{n} \delta_{pk} w_{jk}$$

Es läßt sich also zusammenfassen:

$$\delta_{pj} = \begin{cases} f'_{act}(net_{pj}) \cdot (o_{pj} - t_{pj}) & \text{, } falls\ Neuron\ j\ Ausgabeneuron \\ f'_{act}(net_{pj}) \cdot \sum_{k=0}^{n} \delta_{pk} w_{jk} & \text{, } sonst \end{cases}$$

Damit ist das Backpropagation Lernverfahren in seiner üblichen Form motiviert und hergeleitet worden. Um zu demonstrieren, daß sich das, was hier hergeleitet wurde, unkompliziert anwenden läßt, wird nun ebendies auf ein Verständnisbeispiel angewendet.

In dem dargestellten Struktogramm sind die wesentlichen Schritte der Anwendung des Backpropagation Lernverfahrens zusammengefaßt. Dabei sind die Bezeichner in Anlehnung an die vorherigen Ausführungen gewählt.

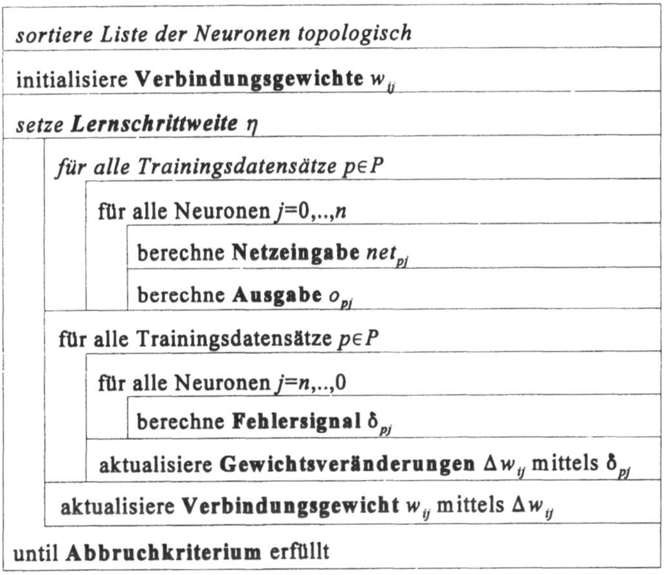

| *sortiere Liste der Neuronen topologisch* |
|---|
| initialisiere **Verbindungsgewichte** $w_{ij}$ |
| setze ***Lernschrittweite*** $\eta$ |
|   *für alle Trainingsdatensätze* $p \in P$ |
|     für alle Neuronen $j = 0, .., n$ |
|       berechne **Netzeingabe** $net_{pj}$ |
|       berechne **Ausgabe** $o_{pj}$ |
|   für alle Trainingsdatensätze $p \in P$ |
|     für alle Neuronen $j = n, .., 0$ |
|       berechne **Fehlersignal** $\delta_{pj}$ |
|     aktualisiere **Gewichtsveränderungen** $\Delta w_{ij}$ mittels $\delta_{pj}$ |
|   aktualisiere **Verbindungsgewicht** $w_{ij}$ mittels $\Delta w_{ij}$ |
| until **Abbruchkriterium** erfüllt |

***Abb. 5.8:*** *Struktogramm zum Backpropagation Lernverfahren*

### 5.1.6 Backpropagation - ein Verständnisbeispiel

Um das Verständnis für die Abläufe bei der Datenverarbeitung in einem neuronalen Netz zu vertiefen, wird dem Leser an dieser Stelle die Möglichkeit geboten, diese Schritt für Schritt an einem Beispiel nachzuvollziehen. Dazu sei exemplarisch die Funktion $sqr(x)=x^2$ gewählt. Die Funktion selbst sei noch unbekannt; bekannt seien lediglich fünf Datensätze, aus denen diese Funktion mittels eines neuronalen Netzes gelernt werden soll. Diese Datensätze seien $p_1=(-0.7,0.49)$, $p_2=(-0.5,0.25)$, $p_3=(0.1,0.01)$, $p_4=(0.4,0.16)$ und $p_5=(0.9,0.81)$.

Als Netz sei ein ebenenweise vollständig vorwärtsverbundenes neuronales Netz mit Bias-Neuron (Neuron Nr. 0) zur Modellierung der Schwellwerte gewählt, welches entsprechend den Datensätzen ein Eingabeneuron (Neuron Nr. 1) und ein Ausgabeneuron (Neuron Nr. 4) besitzt. Außerdem habe das Netz eine verdeckte Schicht, die aus den Neuronen Nr. 2 und Nr. 3 bestehe. Die nachfolgende Gewichtsmatrix gibt eine zufällige Initialisierung der existierenden Verbindungen wieder.

|   | 0 | 1 | 2 | 3 | 4 |
|---|---|---|---|---|---|
| 0 |   |   | -0,3 | -0,1 | 0,2 |
| 1 |   |   | 0,15 | 0,25 |   |
| 2 |   |   |   |   | 0,4 |
| 3 |   |   |   |   | 0,5 |
| 4 |   |   |   |   |   |

Im weiteren nehmen wir an, daß die nicht vorhandenen Verbindungen (grau hinterlegte Felder) durch Gewichte mit Wert 0 in der Gewichtsmatrix repräsentiert werden.

Die Abb. 5.9 stellt dasselbe neuronale Netz als Graphen dar. Hier ist zusätzlich Information über Aggregierungsfunktionen (1, $\sum$), Aktivierungsfunktionen (*Id*= Identität, *tanh*) und Ausgabefunktionen (*Id*) eingetragen.

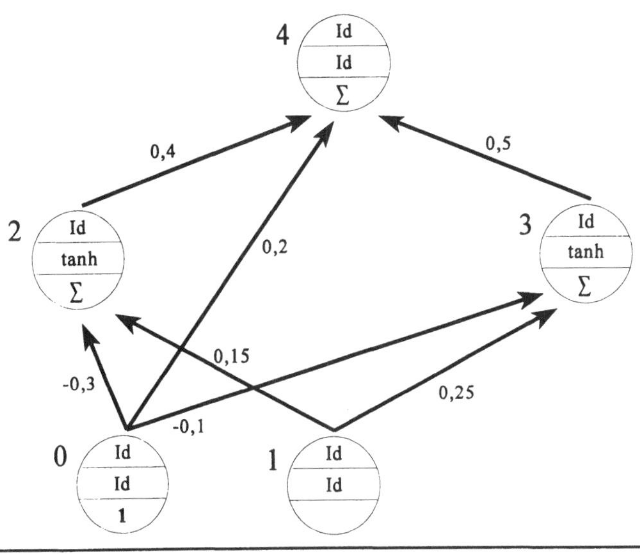

**Abb. 5.9:** *Neuronales Netz (Verständnisbeispiel)*

Mit der oben angegebenen Gewichtsmatrix und den in der Abb. 5.9 angegebenen Aggregations-, Aktivierungs- und Ausgabefunktionen, einer Lernschrittweite $\eta=0.1$ sowie den Trainingsdatensätzen $p_1$ bis $p_5$ ergeben sich bei einer Rechnung folgende Zahlenwerte:

| $p$ | $j$ | $k$ | $net_j^{(p)}$ | $a_j^{(p)}$ | $o_{pj}$ | $\delta_{pj}$ | $\Delta w_{jk}^{(p)}$ |
|---|---|---|---|---|---|---|---|
| 1 | 0 | 2 | 1,0000 | 1,0000 | 1,0000 | -0,0173 | -0,0092 |
| 1 | 0 | 3 | 1,0000 | 1,0000 | 1,0000 | -0,0173 | -0,0144 |
| 1 | 0 | 4 | 1,0000 | 1,0000 | 1,0000 | -0,0173 | -0,0578 |
| 1 | 1 | 2 |  | -0,7000 | -0,7000 | -0,1069 | 0,0065 |
| 1 | 1 | 3 |  | -0,7000 | -0,7000 | -0,1069 | 0,0101 |
| 1 | 2 | 4 | -0,4050 | -0,3842 | -0,3842 | -0,2311 | 0,0220 |
| 1 | 3 | 4 | -0,2750 | -0,2683 | -0,2683 | -0,2889 | 0,0154 |
| 1 | 4 |  | -0,0878 | -0,0878 | -0,0878 | -0,5778 |  |

| | | | | | | | |
|---|---|---|---|---|---|---|---|
| 2 | 0 | 2 | 1,0000 | 1,0000 | 1,0000 | -0,0091 | -0,0049 |
| 2 | 0 | 3 | 1,0000 | 1,0000 | 1,0000 | -0,0091 | -0,0076 |
| 2 | 0 | 4 | 1,0000 | 1,0000 | 1,0000 | -0,0091 | -0,0304 |
| 2 | 1 | 2 | | -0,5000 | -0,5000 | -0,0562 | 0,0024 |
| 2 | 1 | 3 | | -0,5000 | -0,5000 | -0,0562 | 0,0038 |
| 2 | 2 | 4 | -0,3750 | -0,3584 | -0,3584 | -0,1216 | 0,0109 |
| 2 | 3 | 4 | -0,2250 | -0,2213 | -0,2213 | -0,1520 | 0,0067 |
| 2 | 4 | | -0,0540 | -0,0540 | -0,0540 | -0,3040 | |
| 3 | 0 | 2 | 1,0000 | 1,0000 | 1,0000 | 0,0012 | 0,0007 |
| 3 | 0 | 3 | 1,0000 | 1,0000 | 1,0000 | 0,0012 | 0,0010 |
| 3 | 0 | 4 | 1,0000 | 1,0000 | 1,0000 | 0,0012 | 0,0042 |
| 3 | 1 | 2 | | 0,1000 | 0,1000 | 0,0077 | 0,0001 |
| 3 | 1 | 3 | | 0,1000 | 0,1000 | 0,0077 | 0,0001 |
| 3 | 2 | 4 | -0,2850 | -0,2775 | -0,2775 | 0,0166 | -0,0012 |
| 3 | 3 | 4 | -0,0750 | -0,0749 | -0,0749 | 0,0208 | -0,0003 |
| 3 | 4 | | 0,0516 | 0,0516 | 0,0516 | 0,0100 | |
| 4 | 0 | 2 | 1,0000 | 1,0000 | 1,0000 | -0,0016 | -0,0009 |
| 4 | 0 | 3 | 1,0000 | 1,0000 | 1,0000 | -0,0016 | -0,0014 |
| 4 | 0 | 4 | 1,0000 | 1,0000 | 1,0000 | -0,0016 | -0,0054 |
| 4 | 1 | 2 | | 0,4000 | 0,4000 | -0,0100 | -0,0003 |
| 4 | 1 | 3 | | 0,4000 | 0,4000 | -0,0100 | -0,0005 |
| 4 | 2 | 4 | -0,2400 | -0,2355 | -0,2355 | -0,0217 | 0,0013 |
| 4 | 3 | 4 | 0,0000 | 0,0000 | 0,0000 | -0,0271 | 0,0000 |
| 4 | 4 | | 0,1058 | 0,1058 | 0,1058 | -0,0542 | |
| 5 | 0 | 2 | 1,0000 | 1,0000 | 1,0000 | -0,0184 | -0,0098 |
| 5 | 0 | 3 | 1,0000 | 1,0000 | 1,0000 | -0,0184 | -0,0153 |
| 5 | 0 | 4 | 1,0000 | 1,0000 | 1,0000 | -0,0184 | -0,0613 |
| 5 | 1 | 2 | | 0,9000 | 0,9000 | -0,1134 | -0,0088 |
| 5 | 1 | 3 | | 0,9000 | 0,9000 | -0,1134 | -0,0138 |
| 5 | 2 | 4 | -0,1650 | -0,1635 | -0,1635 | -0,2453 | 0,0096 |
| 5 | 3 | 4 | 0,1250 | 0,1244 | 0,1244 | -0,3066 | -0,0073 |
| 5 | 4 | | 0,1968 | 0,1968 | 0,1968 | -0,6132 | |

Die in der Tabelle verwendeten Symbole haben folgende Bedeutung:

- $p$ gibt den Index des Musters an,

- $j$ ist der Index des aktuell betrachteten Neurons,

- $k$ ist der Index der Nachfolgerneuronen von Neuron $j$,

- $net_j^{(p)} = \sum_{i=0}^{n} o_i^{(p)} \cdot w_{ij}$

- $a_j^{(p)} = f_{act}(net_j^{(p)})$

- $o_j^{(p)} = f_{out}(a_j^{(p)})$

- $\delta_j^{(p)} = \begin{cases} f_{act}'(net_j^{(p)}) \cdot (o_j^{(p)} - t_j^{(p)}) & \text{\textit{falls Neuron j Ausgabeneuron}} \\ f_{act}'(net_j^{(p)}) \cdot \sum_{k=0}^{n} \delta_k^{(p)} w_{jk} & \text{\textit{sonst}} \end{cases}$

- $\Delta w_{ij}^{(p)} = o_{pi} \cdot \delta_{pj}$

Nachdem nun alle Trainingsmuster dem neuronalen Netz einmal präsentiert wurden, können alle Gewichte des Netzes angepaßt werden. Dazu aktualisiert man

$$w_{ij} - w_{ij} + \Delta w_{ij} = w_{ij} + \sum_{p=1}^{5} \Delta w_{ij}^{(p)} \qquad \textit{für } i,j \in \{0,1,2,3,4\}.$$

Konkret sind die Gewichte, ihre Veränderungen und die neuen Gewichte in der nachfolgenden Tabelle abgedruckt.

| i | j | $w_{ij}(t)$ | $\Delta w_{ij}(t)$ | $w_{ij}(t+1)$ |
|---|---|---|---|---|
| 0 | 2 | -0,3000 | -0,0241 | -0,3241 |
| 0 | 3 | -0,1000 | -0,0377 | -0,1377 |
| 0 | 4 | 0,2000 | -0,1507 | 0,0493 |
| 1 | 2 | 0,1500 | -0,0001 | 0,1499 |
| 1 | 3 | 0,2500 | -0,0003 | 0,2497 |
| 2 | 4 | 0,4000 | 0,0426 | 0,4426 |
| 3 | 4 | 0,5000 | 0,0145 | 0,5145 |

Bevor man nun eine weitere Iteration durchführt, werden die $\Delta w_{ij}^{(p)}$ wieder auf Null gesetzt.

In dem Beispiel wurde mit einer Genauigkeit von vier Nachkommastellen gerechnet, was für den Zweck, das Verständnis zu fördern, auch ausreicht. Bei Anwendung neuronaler Netze in der Praxis sollte man in jedem Fall mit einer höheren Genauigkeit rechnen. Dies wird es dem Algorithmus beispielsweise erleichtern, auch in sehr flachen Regionen der Fehlerfunktion die Gewichte anzupassen.

### 5.1.7 Künstliche neuronale Netze - ein Anwendungsbeispiel

Als Anwendungsbeispiel für die neuronalen Netze wird die Richtungsvorhersage für den DAX (Deutscher Aktienindex) behandelt. Dies ist ein gleichermaßen interessantes wie auch schwieriges Problem. So haftet der Kursentwicklung des DAX ein random-walk-Image an. Die random-walk-Hypothese besagt, daß sich der Kurs zufällig - also nicht vorhersehbar - entwickelt. Dieses Image gründet sich auf eine Vielzahl von Prognoseversuchen, die ohne Erfolg lineare Modelle auf das Problem angewendet haben. Ein weiteres Indiz für den hohen Schwierigkeitsgrad einer zutreffenden Voraussage ist, daß Händler mit einer Treffer-Quote von 55% bereits als "gut" und ab 57% bereits als "sehr gut" eingestuft werden.

Während die menschlichen Händler ihre Entscheidungen auf eine Vielzahl von Informationen stützen können, wird im Rahmen des Anwendungsbeispiels eine steigt/fällt-Prognose erstellt, die sich ausschließlich auf Informationen stützt, die aus den Vergangenheitswerten der Zeitreihe selbst zu extrahieren sind. Dabei steht die Aufbereitung von Informationen für die Verarbeitung durch neuronale Netze im Blickpunkt der folgenden Ausführungen.

Als Datenbasis für das Anwendungsbeispiel dient der Kurs des DAX, notiert vom 30.12.1988 bis zum 11.8.1997 jeweils zum Fixing. Die Zeitreihe hat also die Gestalt:

| Datum | Kurs |
|---|---|
| 30.12.88 | 1327.87 |
| 02.01.89 | 1333.52 |
| 03.01.89 | 1359.33 |
| 04.01.89 | 1365.08 |
| 05.01.89 | 1370.49 |
| 06.01.89 | 1359.98 |
| 09.01.89 | 1366.55 |
| 10.01.89 | 1345.91 |
| ... | ... |

Aus dieser Zeitreihe gilt es nun Indikatoren zu entwickeln, die sich als Input für ein neuronales Netz eignen, um daraus die gewünschte Vorhersage als Abbildung lernen zu können. Umgangssprachlich könnte man sagen: Man unterstützt neuronale Netze beim Lernen dadurch, daß man ihnen Daten in akzentuierter Form präsentiert. Ein Ansatz, der sich häufig bei dynamischen Systemen bewährt, ist, dem Netz Indikatoren für "Niveau", "Steigung", "Krümmung" und "Rücktrieb" anzubieten. Dies läßt sich physikalisch interpretieren: Das Niveau entspricht einem Gleichgewichtszustand, dem das System stets wieder zustrebt. Entfernt sich das System von diesem Gleichgewichtszustand, so wird dies durch Steigung und Krümmung charakterisiert. Dabei entspricht der Steigung im physikalischen Kontext der Begriff Geschwindigkeit, während die Entsprechung für Krümmung der Begriff der Beschleunigung ist. Der Rücktrieb charakterisiert den Einfluß, der auf ein System wirkt, das sich in einem Zustand befindet, der verschieden vom Gleichgewichtszustand ist.

Bezeichnen wir eine diskret vorliegende Zeitreihe mit $x_t$, $t=1,...,T$, so lassen sich die zuvor verbal beschriebenen Indikatoren beispielsweise so in Formeln angeben:

$$Steigung:\ x_t^{(S)} = x_t - x_{t-1}$$

$$Krümmung:\ x_t^{(K)} = x_t - 2x_{t-1} + x_{t-2}$$

$$Rücktrieb:\ x_t^{(R)} = x_t - \frac{1}{5}\sum_{i=1}^{5} x_{t-i}$$

Auf das Anwendungsbeispiel DAX angewandt bieten sich hier insbesondere die folgenden drei verschiedenen Interpretationen an:

1. Man interpretiert $x_t = DAX_t$ als die notierten DAX-Kurse, oder

2. man interpretiert $x_t = DAX_t - DAX_{t-1}$ als die Differenz von zwei Kursnotierungen aufeinander folgender Handelstage, oder

3. man interpretiert $x_t = \dfrac{DAX_t - DAX_{t-1}}{DAX_{t-1}} \cdot 100\%$ als die prozentuale Veränderung des DAX an zwei aufeinander folgenden Handelstagen.

Es wird deutlich, daß es eine breite Palette von Möglichkeiten für die Auswahl der Indikatoren gibt, die man aus einer gegebenen Zeitreihe entwickeln kann. Sowohl für als auch gegen jede der Alternativen lassen sich Argumente anführen. Letztendlich muß sich in Versuchen zeigen, welche Auswahl besonders geeignet ist.

Bevor die Daten in ein neuronales Netz eingespeist werden, empfiehlt es sich, sie zu normalisieren. Dazu kann man sich folgender Formel bedienen:

$$x_t^{(N)} = Low + \frac{x_t - \min\{x_i | i=1,...,T\}}{\max\{x_i | i=1,...,T\} - \min\{x_i | i=1,...,T\}} \cdot (High - Low)$$

In dieser Formel bezeichnet *High* den Höchstwert und *Low* den Niedrigstwert, zwischen welchen die Zeitreihenwerte $x_t$ skaliert werden. Arbeitet das neuronale Netz mit $f_{act}=tanh$, so ist eine bewährte Setzung *Low*=-0.8 und *High*=0.8.

Die soeben besprochene Datenaufbereitung eignet sich nur für Daten, die über einem kontinuierlichen Definitionsbereich vorliegen, wie dies für DAX-Notierungen gilt. Für das betrachtete Anwendungsbeispiel sind jedoch auch Indikatoren denkbar, die nur diskrete Werte annehmen können. Beispielsweise läßt sich die Datumsinformation so auswerten, daß man unterscheidet, ob der nächste Handelstag dem nächsten Kalendertag entspricht oder nicht. Bezeichnet *Datum_t* das Datum, welches zu einem Zeitreihenwert *DAX_t* gehört, und die Differenz von zwei Datumswerten deren Abstand in Kalendertagen, dann kann man einen solchen Indikator so formalisieren:

$$\text{nächster Handelstag: } x_t^{(NHT)} = \begin{cases} -1, & \text{falls } Datum_t - Datum_{t+1} = 1 \\ 1, & \text{sonst} \end{cases}$$

Neben dieser binären Kodierung ist auch denkbar, daß man durch einen Indikator ausdrücken will, daß eine von N unterschiedlichen Situationen vorliegt. Sind diese Situationen unabhängig voneinander in dem Sinne, daß nicht eine Situation als Ausbaustufe einer anderen Situation zu interpretieren ist, so spricht man von einer 1-aus-N-Kodierung. Für das Anwendungsbeispiel läßt sich das mittels der Zuordnung der Zeitreihenwerte zu Wochentagen demonstrieren. Da Aktien nur an den Wochentagen Montag bis Freitag gehandelt werden, können wir dazu von einer Fünftagewoche ausgehen. Für jeden Wochentag wird ein einzelner Teilindikator bestimmt, der den Wert 1 annimmt, wenn *Datum_t* diesem Wochentag entspricht, und sonst den Wert null. Formal kann dies so notiert werden:

$$\text{Montag: } x_t^{(Mo)} = \begin{cases} 1, & \text{falls } Wochentag(Datum_t) = \text{"Montag"} \\ 0, & \text{sonst} \end{cases}$$

$$\vdots$$

$$\text{Freitag: } x_t^{(Fr)} = \begin{cases} 1, & \text{falls } Wochentag(Datum_t) = \text{"Freitag"} \\ 0, & \text{sonst} \end{cases}$$

Will man durch einen Indikator klassifizieren wie bei 1-aus-N, aber zusätzlich ausdrücken, daß eine Klasse eine Ausbaustufe einer anderen Klasse ist, so bedient man sich der sogenannten Thermometer-Kodierung. Bei N Klassen werden hierfür

N Teilindikatoren bestimmt. Für das Anwendungsbeispiel möge beispielsweise das Trendverhalten des DAX über die letzten beiden Wochen unterschieden werden in *stark_negativ, negativ, neutral, positiv* und *stark_positiv*. Wenn ein solcher Wert in der Variablen *TrendZweiWo* abgefragt werden kann, dann erfolgt die (erweiterte) Thermometerkodierung wie nachfolgend formalisiert:

*stark negativ*:
$$x_t^{(sneg)} = \begin{cases} 1, & \textit{falls } TrendZweiWo_t="stark\_negativ" \\ 0, & \textit{sonst} \end{cases}$$

*negativ*:
$$x_t^{(neg)} = \begin{cases} 1, & \textit{falls } TrendZweiWo_t="negativ" \textit{ oder } TrendZweiWo_t="stark\_negativ" \\ 0, & \textit{sonst} \end{cases}$$

*neutral*:
$$x_t^{(neut)} = \begin{cases} 1, & \textit{falls } TrendZweiWo_t="neutral" \\ 0, & \textit{sonst} \end{cases}$$

*positiv*:
$$x_t^{(pos)} = \begin{cases} 1, & \textit{falls } TrendZweiWo_t="positiv" \textit{ oder } TrendZweiWo_t="stark\_positiv" \\ 0, & \textit{sonst} \end{cases}$$

*stark positiv*:
$$x_t^{(spos)} = \begin{cases} 1, & \textit{falls } TrendZweiWo_t="stark\_positiv" \\ 0, & \textit{sonst} \end{cases}$$

Betrachtet man zum Beispiel die Kodierung für einen stark positiven Trend, so erkennt man unmittelbar, warum hierbei von einer Thermometer-Kodierung gesprochen wird: Da der Trend *stark_positiv* ist, weist er die Charakteristika eines positiven Trends auf sowie ein oder mehrere zusätzliche Charakteristika, die typisch für einen stark positiven Trend sind; der Teilindikator $x_t^{(spos)}$ und der Teilindikator $x_t^{(pos)}$ werden auf eins gesetzt, während die übrigen Teilindikatoren auf den Wert Null gesetzt werden. Analog kann bei einem stark negativen Trend argumentiert werden. Die beschriebene Thermometerkodierung ist als "erweitert" bezeichnet, weil ein "Ansteigen der Quecksilbersäule" in zwei Richtungen möglich ist.

Eine weitere wichtige Form der Kodierung, die zur Repräsentation von Ähnlichkeiten zwischen benachbarten Klassen eingesetzt wird, ist die zirkuläre Kodierung. Am Anwendungsbeispiel läßt sich dies verdeutlichen, wenn man annimmt, daß Veränderungen des DAX über ein Kalenderjahr hinweg in ihrer Form zyklisch geprägt sind, und zwar so, daß dieser zyklische Einfluß in benachbarten Monaten ähnlich ist. Das heißt, im Mai und im Juli erwartet man einen ähnlichen Einfluß wie im Juni, wobei jedoch der Mai sich vom Juli in diesem Einfluß deutlicher unterscheiden kann als Mai und Juli zum Juni. Die zirkuläre Kodierung stellt diese Zusammenhänge durch zwei Teilindikatoren dar, welche jeder dieser Klassen (am Beispiel

Kalendermonate) einen Punkt auf dem Einheitskreis zuordnet, wobei benachbarte Klassen auf benachbarte Punkte abgebildet werden und der Abstand zwischen je zwei auf dem Einheitskreis benachbarten Punkten gleich ist. Die Funktion $Monat(Datum_t)$ möge einen Wert von 1 bis 12 abhängig vom Kalendermonat von $Datum_t$ annehmen, dann erhält man beispielsweise durch die folgende Formel eine zirkuläre Kodierung:

$$x\text{-}Koordinate: \quad x_t^{(x)} = \cos\left( Monat(Datum_t) \cdot \frac{2\pi}{12} \right)$$

$$y\text{-}Koordinate: \quad x_t^{(y)} = \sin\left( Monat(Datum_t) \cdot \frac{2\pi}{12} \right)$$

Analog zum Input muß der Output für das neuronale Netz aufbereitet werden. Besteht die Prognoseaufgabe (am Beispiel DAX) darin, eine Punktprognose abzugeben, also den Kurs für einen zukünftigen Termin exakt vorherzusagen, so sieht man in der Topologie genau ein Ausgabeneuron hierfür vor. Beschränkt man sich auf eine steigt/fällt Prognose, so wird man in der Netztopologie genau ein Neuron für die Indikation "steigt" und genau ein Ausgabeneuron für die Indikation "fällt" einbauen. Als Target kann dann zum Beispiel im Falle von steigendem DAX als gewünschtes Ausgabemuster (1, 0) angelegt werden; ein fallender DAX würde bei dieser Form der Datenaufbereitung durch den Binärvektor (0, 1) modelliert.

Die obige Auflistung gibt dem Leser einen ersten Einblick in mögliche Vorgehensweisen und Interpretationen der Datenaufbereitung für die Verarbeitung mit neuronalen Netzen. Bevor man mit den aufbereiteten Daten jedoch in die Trainingsphase des Netzes übergeht, teilt man die verfügbaren Daten in verschiedene Mengen auf. Bewährt ist die Aufteilung in eine Trainings-, eine Test- und eine Validierungsmenge. Die Trainingsmenge beinhaltet die Daten, aus denen das Netz die Struktur durch Lernen extrahieren soll. Die Testmenge wird dem Netz in gewissen Abständen präsentiert, um zu überprüfen, ob der Fehler, den es macht, auch auf dieser Menge abnimmt; nimmt der Fehler sowohl auf der Trainingsmenge als auch auf der Testmenge ab, so geht man davon aus, daß das Netz die Strukturinformation aus den Daten lernt. Nimmt der Fehler auf der Trainingsmenge ab, während der Fehler auf der Testmenge wieder ansteigt, so interpretiert man dies als "overlearning": Das Netz paßt die freien Parameter an die Daten der Trainingsmenge an, aber nicht an die Struktur, die diesen Daten unterliegt. Es lernt auswendig. Schließlich dient die Validierungsmenge dazu, den Lernerfolg mit Daten zu überprüfen, die dem Netz bis zu diesem Zeitpunkt noch vollkommen "unbekannt" sind. In diesem Sinne kann aus dem Erfolg auf der Validierungsmenge eine Aussage über die Generalisierungsfähigkeit des neuronalen Netzes abgeleitet werden. Die Größe der unterschiedlichen Mengen hängt vom verfügbaren Datenvolumen ab. Bei einer ausreichenden Anzahl von Daten ist es üblich, 10%-35% der Datensätze für die Validierung zu benutzen. Die verbleibenden Daten werden zu Trainings- und Testzwecken genutzt. Dabei sollte die Testmenge nicht weniger als ein Zehntel der Anzahl der Datensätze der Trainingsmenge umfassen. Falls die Abfolge der Daten von Bedeutung ist (z.B. Zeitreihenprognose), so sollte die Validierungsmenge aus zeitlich aufeinander folgenden Zeitreihenwerten, die am späten Ende der verfügbaren Daten liegen, gebildet werden. An die Trainings- und Testmenge werden keine solchen Anordnungsanforderungen gestellt. Bei einem Klassifikationsproblem tritt die zeitliche Anordnung für die Zusammenstellung der drei Mengen in den Hintergrund.

**Ergebnis einer steigt/fällt Prognose für den DAX**

Nachdem aus den DAX-Notierungen mit Verfahren, wie sie zuvor beschrieben worden sind, Indikatoren berechnet worden sind, ist ein dreilagiges neuronales Netz auf den Daten der Trainingsmenge trainiert worden. Das Training ist mit Hilfe der Testmenge überwacht worden. Die Güte des trainierten Netzes ist anhand der Validierungsmenge überprüft worden. Die Daten wurden dabei zufällig entsprechend folgendem Schlüssel in die verschiedenen Mengen gruppiert:

Trainingsmenge:        50 % der aufbereiteten Daten (1105 Datensätze)
Testmenge:             20 % der aufbereiteten Daten (456 Datensätze)
Validierungsmenge:     30 % der aufbereiteten Daten (665 Datensätze)

Der Erfolg des trainierten neuronalen Netzes für die Vorhersage der richtigen Änderungsrichtung des DAX in Prozent ist:

auf der Testmenge:             55,04%
auf der Validierungsmenge:     55,34%

In Abb. 5.10 ist der Vorhersageerfolg des Netzes für Bereiche verschieden großer Änderungen des DAX von einem Tag auf den nächsten aufgetragen. In keinem der Bereiche liegt das neuronale Netz in seiner Vorhersagegüte unter 50%. Während die Vorhersageleistung im Bereich von Kursanstiegen besser ist als im Bereich der Kursrückgänge, liegt das Netz in den Bereichen extremer Kursänderungen in beiden Richtungen deutlich über 50 %. Den in Abb. 5.10 aufgetragenen relativen Häufigkeiten entsprechen die absoluten Häufigkeiten in der nachfolgenden Tabelle:

| Kursänderung | richtig | falsch |
|---|---|---|
| >2% | 10 | 7 |
| 1%<...<=2% | 31 | 31 |
| 0%<...<=1% | 116 | 91 |
| -1%<...<=0% | 152 | 139 |
| -2%<...<=-1% | 47 | 25 |
| <=-2% | 12 | 4 |

Bevor man diese Vorhersagen einsetzen kann, um zu handeln, ist es erforderlich, eine Handelsstrategie zu formulieren. Die Handelsstrategie trägt beispielsweise der Tatsache Rechnung, daß jede Transaktion Kosten verursacht. In diesem Sinne kann eine Handelsstrategie als eine Interpretation der Vorhersagen verstanden werden, aufgrund welcher aus den Vorhersagen Handlungsanweisungen abgeleitet werden, die dem Handelnden einen möglichst großen Vorteil erbringen. Dies sei als Hinweis angebracht. Auf weitere Ausführungen hierzu wird verzichtet, da dies nicht dem Zweck des Beispiels dient.

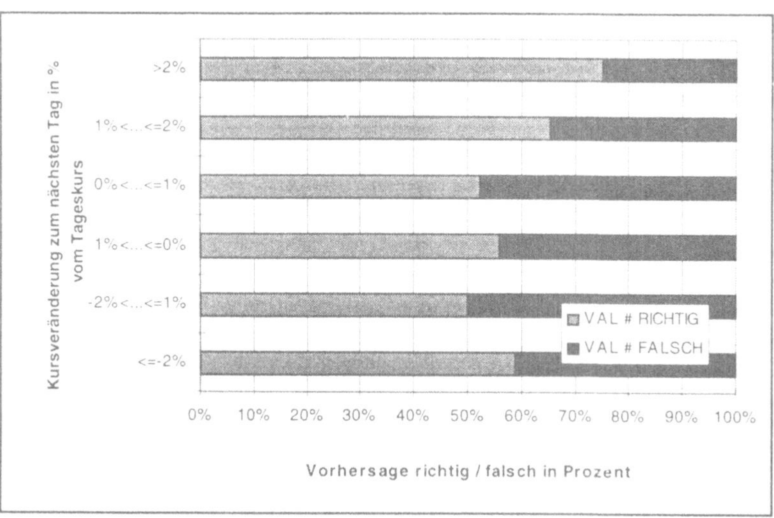


**Abb. 5.10:** *Vorhersageerfolg auf der Validierungsmenge*

Abschließend noch ein Wort zur Güte der Prognose im Vergleich zur Güte von Menschen als Händlern: Wie zuvor bereits erwähnt, gelten Menschen als gute Händler, wenn sie eine Trefferquote von 55% erreichen, und als sehr gut, bei einer

                                                      

Trefferquote ab 57%. Dabei steht den Händlern eine Vielzahl von Informationsquellen zur Verfügung, die sie auswerten, bevor sie ihre Vorhersagen abgeben. Das neuronale Netz, welches im Beispiel zur DAX-Prognose eingesetzt wurde, konnte sich lediglich auf Indikatoren stützen, die aus dem Kursverlauf selbst abgeleitet wurden. Zieht man diese wesentlich eingeschränkte Datengrundlage in Betracht, wird das Potential, welches neuronale Netze im Bereich der Prognose bieten, beeindruckend deutlich. So verwundert es auch nicht, daß neuronale Netze seit geraumer Zeit bereits autonom und erfolgreich im Wertpapierhandel agieren. Ein Beispiel hierfür ist das DAX Future Trading der Westdeutschen Landesbank. Weitere Anwendungen sind in der Literatur dokumentiert.

Die Autoren hoffen, daß dieses Kapitel die Leser dazu animiert, selbst mit neuronalen Netzen zu experimentieren. Um dies in bezug auf das benutzte Anwendungsbeispiel zu erleichtern, ist die benutzte Zeitreihe der DAX-Notierungen im Internet zum downloaden bereitgestellt (www.or.rwth-aachen.de).

## 5.2 Genetische Algorithmen

Genetische Algorithmen sind neben den neuronalen Netzen eine weitere Gruppe von naturanalogen Verfahren. Die ihnen zugrunde liegenden Ideen orientieren sich an den Theorien von C. Darwin und G. Mendel, die sich mit der Evolution von lebenden Organismen beschäftigten.

Der Darwinismus ist die durch Charles Darwin begründete Lehre von der stammesgeschichtlichen Entwicklung durch Auslese. Darwin erkannte auf seiner Weltreise (1831-36), daß die geographische Verteilung der Organismen die Besetzung ozeanischer Archipele und auch die paläontologischen Daten die allgemeine Evolution, also eine geschichtliche Wandlung der Lebewesen (Evolution der Organismen), nahelegt. Darwin hatte noch keinen Einblick in das Wesen der Variabilität und keine Kenntnis bezüglich des Vererbungsmechanismus. Die Selektionstheorie, welche die Kausalität der organismischen Evolution analysiert und grundsätzlich klärt, nimmt kleine Abänderungen im Genotypus der Organismen an, die die Eignung der Lebewesen positiv oder negativ beeinflussen (siehe hierzu auch weiter unten: Mendelsche Vererbungslehre). Im statistischen Durchschnitt sind die geeignetsten Lebewesen im Vorteil, d.h. diejenigen, die jeweils die größten Fortpflanzungsraten besitzen. Durch die Wirkung der natürlichen Auslese bleiben sie im Ringen um die Existenz erhalten.

Gregor Mendel entdeckte die grundlegenden Prinzipien der Übertragung von Erbinformation von Eltern auf ihre Kinder und ist der Begründer der Mendelschen Vererbungslehre. Er stellte fest, daß Erbinformation in diskreten Einheiten in Form von Genen abgelegt sind. Diese Gene sind in Chromosomen organisiert, die als hauptsächliche Träger von Erbinformation gelten. Der Mensch hat beispielsweise 46 Chromosomen. Im wesentlichen wird bei der Weitergabe von Erbinformation an eine neue Generation die Erbinformation der Eltern durch Cross-over und Mutation verändert. Mit Cross-over bezeichnet man in der Biologie den Austausch von Erbfaktoren zwischen homologen Chromosomen. Mutation nennt man eine spontane oder künstlich erzeugte Veränderung im Erbgefüge. Die folgende Abbildung zeigt am Beispiel der Färbung des Rinds, bei dem das Allel[4] A schwarze und das Allel a rotbraune Farbe, B dagegen einheitliche und b gescheckte Farbverteilung erzeugt, die möglichen Nachkommen bei entsprechendem Aufeinandertreffen von Erbinformation.

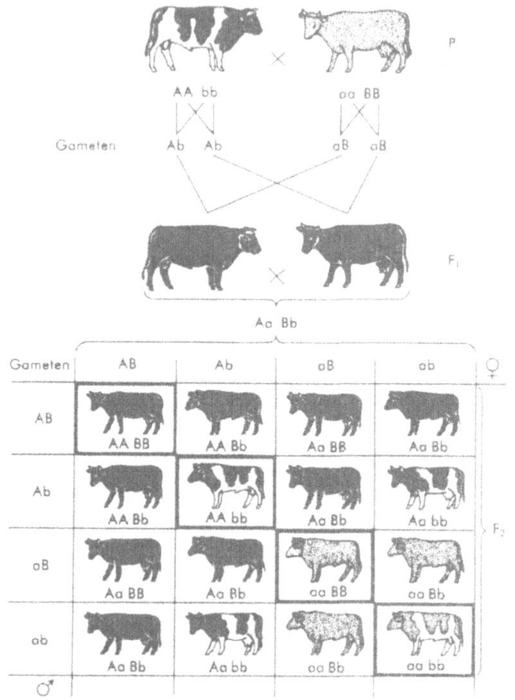


***Abb. 5.11:*** *Vererbungslehre am Beispiel der Färbung des Rinds* [Brockhaus Enzyklopädie, Band 19 (TRIF-WAL), S. 484, 1974]

---

4)  Die Termini werden später erklärt.

Faßt man die Theorien von Darwin und Mendel zusammen, so gelangt man zur modernen Evolutionstheorie. Ebendiese Evolutionstheorie hat J. Holland als Analogon aus der Natur benutzt, um die Genetischen Algorithmen als Verfahren zur Suche nach guten Problemlösungen für mathematische Modelle zu entwickeln. Es sind beispielsweise Anwendungen von Genetischen Algorithmen zur Lösung von Transportproblemen, Travelling Salesman Problemen und Scheduling Problemen bekannt, um nur einige zu nennen.

Der Beitrag zu Genetischen Algorithmen ist wie folgt gliedert: An die Motivation, die den Bezug zu den biologischen Analoga hergestellt hat, schließt sich die Einführung der Fachbegriffe an. Mit diesem Vokabular werden dann die einzelnen Komponenten klassischer Genetischer Algorithmen eingeführt. An einem Beispiel wird hiernach Schritt für Schritt eine Iteration eines Genetischen Algorithmus durchgerechnet. Dieses praktische Beispiel endet mit einigen Hinweisen, die man bei der Anwendung von Genetischen Algorithmen grundsätzlich beachten sollte. Außerdem ist der Algorithmus in Form eines Struktogramms noch einmal komprimiert dargestellt. An die praktisch ausgerichteten Ausführungen schließen sich mit der Diskussion des Schematheorems mehr theoretische Überlegungen an, die einen Einblick darin geben, warum Genetische Algorithmen funktionieren. Mit Blick auf die Anwendung von Genetischen Algorithmen durch den Leser auf eigene Problemstellungen werden einige Modifikationen und Erweiterungen der Algorithmen vorgestellt, nachdem einige Gedanken über Suchstrategien dargelegt wurden. Das Kapitel endet mit der kurzen Einführung von Evolutionsalgorithmen als zu den Genetischen Algorithmen verwandte Algorithmenklasse und dem Hinweis auf die Evolutionsprogramme, welche als Verbindung von Genetischen Algorithmen und Evolutionsalgorithmen verstanden werden können.

### 5.2.1 Termini technici

Bevor auf Genetische Algorithmen näher eingegangen wird, werden die Fachausdrücke, die im Zusammenhang damit von Bedeutung sind, eingeführt. Diese Termini technici sind aus der Biologie übernommen und in ihrer Bedeutung auf Genetische Algorithmen adaptiert worden.

In einer Iteration eines Genetischen Algorithmus wird eine Anzahl von Individuen betrachtet. Ein Individuum wird auch als potentielle Lösung, Genotyp, Struktur oder String bezeichnet. Die Gesamtheit dieser Individuen zu einem Zeitpunkt bezeichnet man als Population. Ein Individuum besitzt in der Natur i.d.R. mehrere Chromosomen. Bei Genetischen Algorithmen in ihrer ursprünglichen Form beschränkt man sich auf genau ein Chromosom je Individuum. Man spricht daher auch von ein-Chromosomen-Individuen. Die Chromosomen bestehen aus Genen (synonym: Decoder). Die Position eines Gens in einem Chromosom bezeichnet man als Locus. Den Wert eines Genes nennt man Allel. Die Allele sind bei Genetischen Algorithmen binär, d.h., jedes Gen kann entweder den Wert "0" oder den Wert "1" annehmen.

Die nachfolgende Abbildung gibt die Beziehung der soeben definierten Begriffe zueinander nochmals wieder.

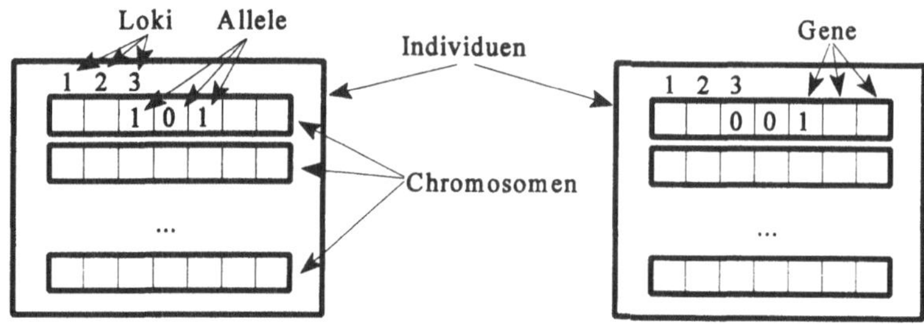


## 5.2.2 Komponenten klassischer Genetischer Algorithmen

Die Perspektive ist an dieser Stelle auf Genetische Algorithmen in ihrer ursprünglichen Form ausgerichtet. Erweiterungen und Modifikationen werden zum Teil am Ende des Kapitels unter einer entsprechenden Überschrift diskutiert.

Um einen Genetischen Algorithmus zur Lösung eines Problems anwenden zu können, ist es zunächst erforderlich, die zu verarbeitende Information in binärer Form zu repräsentieren. Dies ist je nach zugrunde liegendem Problem unterschiedlich schwierig. Liegt ein Rucksackproblem[5] zugrunde, so sind die Entscheidungsvariablen binär; man kann also jedes Gen als eine Entscheidungsvariable bzw. jedes Allel als Wert einer Entscheidungsvariablen des Rucksackproblems interpretieren, und es genügt, die Loci der einzelnen Gene festzulegen. Liegt zum Beispiel ein Traveling Salesman Problem zugrunde, so stellt sich die Kodierung bereits aufwendiger dar.

Um die Mechanismen der Fortpflanzung anwenden zu können, ist es erforderlich, eine anfängliche Population von Individuen oder potentiellen Lösungen zu haben. Bei der Erzeugung einer initialen Population gibt es ein Spektrum von Möglichkeiten. Es reicht von der vollkommen zufälligen Erzeugung der zugehörigen Individuen bis zur

---

5)  Rucksackproblem: siehe Kapitel 4.1.6.

Kodierung von unterschiedlich guten, bereits bekannten Lösungen, die der Algorithmus in die Suche nach noch besseren Lösungen einbeziehen soll.

Der Schritt von einer Generation zur nächsten wird durch die *Selektion* zur *Reproduktion* eingeleitet. Selektion bedeutet im Zusammenhang mit Genetischen Algorithmen, die Zielerreichung für jede potentielle Lösung zu bewerten. Die Wahrscheinlichkeit der Reproduktion jedes Individuums orientiert sich an seinem Beitrag zur Gesamtzielerreichung der Population. Hierbei spricht man von "survival of the fittest", was bedeutet, daß die Individuen, die eine höhere Zielerreichung haben als andere Individuen, mit größerer Wahrscheinlichkeit reproduziert werden als ebendiese. In einem Beispiel wird später deutlich, wie man die zufallsgesteuerte Reproduktion bei Beachtung dieser Wahrscheinlichkeiten einfach algorithmisch umsetzen kann (Roulettewheel-Verfahren).

Um aus den bekannten potentiellen Lösungen neue zu generieren, die es ermöglichen, noch unbekannte potentielle Lösungen zu untersuchen, bedarf es der *genetischen Operatoren*. Sie dienen dazu, das "Erbgut" von Individuen zu verändern. Die elementaren genetischen Operatoren sind Cross-over und Mutation. Das *Cross-over* ist ein

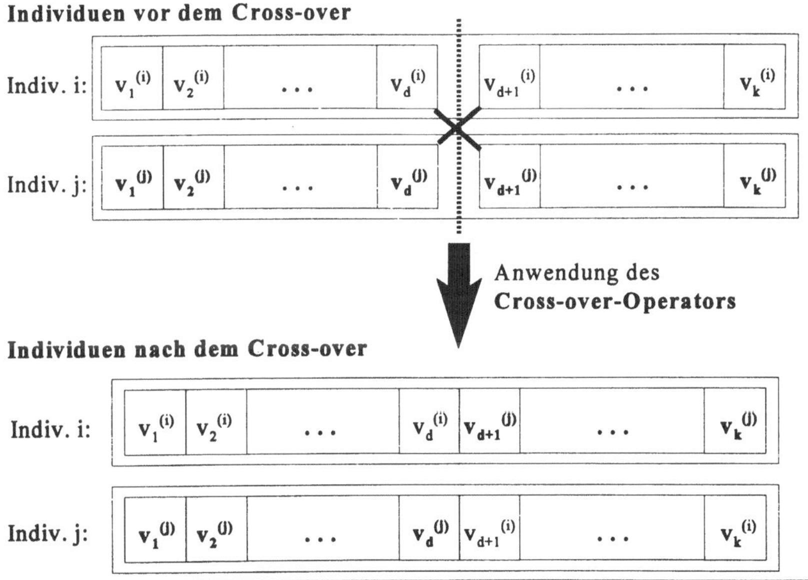


*Abb. 5.12: Cross-over-Operator*

Operator, der zwei homologe Chromosomen[6] als Argumente benötigt. Die beiden Chromosomen werden an einer zufällig ausgewählten Position geteilt. Die vier so entstehenden Teilstücke werden "über Kreuz" zusammengefügt (*Rekombination*). Die Abbildung 5.12 dient zur Veranschaulichung des Cross-over-Operators.

Bei der *Mutation* handelt es sich um eine spontane Veränderung im Erbgefüge. Zufällig ändert eine geringe Anzahl von Genen bei einem "Vererbungsschritt" als Schritt von einer Population $P(t)$ zu einem Zeitpunkt $t$ zu einer Population $P(t+1)$ zu einem Zeitpunkt $t+1$ ihre Allele.

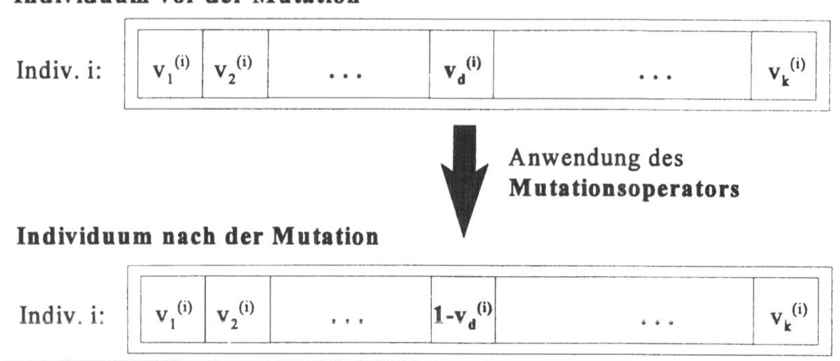


**Abb. 5.13:** *Mutationsoperator*

Schließlich wird ein Genetischer Algorithmus konkret durch eine Anzahl von Werten für unterschiedliche Parameter festgelegt, die den Algorithmus steuern. Dazu gehören neben der Populationsgröße insbesondere die Wahrscheinlichkeit $p_c$ für das Cross-over und die Wahrscheinlichkeit $p_m$ für die Mutation eines Gens.

Zusammenfassend läßt sich festhalten: Genetische Algorithmen bestehen im wesentlichen aus den fünf Komponenten:

- genetische Repräsentation der potentiellen Lösungen,

- initiale Population,

- Evaluierungsfunktion zur Bestimmung der Fitneß von Individuen,

- genetische Operatoren und

---

6) Homologe Chromosomen sind Chromosomen gleicher Länge, bei denen die Semantik der Anordnung der Gene identisch ist.

- einem Satz von Werten für die Parameter des Algorithmus.


### 5.2.3 Verständnisbeispiel

Die Arbeitsweise von Genetischen Algorithmen sei an einem kleinen Beispiel veranschaulicht. Der Abteilungsleiter eines großen Unternehmens hat ein Budget von 35 Mio. DM für das nächste Geschäftsjahr zur Verfügung. Seine Mitarbeiter schlagen folgende zehn Investitionsprojekte zur Umsetzung vor, die durch je eine Auszahlung zu Beginn des Geschäftsjahres und durch ihren Barwert charakterisiert sind. Der Abteilungsleiter will die Projekte auswählen, die ohne Budgetüberschreitung in der Summe den höchsten Barwert besitzen. Dabei ist zu beachten, daß die vorgeschlagenen Projekte nur ganz oder gar nicht realisiert werden können. Außerdem können die Projekte nicht mehrfach realisiert werden.

| Projekt-Nr. | Anfangsauszahlung in Mio. DM | Barwert in Mio. DM | Engpaßbezogener Zielfunktionsbeitrag | Rang |
|---|---|---|---|---|
| 1 | 2,5 | 0,5 | 0,200 | 2 |
| 2 | 8,3 | 0,8 | 0,096 | 8 |
| 3 | 4,2 | 0,6 | 0,143 | 5 |
| 4 | 5,8 | 0,9 | 0,155 | 4 |
| 5 | 7,6 | 1,0 | 0,132 | 7 |
| 6 | 1,7 | 0,35 | 0,206 | 1 |
| 7 | 9,2 | 1,5 | 0,163 | 3 |
| 8 | 0,3 | 0,02 | 0,067 | 10 |
| 9 | 6,9 | 0,6 | 0,087 | 9 |
| 10 | 7,8 | 1,1 | 0,141 | 6 |

Das Beispiel läßt sich mathematisch als ein Rucksackproblem[7] formulieren. Für die Behandlung von Rucksackproblemen ist es, wie im Zusammenhang mit dem Schematheorem für Genetische Algorithmen noch deutlich werden wird, von Vorteil, die einzelnen Projekte nach fallenden engpaßbezogenen Zielfunktionsbeiträgen zu sortieren. Dieser Arbeitsschritt ist in der Tabelle bereits vorbereitet: Die engpaßbezogenen Zielfunktionsbeiträge sind je Projekt berechnet worden durch:

---

7) Hier wurde die Terminologie aus dem Gebiet der Investitions- und Finanzierungsrechnung verwendet. Die Analogie zu dem Beispiel im Kapitel 4.1.1 (Rucksackproblem) ergibt sich, wenn man *Anfangsauszahlung* durch *Investition* und *Barwert* durch *jährlicher Gewinn* sowie *engpaßbezogener Zielfunktionsbeitrag* durch *Rentabilität* substituiert.

$$\textit{engpaßbezogener Zielfunktionsbeitrag} = \frac{\textit{Barwert}}{\textit{Anfangsauszahlung}}$$

Der Rang gibt die Ordnung der Projekte nach fallenden engpaßbezogenen Zielfunktionsbeiträgen auf ordinalem Skalenniveau an.

Als mathematisches Problem formuliert, lautet obiges Problem dann:

$$max \quad 0,35x_1 + 0,5x_2 + 1,5x_3 + 0,9x_4 + 0,6x_5 + 1,1x_6 + 1,0x_7 + 0,8x_8 + 0,6x_9 + 0,02x_{10}$$
$$so\ daß \quad 1,7\ x_1 + 2,5x_2 + 9,2x_3 + 5,8x_4 + 4,2x_5 + 7,8x_6 + 7,6x_7 + 8,3x_8 + 6,9x_9 + 0,3\ x_{10} \leq 35$$
$$x_i \in \{0,1\}\ \ i = 1,..,10$$

In dieser Formulierung entspreche $x_i$ dem Projekt mit Rang $i$ aus obiger Tabelle; so steht zum Beispiel $x_1$ für Projekt Nr. 6, $x_2$ für Projekt Nr. 1 etc. Nimmt $x_i$ den Wert 1 an, so ist das Projekt mit Rang $i$ durchzuführen, anderenfalls ist das Projekt mit Rang $i$ nicht durchzuführen.

Für den Genetischen Algorithmus wählen wir als Kodierung einen binären Vektor $v = (v_1, v_2, ..., v_{10})$ der Länge 10, wobei die $v_i$ der genetischen Kodierung analog zu den $x_i$ des mathematischen Modells interpretiert werden.

Als Evaluierungsfunktion für den Genetischen Algorithmus kann gewählt werden:

$$f(v) = \ max\{\epsilon, Z(v) - max\{0, w \cdot N(v)\}\}$$

$$mit \quad Z(v) = \ 0,35v_1 + 0,5v_2 + 1,5v_3 + 0,9v_4 + 0,6v_5 + 1,1v_6 + 1,0v_7 + 0,8v_8 + 0,6v_9 + 0,02v_{10}$$
$$N(v) = \ 1,7v_1 + 2,5v_2 + 9,2v_3 + 5,8v_4 + 4,2v_5 + 7,8v_6 + 7,6v_7 + 8,3v_8 + 6,9v_9 + 0,3v_{10} - 35$$
$$\epsilon:\ \textit{kleiner positiver Wert, z.B. } \epsilon = 0,1$$
$$w:\ \textit{großes positives Gewicht, z.B. } w = 100$$

In der Evaluierungsfunktion wird das mathematische Modell nachgebildet. Der Aufbau der Funktion: Es wird zwischen zulässigen und unzulässigen Lösungen in bezug auf das mathematische Modell unterschieden. Im Sinne des mathematischen Modells unzulässige Lösungen werden von der Evaluierungsfunktion mit einem kleinen positiven Wert $\epsilon$ evaluiert (hier: $\epsilon = 0.1$). Es ist wichtig, daß man hier einen Wert echt größer als null wählt. Dadurch ermöglicht man die Reproduktion unzulässiger Lösungen und ermöglicht damit Lösungswege, die zwischenzeitlich den Zulässigkeitsbereich des mathematischen Modells verlassen. Über die Höhe dieses Wertes kann indirekt beeinflußt werden, wie wahrscheinlich es ist, daß sich unzulässige Lösungen fortpflanzen. Durch $Z(v)$ wird die Zielfunktion und durch $N(v)$ die Nebenbedingung des mathematischen Modells in der Evaluierungsfunktion nachgebildet. Nimmt $N(v)$ einen Wert echt größer null an, so ist die Nebenbedingung des mathematischen Modells verletzt. Durch den Faktor $w$ (hier $w=100$) wird erreicht, daß die Verletzung der Nebenbedingung stärker ins Gewicht fällt als die Zielerreichung. Falls die Nebenbedingung nicht verletzt ist, ergibt sich der Wert der Zielfunktion des mathematischen Modells als Evaluierung des entsprechenden Individuums. Die im mathematischen Modell geforderte Beschränkung der Variablen auf $\{0, 1\}$ wird durch den Genetischen Algorithmus gewahrt, weil die Allele binär sind.

Eine Population sei aus Gründen der Übersichtlichkeit auf zehn Individuen $v^{(i)}$ ($i=1,..,10$) beschränkt. Die Anfangspopulation $P(0)$ wird zufällig aus den existierenden $2^{10}$ Individuen gewählt und sei:

| Individuum | Gen 1 | Gen 2 | Gen 3 | Gen 4 | Gen 5 | Gen 6 | Gen 7 | Gen 8 | Gen 9 | Gen 10 |
|---|---|---|---|---|---|---|---|---|---|---|
| 1 | 1 | 1 | 0 | 1 | 0 | 1 | 0 | 1 | 0 | 0 |
| 2 | 0 | 1 | 0 | 0 | 0 | 0 | 0 | 0 | 1 | 0 |
| 3 | 0 | 1 | 1 | 0 | 1 | 1 | 1 | 0 | 0 | 0 |
| 4 | 1 | 0 | 1 | 0 | 0 | 1 | 1 | 1 | 0 | 1 |
| 5 | 1 | 0 | 0 | 1 | 0 | 0 | 1 | 1 | 0 | 0 |
| 6 | 0 | 0 | 0 | 1 | 1 | 0 | 0 | 0 | 1 | 0 |
| 7 | 0 | 0 | 0 | 1 | 0 | 1 | 1 | 1 | 0 | 0 |
| 8 | 0 | 0 | 1 | 0 | 0 | 0 | 0 | 1 | 1 | 0 |
| 9 | 1 | 0 | 0 | 1 | 1 | 1 | 1 | 1 | 0 | 1 |
| 10 | 0 | 0 | 1 | 1 | 1 | 1 | 0 | 1 | 1 | 0 |

Für das Reproduktionsverfahren muß die Fitneß der einzelnen Individuen berechnet werden. Dazu wendet man die Evaluierungsfunktion[8] auf jedes einzelne Individuum an, d.h., man bestimmt $f(v^{(i)},0)$ für $i=1,..,10$. Als Resultat erhält man:

| Individuum | 1 | 2 | 3 | 4 | 5 | 6 | 7 | 8 | 9 | 10 |
|---|---|---|---|---|---|---|---|---|---|---|
| $f(v^{(i)})$ | 3,65 | 1,1 | 4,7 | 4,77 | 3,05 | 2,1 | 3,8 | 2,9 | 0,1 | 0,1 |

---

8) Das zweite Argument von $f$ gibt an, auf welche Population Bezug genommen wird (Hier: $P(0)$).

Die Gesamtfitneß der Population $P(0)$ ist gleich der Summe der Fitneßwerte ihrer

Individuen und hat den Wert $F(0)=\sum_{i=1}^{10} f(v^{(i)},0)=26{,}27$. Die Reproduktionswahr-

scheinlichkeit $p_i$ eines jeden Individuums $i$ errechnet sich nach dem Roulettewheel-Verfahren als Verhältnis der individuellen Fitneß an der Gesamtfitneß der Popula-

tion. Konkret ist das $p_i(0)=\dfrac{f(v^{(i)},0)}{F(0)}$, also im Beispiel:

| Individuum | 1 | 2 | 3 | 4 | 5 | 6 | 7 | 8 | 9 | 10 |
|---|---|---|---|---|---|---|---|---|---|---|
| $p_i(0)$ | 0,139 | 0,042 | 0,178 | 0,182 | 0,116 | 0,080 | 0,145 | 0,110 | 0,004 | 0,004 |

Konstruiert man aus den Reproduktionswahrscheinlichkeiten $p_i$ nun ein Roulette-wheel mit angepaßten Fächergrößen, so hat dies etwa die folgende Gestalt:

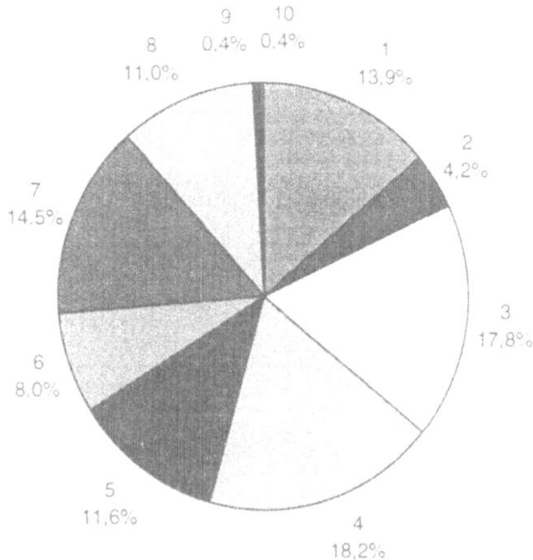


Mathematisch bildet man ein solches angepaßtes Roulette nach, indem man zu den diskreten Wahrscheinlichkeitswerten die Verteilungsfunktion bestimmt. Man

berechnet $q_i=\sum_{j=1}^{i} p_j$ für alle $i=1,\ldots,10$. Nun erzeugt man zehn gleichverteilte Zufalls-

zahlen $X^{(i)}$ aus dem Intervall $[0,1]$. Dabei wird ein Individuum $v^{(j)}$ genau dann reproduziert, wenn gilt $q_{j-1} < X^{(i)} \leq q_j$, wobei $q_0 = 0$ gesetzt wird. Die konkreten Werte für $q$ sind der nächsten Tabelle zu entnehmen.

| Individuum | 1 | 2 | 3 | 4 | 5 | 6 | 7 | 8 | 9 | 10 |
|---|---|---|---|---|---|---|---|---|---|---|
| $q_i(0)$ | 0,139 | 0,181 | 0,359 | 0,541 | 0,657 | 0,737 | 0,882 | 0,992 | 0,996 | 1,000 |

Basierend auf diesen vorbereitenden Berechnungen wird nun eine Zwischenpopulation $P'(1)$ bestimmt. Die Anwendung des Roulettewheel-Verfahrens, wie es zuvor beschrieben wurde, kann dabei zum Beispiel die folgende Population ergeben:

| Indiv. | aus | Gen 1 | Gen 2 | Gen 3 | Gen 4 | Gen 5 | Gen 6 | Gen 7 | Gen 8 | Gen 9 | Gen 10 |
|---|---|---|---|---|---|---|---|---|---|---|---|
| 1 | 2 | 0 | 1 | 0 | 0 | 0 | 0 | 0 | 0 | 1 | 0 |
| 2 | 4 | 1 | 0 | 1 | 0 | 0 | 1 | 1 | 1 | 0 | 1 |
| 3 | 7 | 0 | 0 | 0 | 1 | 0 | 1 | 1 | 1 | 0 | 0 |
| 4 | 4 | 1 | 0 | 1 | 0 | 0 | 1 | 1 | 1 | 0 | 1 |
| 5 | 3 | 0 | 1 | 1 | 0 | 1 | 1 | 1 | 0 | 0 | 0 |
| 6 | 8 | 0 | 0 | 1 | 0 | 0 | 0 | 0 | 1 | 1 | 0 |
| 7 | 4 | 1 | 0 | 1 | 0 | 0 | 1 | 1 | 1 | 0 | 1 |
| 8 | 7 | 0 | 0 | 0 | 1 | 0 | 1 | 1 | 1 | 0 | 0 |
| 9 | 4 | 1 | 0 | 1 | 0 | 0 | 1 | 1 | 1 | 0 | 1 |
| 10 | 8 | 0 | 0 | 1 | 0 | 0 | 0 | 0 | 1 | 1 | 0 |

In der Spalte *aus* ist angegeben, aus welchem Individuum der vorherigen Population ein Individuum der neuen Population reproduziert worden ist. Beispielsweise ist das Individuum 7 in der Population $P'(1)$ durch Reproduktion des Individuums 4 der Population $P(0)$ entstanden.

Auf $P'(1)$ wird nun der Cross-over-Operator angewandt. Dazu ist zunächst eine Zahl $p_c$ (Cross-over-Wahrscheinlichkeit) zu bestimmen. Nun wird für jedes Individuum $v^{(i)}$ aus der Population $P'(1)$ eine Zufallszahl $r_i$ bestimmt. Ein Individuum $v^{(i)}$ wird zum Cross-over ausgewählt, wenn gilt $r_i \leq p_c$. Ein mögliches Ergebnis dieses Schrittes ist:

| Individuum | 1 | 2 | 3 | 4 | 5 | 6 | 7 | 8 | 9 | 10 |
|---|---|---|---|---|---|---|---|---|---|---|
| $r_i$ | 0,499 | 0,898 | 0,216 | 0,964 | 0,821 | 0,419 | 0,598 | 0,443 | 0,798 | 0,229 |

Die in der Tabelle grau hinterlegten Felder geben an, auf welche Individuen bei $p_c$=0,5 der Cross-over-Operator anzuwenden ist. Da hier eine ungerade Anzahl von Individuen ausgewählt wurde, muß entweder ein Individuum "nachnominiert" werden oder ein Individuum vom Cross-over nachträglich ausgenommen werden. In diesem Fall sei $v^{(4)}$ nachnominiert. Dies ist ebenfalls zufällig zu entscheiden.

Nun werden die selektierten Individuen zufällig miteinander "vermählt", zum Beispiel die ersten beiden, die nächsten beiden usw. Die Stelle (Locus), an der jeweils das Cross-over stattfindet, wird zufällig bestimmt, indem eine Zufallszahl aus $\{1,2,...,9\}$ bestimmt wird, wobei

$$9=(\textit{Anzahl der Gene eines Individuums})\text{-}1$$

ist. Das Cross-over soll stattfinden nach dem Locus 6 für die Individuen $v^{(1)}$ und $v^{(3)}$, nach 3 für $v^{(4)}$ und $v^{(6)}$ und nach 8 für $v^{(8)}$ und $v^{(10)}$. Am Beispiel bedeutet dies:

| Individuum | Gen 1 | Gen 2 | Gen 3 | Gen 4 | Gen 5 | Gen 6 | Gen 7 | Gen 8 | Gen 9 | Gen 10 |
|---|---|---|---|---|---|---|---|---|---|---|
| 1 (vor CO) | 0 | 1 | 0 | 0 | 0 | 0 | 0 | 0 | 1 | 0 |
| 3 (vor CO) | 0 | 0 | 0 | 1 | 0 | 1 | 1 | 1 | 0 | 0 |
| 1 (nach CO) | 0 | 1 | 0 | 0 | 0 | 0 | 1 | 1 | 0 | 0 |
| 3 (nach CO) | 0 | 0 | 0 | 1 | 0 | 1 | 0 | 0 | 1 | 0 |
| 4 (vor CO) | 1 | 0 | 1 | 0 | 0 | 1 | 1 | 1 | 0 | 1 |
| 6 (vor CO) | 0 | 0 | 1 | 0 | 0 | 0 | 0 | 1 | 1 | 0 |
| 4 (nach CO) | 1 | 0 | 1 | 0 | 0 | 0 | 0 | 1 | 1 | 0 |
| 6 (nach CO) | 0 | 0 | 1 | 0 | 0 | 1 | 1 | 1 | 0 | 1 |
| 8 (vor CO) | 0 | 0 | 0 | 1 | 0 | 1 | 1 | 1 | 0 | 0 |
| 10 (vor CO) | 0 | 0 | 1 | 0 | 0 | 0 | 0 | 1 | 1 | 0 |
| 8 (nach CO) | 0 | 0 | 0 | 1 | 0 | 1 | 1 | 1 | 1 | 0 |
| 10 (nachCO) | 0 | 0 | 1 | 0 | 0 | 0 | 0 | 1 | 0 | 0 |

Die Individuen, die mit (vor CO) gekennzeichnet sind, werden durch die Individuen gleicher Nummer mit der Kennzeichnung (nach CO) in der Population $P'(1)$ ersetzt. Nun wird der Mutationsoperator angewendet. Dazu ist zunächst die Wahrscheinlichkeit $p_m$ für die Mutation jedes einzelnen Gens festzulegen. Im Beispiel rechnen wir mit $p_m$=0,03. Da eine Population aus zehn Individuen besteht, die jeweils aus zehn Genen zusammengesetzt sind, ist zu erwarten, daß

$$(Anzahl\ Individuen) \cdot (Anzahl\ Gene\ je\ Individuum) \cdot p_m = 3\ Gene$$

in der gesamten Population $P'(1)$ mutieren. Die Anwendung eines entsprechend parametrisierten Mutationsoperators möge zur Mutation des Gens an Locus 1 des Individuums $v^{(1)}$ von Allel 0 zu Allel 1 sowie zur Änderung der Gene an den Loci 2 und 10 des Individuums 4 von den Allelen 0 zu den Allelen 1 führen.

| Individuum | Gen 1 | Gen 2 | Gen 3 | Gen 4 | Gen 5 | Gen 6 | Gen 7 | Gen 8 | Gen 9 | Gen 10 |
|---|---|---|---|---|---|---|---|---|---|---|
| 1 (v. Mut.) | 0 | 1 | 0 | 0 | 0 | 0 | 1 | 1 | 0 | 0 |
| 1 (n. Mut.) | 1 | 1 | 0 | 0 | 0 | 0 | 1 | 1 | 0 | 0 |
| 4 (v. Mut.) | 1 | 0 | 1 | 0 | 0 | 0 | 0 | 1 | 1 | 0 |
| 4 (n. Mut.) | 1 | 1 | 1 | 0 | 0 | 0 | 0 | 1 | 1 | 1 |

Insgesamt erhalten wir nun durch Nacheinanderausführung der Schritte Reproduktion (mittels Selektion), Rekombination (durch Cross-over) und Mutation über die Zwischenpopulation $P'(1)$ die Folgepopulation $P(1)$ (siehe nachfolgende Tabelle).

| Individuum | Gen 1 | Gen 2 | Gen 3 | Gen 4 | Gen 5 | Gen 6 | Gen 7 | Gen 8 | Gen 9 | Gen 10 |
|---|---|---|---|---|---|---|---|---|---|---|
| 1 | 1 | 1 | 0 | 0 | 0 | 0 | 1 | 1 | 0 | 0 |
| 2 | 1 | 0 | 1 | 0 | 0 | 1 | 1 | 1 | 0 | 1 |
| 3 | 0 | 0 | 0 | 1 | 0 | 1 | 0 | 0 | 1 | 0 |
| 4 | 1 | 1 | 1 | 0 | 0 | 0 | 0 | 1 | 1 | 1 |
| 5 | 0 | 1 | 1 | 0 | 1 | 1 | 1 | 0 | 0 | 0 |
| 6 | 0 | 0 | 1 | 0 | 0 | 1 | 1 | 1 | 0 | 1 |
| 7 | 1 | 0 | 1 | 0 | 0 | 1 | 1 | 1 | 0 | 1 |
| 8 | 0 | 0 | 0 | 1 | 0 | 1 | 1 | 1 | 1 | 0 |
| 9 | 1 | 0 | 1 | 0 | 0 | 1 | 1 | 1 | 0 | 1 |
| 10 | 0 | 0 | 1 | 0 | 0 | 0 | 0 | 1 | 0 | 0 |

Die Fitneß der einzelnen Individuen aus $P(1)$ ist in der nachstehenden Tabelle ausgewiesen. Die Gesamtfitneß der Population hat den Wert $F(1)=34{,}85$ und liegt somit um 8,58 höher als die Gesamtfitneß $F(0)$ der Startpopulation $P(0)$.

| Individuum | 1 | 2 | 3 | 4 | 5 | 6 | 7 | 8 | 9 | 10 |
|---|---|---|---|---|---|---|---|---|---|---|
| $f(v^{(i)},1)$ | 2,65 | 4,77 | 2,6 | 3,77 | 4,7 | 4,42 | 4,77 | 0,1 | 4,77 | 2,3 |

Mit Erreichen der Population $P(1)$ ist eine Iteration des Genetischen Algorithmus vollständig durchgerechnet. Der geneigte Leser kann nun das Verfahren selbst weiter iterieren. Zur Fortführung des Verfahrens ist es nötig, ein Abbruchkriterium anzugeben, welches den Algorithmus schließlich stoppt.

Bei der Anwendung von Genetischen Algorithmen ist es angeraten, die jeweils beste bekannte Lösung abzuspeichern, da nicht garantiert werden kann, daß diese in der letzten Population enthalten ist. Außerdem empfiehlt es sich, an der besten gefundenen Lösung nach Abbruch des Genetischen Algorithmus eine lokale Suche[9] anzuschließen, was i.d.R. mit geringem Aufwand möglich ist. So stellt man sicher, daß man das Ergebnis eines Genetischen Algorithmus möglichst gut zur Lösung des unterliegenden mathematischen Modells nutzt.

<table>
<tr><td colspan="2">Setze t=0</td></tr>
<tr><td colspan="2">Anfangspopulation P(0) erzeugen</td></tr>
<tr><td></td><td>Inkrementiere t um 1</td></tr>
<tr><td></td><td>Zwischenpopulation P'(t) durch Selektion aus P(t) erzeugen</td></tr>
<tr><td></td><td>P'(t) durch Cross-over verändern</td></tr>
<tr><td></td><td>P(t) durch Mutation von P'(t) erzeugen</td></tr>
<tr><td colspan="2"><u>until</u> Abbruchkriterium erfüllt</td></tr>
</table>

Das vorangehende Struktogramm faßt das Vorgehen von Genetischen Algorithmen zusammen. Unter Benutzung eines Zählers, der mit 0 initialisiert wird, startet man mit einer Anfangspopulation $P(0)$. In einer Schleife, die durch ein Abbruchkriterium

---

9)  Bei einer *lokalen Suche* beschränkt man sich auf die Auswertung von Lösungen, die in einer "Nachbarschaft" zur Ausgangslösung (hier: der besten gefundenen Lösung) liegen. Es wird **nicht** der gesamte Lösungsraum untersucht.

terminiert ist, werden nach der Inkrementierung des Zählers insbesondere durch Selektion, Cross-over und Mutation Folgegenerationen $P(t)$ erzeugt.

### 5.2.4 Das Schematheorem

Nun haben wir an einem Beispiel nachvollziehen können, wie Genetische Algorithmen funktionieren. Für klassische Genetische Algorithmen, die sich auf die binäre Kodierung und das im Beispiel vorgestellte Repertoire von Operatoren beschränken, kann sogar gezeigt werden, daß der Anteil von Individuen überdurchschnittlicher Fitneß an der Gesamtpopulation exponentiell zunimmt, wenn sie noch zwei weitere Anforderungen erfüllen. Um dies nachweisen zu können, benötigen wir das Konstrukt des Schemas.

*Definition:* Ein *Schema* ist ein String mit Länge eines Chromosoms über dem Alphabet $\{1,0,*\}$. Das Zeichen * heißt *don't care* und steht als Platzhalter für ein beliebiges Zeichen des Alphabets $\{1,0\}$.

Beispiel: Für das Rucksackproblem zuvor haben wir Chromosomen der Länge zehn über dem Alphabet $\{0,1\}$ benutzt. Es gibt also $3^{10}=59.049$ unterschiedliche Schemata.

*Definition:* Für ein Schema $H$ gilt: Ein Locus eines Schemas $H$ heißt *fixiert*, wenn er auf einen Wert aus der Menge $\{0,1\}$ festgelegt ist. Die Anzahl der fixierten Loci eines Schemas $H$ heißt die *Ordnung* des Schemas, in Zeichen: $o(H)$. Der Abstand zwischen dem ersten und dem letzten fixierten Locus eines Strings $H$ heißt die *definierende Länge* des Schemas, in Zeichen: $\delta(H)$.

Beispiel: Betrachten wir im Zusammenhang mit dem obigen Rucksackbeispiel die Schemata $H_1$, $H_2$ und $H_3$.

| | | |
|---|---|---|
| $H_1$: 11 ** ** ** ** | $o(H)=2$ | $\delta(H)=1$ |
| $H_2$: 1* ** ** *0 1* | $o(H)=3$ | $\delta(H)=8$ |
| $H_3$: 0* ** ** ** ** | $o(H)=1$ | $\delta(H)=0$ |

Jedes Individuum, das durch ein Chromosom der Länge $k$ beschrieben ist, wird durch $2^k$ verschiedene Schemata repräsentiert, denn wenn das Individuum $v$ beschrieben ist durch $v=(v_1,...,v_k)$ mit $v_i \in \{0,1\}$ und $i=1,2,...,k$, so ist $v$ in allen Schemata $H=(h_1,...,h_k)$ enthalten mit $h_i \in \{v_i, *\}$ für $i=1,2,...,k$.

Durch das Schema-Theorem wird im folgenden der Einfluß von Selektion (Reproduktion) sowie von Cross-over (Rekombination) und Mutation auf die Überlebenswahrscheinlichkeit von Schemata formalisiert. Die Beobachtung, daß Schemata größerer definierender Länge mit höherer Wahrscheinlichkeit durch Cross-over zerstört werden als solche mit geringerer definierender Länge gehört zu den Aussagen des Schema-Theorems.

***Schema-Theorem:*** Es seien $H$ ein Schema, $t$ eine beliebige, aber feste Iteration eines Genetischen Algorithmus, $m(H,t)$ die Anzahl der Strings (Individuen), die in der Population $P(t)$ das Schema $H$ erfüllen, $f$ die Evaluierungsfunktion des Genetischen Algorithmus, $\bar{f}(t)$ die durchschnittliche Fitneß der Individuen der Population $P(t)$, $k$ die Länge des Strings, $o(H)$ die Ordnung des Schemas $H$, $\delta(H)$ die definierende Länge des Schemas $H$, $p_c$ die Cross-over Wahrscheinlichkeit für jedes Individuum und $p_m$ die Mutationswahrscheinlichkeit für jedes Gen. Dann gibt der Ausdruck:

$$E(m(H,t+1)) \geq m(H,t) \cdot \frac{f(H)}{\bar{f}(t)} \cdot \left( 1 - p_c \cdot \frac{\delta(H)}{k-1} - o(H) \cdot p_m \right)$$

eine untere Schranke für die erwartete Häufigkeit des Schemas $H$ beim Übergang von der Population $P(t)$ zur Population $P(t+1)$ unter Berücksichtigung der Selektion, des Cross-over und der Mutation.

*Bemerkung:* Das Schema-Theorem besagt, daß Schemata mit überdurchschnittlicher Fitneß bei geringer definierender Länge und niedriger Ordnung in ihrer Anzahl von Iteration zu Iteration exponentiell anwachsen.

Auf den exakten mathematischen Beweis des Schema-Theorems wird an dieser Stelle verzichtet. Es mag hier genügen, die Beweisidee und die entscheidenden Formeln anzugeben.

Betrachten wir nun ein konkretes Schema $H_0$, z.B. das Schema $H_0 = 10\ **\ **\ **\ **$. Es sei $t=0$. In $P(0)$ erfüllen die Individuen $v^{(4)}$, $v^{(5)}$ und $v^{(9)}$ dieses Schema. Es ist also $m(H_0,0)=3$.

Das Schema-Theorem benutzt $f(H_0)$, die durchschnittliche Fitneß des Schemas $H_0$, die sich berechnet als:

$$f(H_0,t) = \frac{1}{p} \sum_{j=1}^{p} f(v^{(i_j)},t),$$

wobei $v^{(i_1)},...,v^{(i_p)}$ die $p$ Individuen in der Population $P(t)$ sind, die mit dem Schema $H_0$ übereinstimmen.

Im übrigen gilt wie zuvor bereits eingeführt:

$$\bar{f}(t) = \frac{\sum_{i=1}^{n} f(v^{(i)},t)}{n} = \frac{F(t)}{n} \qquad (*)$$

Der Erwartungswert $E(m(H_0,t+1))$ für die Anzahl $m(H_0,t+1)$ der Individuen, die zum Zeitpunkt $1=t+1$ das Schema $H_0$ erfüllen, ist:

$$E(m(H_0,t+1))=m(H_0,t)\cdot n\cdot\frac{f(H_0,t)}{F(t)}$$

Mit (*) läßt sich das auch schreiben als:

$$E(m(H_0,t+1))=m(H_0,t)\cdot\frac{f(H_0,t)}{\bar{f}(t)}\qquad\qquad(**)$$

Das bedeutet: Die erwartete Anzahl $E(m(H_0,t+1))$ wächst gegenüber $m(H_0,t)$ genau dann an, wenn $H_0$ eine überdurchschnittliche Fitneß im bezug zur Gesamtpopulation zum Zeitpunkt $t$ besitzt; nur in diesem Fall ist der Quotient aus der durchschnittlichen Fitneß des Schemas $H_0$ zum Zeitpunkt $t$ und der durchschnittlichen Fitneß der Population zum Zeitpunkt $t$ größer als 1.

Nehmen wir an, daß die durchschnittliche Fitneß eines Schemas $H_0$ höher ist als die durchschnittliche Gesamtfitneß der Population $P(t)$. Dann läßt sich die durchschnittliche Fitneß von $H_0$ schreiben als:

$$f(H_0,t)=c\cdot\bar{f}(t)\qquad mit\ c>1$$

Setzt man das in (**) ein, so ergibt sich:

$$E(m(H_0,t+1))=m(H_0,t)\cdot\frac{c\cdot\bar{f}(t)}{\bar{f}(t)}=m(H_0,t)\cdot c$$

Unter der Voraussetzung, daß die durchschnittliche Fitneß eines Schemas stets mindestens das c-fache der durchschnittlichen Gesamtfitneß einer Population beträgt, kann man über mehrere Iterationen die Erwartung für $m(H_0,t)$ abschätzen durch:

$$E(m(H_0,t))\geq m(H_0,0)\cdot c^{\,t}$$

Dies bedeutet, daß das Schema $H_0$ unter der Voraussetzung einer überdurchschnittlichen Fitneß in seiner Anzahl je Population exponentiell zunimmt.

An die Reproduktion, die bislang betrachtet wurde, schließt sich das Cross-over an. Da neue (im Sinne von unbekannte) potentielle Lösungen erst durch Cross-over und Mutation entstehen können, sind diese Operatoren von entscheidendem Einfluß auf die Fortpflanzung von Schemata und müssen in die Wahrscheinlichkeitsbetrachtung einbezogen werden.

Betrachten wir dazu zunächst die Wahrscheinlichkeit dafür, daß durch Cross-over ein Schema zerstört wird. Ein Schema kann nur dann durch Cross-over zerstört werden, wenn als Cross-over-Position eine Stelle zwischen dem ersten und dem letzten fixierten Gen ausgewählt wird. Somit gibt es also $\delta(H_0)$ Stellen, die dieses Kriterium erfüllen, was genau der definierenden Länge von $H_0$ entspricht. Mögliche Stellen für einen Cross-over gibt es $k$-1. Die Wahrscheinlichkeit, daß ein Individuum für ein Cross-over ausgewählt wird, ist $p_c$. Aus diesen Überlegungen ergibt sich bei Betrachtung eines einzelnen Schemas $H_0$ die Wahrscheinlichkeit für die Zerstörung durch Cross-over als:

$$p_c \cdot \frac{\delta(H_0)}{k-1}$$

Da durch Cross-over jedoch aus zwei Individuen zwei neue Individuen entstehen, besteht die Möglichkeit, daß ein Schema einen Cross-over auch dann überlebt, wenn die Cross-over-Position zwischen dem ersten und dem letzten fixierten Gen liegt. Aus diesem Grund kann die Wahrscheinlichkeit $p_{Zc}$ für die Zerstörung eines Schemas durch Cross-over nur durch eine obere Schranke abgeschätzt werden:

$$P_{Zc} \leq p_c \cdot \frac{\delta(H_0)}{k-1}$$

Die Wahrscheinlichkeit dafür, daß ein Schema $H_0$ einen Cross-over überlebt, kann dann durch die untere Schranke 1-$p_{Zc}$ abgeschätzt werden. Bezieht man diese Erkenntnis in die Wahrscheinlichkeitsüberlegungen ein, die im Zusammenhang mit der Reproduktion ausgeführt wurden, so erhält man, vorausgesetzt, die Schritte sind unabhängig voneinander:

$$E(m(H_0,t+1)) \geq m(H_0,t) \cdot \frac{f(H_0,t)}{\bar{f}(t)} \cdot \left( 1 - p_c \cdot \frac{\delta(H_0)}{k-1} \right)$$

Es bleibt noch der Einfluß der Mutation zu berücksichtigen. Die Wahrscheinlichkeit dafür, daß ein Schema durch Mutation zerstört wird, wird durch die fixierten Positionen $o(H_0)$ des Schemas $H_0$, was genau der Ordnung des Schemas entspricht, und durch die Mutationswahrscheinlichkeit $p_m$ ausgedrückt. Sie ist:

$$p_{Zm} = o(H_0) \cdot p_m$$

Die Wahrscheinlichkeit dafür, daß ein Schema $H_0$ die Mutation überlebt, ist 1-$p_{Zm}$. Faßt man nun alle Überlegungen der Beweisskizze zusammen, so erhält man, was zu zeigen war:

$$E(m(H,t+1)) \geq m(H,t) \cdot \frac{f(H,t)}{\bar{f}(t)} \cdot \left( 1 - p_c \cdot \frac{\delta(H)}{k-1} - o(H) \cdot p_m \right)$$

Dieser Ausdruck ist eine untere Schranke des Erwartungswerts für die Anzahl der Individuen, die zum Zeitpunkt $t+1$ das Schema $H_0$ erfüllen.

Ein unmittelbares Ergebnis des Schematheorems ist die *Building-Block-Hypothese* mit der Aussage: Genetische Algorithmen suchen nach guten potentiellen Lösungen durch die Juxtaposition (d.h. bloße Nebeneinanderstellung im Gegensatz zur Komposition) von kurzen Schemata (d.h. geringer definierender Länge) hoher Fitneß und niedriger Ordnung, den sogenannten *Building-Blocks*.

An dieser Stelle sei noch einmal auf das Budgetverwendungsbeispiel vom Anfang des Kapitels hingewiesen. Durch Sortieren der Variablen nach fallenden engpaßbezogenen Zielfunktionsbeiträgen wurde erreicht, daß die Variablen, die im Verhältnis zu ihrer Engpaßbeanspruchung einen hohen Zielfunktionsbeitrag liefern, in der Kodierung für den Genetischen Algorithmus durch Gene repräsentiert werden, deren Loci eng beieinander liegen. Das begünstigt die Lösungsfindung durch den Genetischen Algorithmus, denn es läßt sich ein wesentlicher Beitrag zu guten Lösungen durch ein Schema geringer definierender Länge und niedriger Ordnung darstellen, das zugleich eine überdurchschnittliche Fitneß besitzt. Damit ist diese Anordnung als besonders günstig vor dem Hintergrund des Schema-Theorems zu bewerten.

### Suchstrategie

Bei der Festlegung der Suchstrategie gilt es, einen geeigneten Mittelweg zwischen Intensivierung und Diversifizierung durch den Genetischen Algorithmus zu finden. Dabei bedeutet Intensivierung die Konzentration der Suche auf einen kleiner werdenden Bereich des Lösungsraums, also eine zunehmend lokal ausgerichtete Vorgehensweise. Dementgegen ist die Diversifizierung der Suche darauf ausgerichtet, in andere, aktuell nicht beachtete Bereiche des Lösungsraums vorzudringen. Die beeinflußbare Größe, durch welche die Suchstrategie bestimmt wird, ist der Selektionsdruck. Der Selektionsdruck ist durch die Wahl des Selektionsverfahrens einstellbar.

Ein hoher Selektionsdruck bewirkt eine Intensivierung der Suche, was zu einer vorzeitigen Konvergenz führen kann. Ein niedriger Selektionsdruck begünstigt die Diversifizierung der Suche, was aber im Extremfall zu einer ineffektiven Suche führen kann. Zwischen den Extremen liegen die wünschenswerten Konstellationen. In gewissen Grenzen ist dabei vom jeweiligen Problem abhängig, wie hoch der Selektionsdruck günstigerweise gewählt wird: Bei Problemen mit sehr wenigen lokalen Optima ist es oft von Vorteil, den Selektionsdruck etwas höher zu wählen; bei Problemen, die sehr viele lokale Optima besitzen, empfiehlt es sich, mit einem etwas geringeren Selektionsdruck zu arbeiten.

### 5.2.5 Modifikationen und Erweiterungen Genetischer Algorithmen

Neben dem bereits vorgestellten Roulettewheel-Verfahren als dem klassischen Selektionsverfahren haben sich noch eine Anzahl anderer Verfahren bewährt. Vier von diesen sollen hier kurz skizziert werden.

- *Elitäre Selektion:* Bei diesem Verfahren wird immer das beste Individuum in die nächste Generation übernommen. Das Verfahren ist bei Problemen mit wenigen lokalen Optima geeignet; sonst führt es zu eher schlechteren Ergebnissen als das Roulettewheel-Verfahren.

- *Erwartungswert-Selektion:* Hierbei wird zunächst die erwartete Anzahl der Nachkommen $\dfrac{f(v^{(j)})}{\bar{f}}$ für jedes Individuum $j$ berechnet. Diesen Wert dekrementiert man jedesmal um 0.5, wenn das Individuum $j$ zur Reproduktion selektiert wurde. Dabei wird ein String $j$ nicht mehr selektiert, wenn der Wert nichtpositiv ist. In einigen Studien wird dieses Verfahren als den zuvor genannten Verfahren überlegen eingestuft.

- *Crowding-factor-Modell:* Bevölkert eine Population einen Bereich des Lösungsraums sehr dicht, so führt das zu einem erhöhten Selektionsdruck, d.h., weniger Individuen überleben den nächsten Fortpflanzungsschritt unverändert. Diese Selektion wird über einen sogenannten crowding-factor (*cf*) gesteuert; er gibt an, welcher Anteil einer Population die Fortpflanzung nicht überlebt. Die Anwendung geschieht so: Ausgehend von der Population *P(t)* wird zunächst durch Selektion und Reproduktion ein neues Individuum in die Population *P(t+1)* "geboren". Dann bestimmt man eine Teilmenge von *P(t)* mit der Größe |*P(t)*|·*cf* und wählt daraus das Individuum, welches dem zuletzt geborenen am ähnlichsten ist, zum "Sterben" aus, d.h., man eliminiert es aus *P(t)*. Das Verfahren liefert hervorragende Ergebnisse bei der Optimierung von Funktionen mit vielen lokalen Optima.

- *Rang-Selektion:* Die Wahrscheinlichkeit für das Überleben eines Individuums ist bei diesem Verfahren von seiner Fitneß - gemessen auf einem ordinalen Skalenniveau - abhängig. Die Wahrscheinlichkeit zwischen erstem und letztem Rang nimmt linear ab. Das Verfahren macht die Selektion unabhängig von der konkreten Ausprägung der Fitneß und betont statt dessen die relative Ausprägung der Fitneß von Individuen einer Population zueinander.

Neben diesen existieren noch eine Vielzahl weiterer Verfahren zur Steuerung der Selektion und Reproduktion. An dieser Stelle soll es jedoch genügen, durch die kurzen Ausführungen dem Leser einen Einblick in die unterschiedlichen Grundgedanken für diese Verfahren zu eröffnen.

Die Kodierung von Informationen für ihre Verarbeitung in Genetischen Algorithmen bietet ebenfalls die Möglichkeit, der speziellen Problemstruktur Rechnung zu tragen. Je nach bearbeitetem Problem ist es in Weiterentwicklungen des vorgestellten klassischen Genetischen Algorithmus gebräuchlich, zur Kodierung ein größeres Alphabet zu benutzen, z.B. $\{0,1,2,...,l\}$. Dabei verfolgt man insbesondere das Ziel, den Suchraum mit möglichst wenigen unzulässigen Lösungen zu belasten.

Die Frage nach Zulässigkeit bzw. Unzulässigkeit einer potentiellen Lösung führt uns zur Behandlung von Nebenbedingungen. Im Bereich der Genetischen Algorithmen werden prinzipiell drei verschiedene Arten zur Behandlung von Nebenbedingungen angewendet.

- *Strafkosten:* Die Unzulässigkeit einer Lösung wird durch Strafkosten sanktioniert. Während Strafkostenverfahren einfach zu implementieren sind, ist es in der Regel schwierig, die Strafkosten im Hinblick auf die algorithmischen Anforderungen geeignet festzulegen.

- *Reparaturalgorithmen:* Unzulässige potentielle Lösungen, die durch Cross-over und Mutation entstanden sind, werden in möglichst ähnliche, aber zulässige potentielle Lösungen überführt. Dadurch erlangt man den Vorteil, daß stets nur mit zulässigen Lösungen gearbeitet werden muß. Diesen Vorteil erkauft man in der Regel durch ein sehr aufwendiges Design, eine häufig nicht minderaufwendige Implementierung und einen nicht unerheblichen Rechenzeitbedarf für den Reparaturalgorithmus.

- *Spezielle genetische Operatoren:* Durch die Anwendung solcher Operatoren auf zulässige potentielle Lösungen werden stets wieder zulässige potentielle Lösungen erzeugt. Auch bei dieser Herangehensweise ist garantiert, daß man nur mit zulässigen Lösungen arbeitet. Von Nachteil ist, daß derartige Operatoren schwierig zu entwickeln und zu implementieren sind. Außerdem können sie Laufzeitnachteile für den Algorithmus bedeuten.


### 5.2.6 Evolutionsalgorithmen

Unabhängig von den Genetischen Algorithmen, die in ihrer zuvor beschriebenen ursprünglichen Form auf J. Holland zurückgehen, entwickelten in Deutschland I.

Rechenberg und H.-P. Schwefel *Evolutionsalgorithmen*[10]. Rechenberg und Schwefel konzipierten diese Algorithmen ursprünglich für die Anwendung auf nichtlineare Programmierungsprobleme. So erklärt sich, daß sie für die Kodierung von Lösungen einen Vektor aus reellen Zahlen $x = (x_1, x_2, ..., x_n) \in \mathbb{R}^n$ beziehungsweise aus Fließkommazahlen für die Rechnerimplementierung wählten.

Der klassische Evolutionsalgorithmus arbeitet auf einer Population bestehend aus einem einzigen Individuum und benutzte als genetischen Operator nur die Mutation.

Die Mutation hat in klassischen Evolutionsalgorithmen die Gestalt:

$$x_1^{(t+1)} = x_1^{(t)} + N(0, \sigma_1), \quad ..., \quad x_n^{(t+1)} = x_n^{(t)} + N(0, \sigma_n),$$

wobei $\sigma = (\sigma_1, ..., \sigma_n)$ ein Vektor mit Standardabweichungen einer $n$-dimensionalen Normalverteilung $N$ mit Mittelwert 0 ist. Man wendet sie an, indem man entsprechend der Verteilung für jede Komponente des Lösungsvektors eine Zufallszahl addiert. Die so gefundene Lösung wird nur dann akzeptiert, wenn sie zulässig und verbessernd im Vergleich zur Lösung der vorigen Generation ist.

Es ist bewiesen, daß Evolutionsalgorithmen, wie sie soeben beschrieben wurden, unter bestimmten Voraussetzungen asymptotisch gegen die optimale Lösung von nichtlinearen Programmierungsproblemen konvergieren. Dabei ist insbesondere nicht ausgeschlossen, daß asymptotisch in unendlich langer Rechenzeit bedeutet.

In Erweiterungen ist man auch bei Evolutionsalgorithmen dazu übergegangen, mehr als ein Individuum je Population zu betrachten. Außerdem hat man auch Cross-over-Operatoren für diese Algorithmen entwickelt.

Der Vergleich von Genetischen Algorithmen mit Evolutionsalgorithmen kann durch Auflistung der wesentlichen Charakteristika geschehen:

---

10) Siehe z.B.: I. Rechenberg: *Evolutionsstrategie: Optimierung technischer Systeme nach Prinzipien der biologischen Evolution.* Frommann-Holzboog Verlag, Stuttgart 1973.

| Kriterium | Evolutionsalgorithmen | Genetische Algorithmen |
|---|---|---|
| Kodierung | Fließkomma | Binär |
| Hauptoperator | Mutation | Cross-over |
| Restriktionen | Selektion | Strafkosten |
| Parameter | adaptiv | konstant |
| Selektion | nach Operatoranwendung | vor Operatoranwendung |

## Evolutionsprogramme

Von Z. Michalewicz wurde die Formel

$$genetische\ Algorithmen$$
$$+\ Datenstrukturen$$
$$=\ Evolutionsprogramme$$

geprägt. Dahinter steckt konkret die Idee, sich von dem ursprünglichen, bei Genetischen Algorithmen verfolgten Ansatz, Information binär zu kodieren, zu lösen, und in Anlehnung an das jeweils bearbeitete Problem eine angemessene Kodierung zu wählen. Dies zieht nach sich, daß die genetischen Operatoren an die gewählte Kodierung angepaßt werden müssen.

Subsumierend ist also festzustellen, daß nun Genetische Algorithmen und Evolutionsalgorithmen, die unabhängig voneinander entwickelt wurden, zu einer allgemeineren Klasse von Algorithmen, den Evolutionsprogrammen, zusammenwachsen. Durch die Kombination der Ansätze ist es möglich, Lösungsalgorithmen stärker problemangepaßt zu formulieren.

## Literatur zu Kapitel 5

Fausett, L.: *Fundamentals of Neural Networks. Architectures, Algorithms and Applications.* Prentice-Hall, Engelwood Cliffs 1994.

Goldberg, D. E.: *Genetic Algorithms in Search, Optimization and Machine Learning.* Addison-Wesley, Reading 1989.

Michalewicz, Z.: *Genetic Algorithms + Data Structures = Evolution Programs.* 3. überarb. und erw. Aufl., Springer, Berlin 1996.

Rehkugler, H.; Zimmermann, H. G.: *Neuronale Netze in der Ökonomie. Grundlagen finanzwirtschaftlicher Anwendungen*. Vahlen, München 1994.

Schwefel, H.-P.: *Evolution and Optimum Seeking*. John Wiley & Sons, New York 1995.

Zell, A.: *Simulation Neuronaler Netze*. Addison-Wesley, Berlin 1996.

# Anhang A: Elementare Grundlagen der Graphentheorie

Graphen sind an mehreren Stellen dieses Buches als ein Hilfsmittel benutzt worden. Da wir von der Graphentheorie nicht annehmen, daß sie für die Studenten der Wirtschaftswissenschaften in dem benötigten Umfang vorausgesetzt werden kann, fassen wir hier die Grundlagen in knapper Form zusammen.

***Definition A.1:*** Es seien $\mathcal{V}$ und $\mathcal{E}$ zwei disjunkte Mengen, d.h.: $\mathcal{V} \cap \mathcal{E} = \varnothing$. Weiter sei $g$ eine Abbildung aus der Menge $\mathcal{E}$ in die Teilmenge der Potenzmenge von $\mathcal{V}$, die aus ein- oder zweielementigen Teilmengen von $\mathcal{V}$ besteht, in Zeichen: $g: \mathcal{E} \to P_2(\mathcal{V})$ mit $P_2(\mathcal{V}) = \{X \mid X \subseteq \mathcal{V},\ 1 \leq |X| \leq 2\}$. Dann heißt $G = (\mathcal{V}, \mathcal{E}, g)$ ein *(ungerichteter) Graph*.

In der Definition A.1 bezeichnet $\mathcal{V}$ die Menge der Ecken (auch Knoten; engl.: **vertex**) und $\mathcal{E}$ die Menge der Kanten (**edge**) des Graphen $G$. Mittels der Abbildung $g$ werden die disjunkten Mengen $\mathcal{V}$ und $\mathcal{E}$ zueinander in Beziehung gesetzt: Ein Graph kann nur Kanten enthalten, die entweder zwei verschiedene Ecken $v_1$ und $v_2$ aus $\mathcal{V}$ miteinander verbinden ($\{v_1, v_2\} \in \mathcal{E}$) oder von einer Ecke $v$ ausgehend wieder zur selben Ecke $v$ führen ($\{v\} \in \mathcal{E}$), und keine anderen Kanten. Im zweiten Fall spricht man von einer *Schlinge*. Verschiedene Ecken, die durch eine Kante miteinander verbunden sind, nennt man *benachbart* oder auch *adjazent*. Ist eine Ecke zu keiner anderen Ecke adjazent, dann heißt sie *isoliert*. Münden zwei unterschiedliche Kanten in dieselbe Ecke, bezeichnet man diese Kanten als *inzident* zueinander.

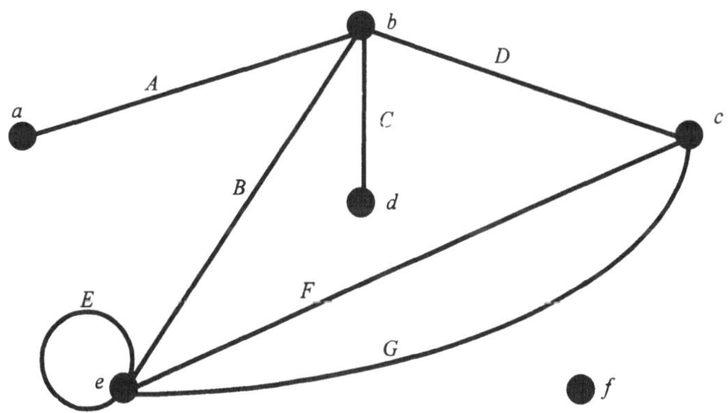


***Abb. A.1:*** *Beispiel für einen ungerichteten Graphen*

Die Definition beinhaltet sowohl die Möglichkeit, daß $\mathcal{E} = \varnothing$ ist - falls $\mathcal{V} \neq \varnothing$ gilt, spricht man bei $G$ dann vom *Nullgraphen* -, als auch, daß $\mathcal{E} = \mathcal{V} = \varnothing$. Es ist ebenfalls zulässig, daß mehr als eine Kante zwei Ecken miteinander verbinden. Solche Kanten nennt man *Mehrfachkanten*. Enthält ein Graph weder Mehrfachkanten noch Schlingen, so bezeichnet man ihn als *schlichten Graphen*.

In Abb. A.1 finden sich zu den oben eingeführten Termini Beispiele, an denen man sich deren Bedeutung veranschaulichen kann. Das Bild als Ganzes stellt einen Graphen dar. Die Punkte entsprechen den Ecken, die Striche den Kanten. Die Kante $E$ ist eine Schleife, $F$ und $G$ sind Mehrfachkanten. Die Kanten $E$, $F$ und $G$ sind miteinander inzident. Beispielsweise gilt: $g(E)=\{e\}$, $g(F)=\{c, e\}$ und $g(G)=\{c, e\}$. Die Ecke $f$ ist isoliert. Die Ecken $b$ und $c$ sind zueinander adjazent.

Im weiteren wollen wir annehmen, daß $\mathcal{V}$, die Menge der Ecken, eine nicht leere endliche Menge ist.

***Definition A.2:*** Es seien $\mathcal{V}$ und $\mathcal{A}$ zwei disjunkte Mengen und $g$ eine Abbildung aus der Menge $\mathcal{A}$ in die Menge der geordneten Paare $\mathcal{V}\times\mathcal{V}$, in Zeichen: $g:\mathcal{A}\to\mathcal{V}\times\mathcal{V}$. Dann heißt $D=(\mathcal{V},\ \mathcal{A},\ g)$ ein *Digraph* oder *gerichteter Graph*.

Bei Digraphen nennt man die Elemente der Menge $\mathcal{A}$ *Bögen* oder *orientierte* bzw. *gerichtete Kanten* (engl.: arc). Abb. A.2 zeigt einen gerichteten Graphen. Er beinhaltet z.B. die Bögen $g(E)=(e, e)$, $g(F)=(e, c)$ und $g(G)=(c, e)$. Wie in ungerichteten Graphen, so sind auch in Digraphen isolierte Ecken möglich (hier: $f$).

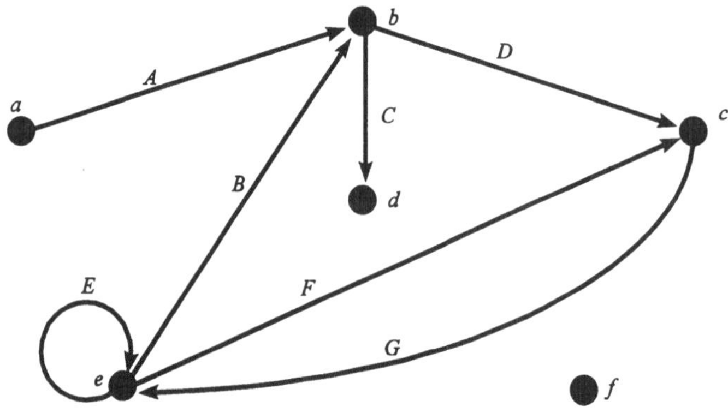


***Abb. A.2:*** *Beispiel für einen gerichteten Graphen*

***Definition A.3:*** Es seien $G=(\mathcal{V},\ \mathcal{E},\ g)$ ein Graph und $h:\mathcal{E}\to\mathbb{R}$ eine Abbildung aus der Menge der Kanten in die Menge der reellen Zahlen. Dann heißt $H=(\mathcal{V},\ \mathcal{E},\ g,\ h)$ *bewerteter Graph*. Für eine Kante $A$ nennt man $h(A)$ die *Bewertung* von $A$.

Graphen modellieren läßt, ist das Schienennetz einer Eisenbahngesellschaft. Die Bahnhöfe der angereisten Städte werden durch die Ecken des Graphen repräsentiert. Die Verbindungen werden durch Kanten dargestellt. Die Kantenbewertungen entsprechen den Entfernungen oder Reisezeiten der Direktverbindungen zwischen je zwei Bahnhöfen.

**Definition A.4:** Seien $G=(V, E, g)$ ein Graph und $K_1, K_2, .., K_p \in E$ mit $g(K_i)=\{v_{i-1}, v_i\}$ für $i=1,..., p$. Dann heißt $Z=(K_1, K_2,..., K_p)$ *Kantenfolge* von $v_0$ nach $v_p$ der *Länge p*. Gilt $v_0=v_p$, so heißt $Z$ *geschlossene Kantenfolge*. Gilt $K_i \neq K_j$ für alle $i, j \in \{1,..., p\}$, $i \neq j$, so bezeichnet man $Z$ als *Kantenzug*. Ein geschlossener Kantenzug heißt *Tour*. Ist die Voraussetzung $v_i \neq v_j$ für alle $i, j \in \{0,..., p\}$, $i \neq j$, erfüllt, so nennt man $Z$ einen *Weg*. Ein geschlossener Kantenzug, in dem $(K_1, K_2, ..., K_{p-1})$ einen Weg bilden, heißt *Kreis*.

Gemäß der Definition A.4 dürfen in einer Kantenfolge sowohl Ecken als auch Kanten mehrfach vorkommen, d.h., die $K_1, K_2,..., K_p$ sind nicht notwendig alle paarweise verschieden; gleiches gilt für die $v_0, v_1,..., v_p$. In einem Kantenzug hingegen darf keine Kante mehrfach vorkommen, während Ecken wiederholt auf einem Kantenzug liegen dürfen; das bedeutet, die $K_1, K_2,..., K_p$ sind alle paarweise verschieden, aber die $v_0$, $v_1,..., v_p$ sind nicht notwendig alle paarweise verschieden. Auf einem Weg dürfen Ecken ebenso wie Kanten jedoch nur einmal benutzt werden, d.h., die $K_1, K_2,..., K_p$ sind alle paarweise verschieden; gleiches gilt für die $v_0, v_1,..., v_p$.

Mit Bezug auf Abb. A.1 ist $(A, D, F, G, D, B)$ eine Kantenfolge, aber kein Kantenzug, da die Kante $D$ zweimal benutzt wurde. Ein Kantenzug, der kein Weg ist, ist z.B. durch $(D, B, F, G)$ beschrieben; die Ecken $c$ und $e$ werden mehrfach berührt. $(A, B, F)$ bilden einen Weg. Ein Kreis wird beispielsweise durch $(B, G, D)$ gebildet.

Analog zu den für ungerichtete Graphen eingeführten Bezeichnungen spricht man bei Digraphen von *offenen* bzw. *geschlossenen orientierten Kantenfolgen*, *orientierten Kantenzügen*, *orientierten Wegen* und *orientierten Kreisen*.

**Definition A.5:** Es seien $G=(V, E, g)$ ein Graph und $v_i, v_j \in V$. Existiert ein Weg von $v_i$ nach $v_j$, so heißen die Ecken $v_i$ und $v_j$ *zusammenhängend*. Dementsprechend bezeichnet man einen Teilgraphen von $G$, der durch paarweise zusammenhängende Ecken induziert[1] ist, als eine *Zusammenhangskomponente* von $G$.

**Definition A.6:** Es seien $D=(V, A, g)$ ein Digraph und $v_i, v_j \in V$. Existiert ein orientierter Weg von $v_i$ nach $v_j$, so heißt $v_j$ von $v_i$ aus *erreichbar*. Ist $v_i$ auch von $v_j$ aus erreichbar, so heißen die Ecken $v_i$ und $v_j$ *stark zusammenhängend*. Dementsprechend bezeichnet man einen Teilgraphen von $D$, der durch paarweise stark zusammenhän-

---

1) Ein durch eine Teilmenge $E'$ der Ecken $E$ eines Graphen $G$ induzierter Teilgraph $G'$ besteht aus den Ecken $E'$ und allen Kanten, die in $G$ zwischen den Ecken in $E'$ verlaufen.

erreichbar, so heißen die Ecken $v_i$ und $v_j$ *stark zusammenhängend*. Dementsprechend bezeichnet man einen Teilgraphen von $D$, der durch paarweise stark zusammenhängende Ecken induziert ist, als eine *starke Zusammenhangskomponente* von $D$. Man nennt einen Teilgraphen eines Digraphen *zusammenhängend*, wenn sein untergeordneter ungerichteter Graph[2] zusammenhängend ist.

Bezogen auf den Digraphen $D=(V, \mathcal{A}, g)$ in Abb. A.2 ist der Teilgraph $D'=(\{b, c, e\}, \{B, D, E, F, G\}, g)$ eine starke Zusammenhangskomponente. Ein weiterer stark zusammenhängender Teilgraph ist $(\{f\}, \{\}, g)$. Zusammenhängend, aber nicht stark zusammenhängend sind die Ecken $\{a, b, c, d, e\}$.

***Definition A.7:*** Ein zusammenhängender Graph ohne Kreise heißt *Baum*.

***Definition A.8:*** Ein Digraph $D$, dessen untergeordneter Graph zusammenhängend und kreisfrei[3] ist, heißt *Baum*. Existiert zusätzlich in $D$ eine Ecke $v_i$, von der aus jede Ecke $v_j \in V$ über einen orientierten Weg erreichbar ist, so heißt $D$ *orientierter Wurzelbaum* oder *orientierter Baum*; die Ecke $v_i$ bezeichnet man als *Wurzel von D*.

In Abb. A.3 ist ein Teilgraph des Graphen aus Abb. A.1 dargestellt, der ein Baum ist. Der entsprechende Teilgraph des Digraphen aus Abb. A.2 ist jedoch kein orientierter Baum, da er keine Ecke $v_i$ besitzt, von der aus jede andere Ecke dieses Teildigraphen über einen orientierten Weg erreichbar ist. In Abb. A.4 ist ein orientierter Baum als Teildigraph mit Wurzel $a$ zum Graphen aus Abb. A.2 abgedruckt.

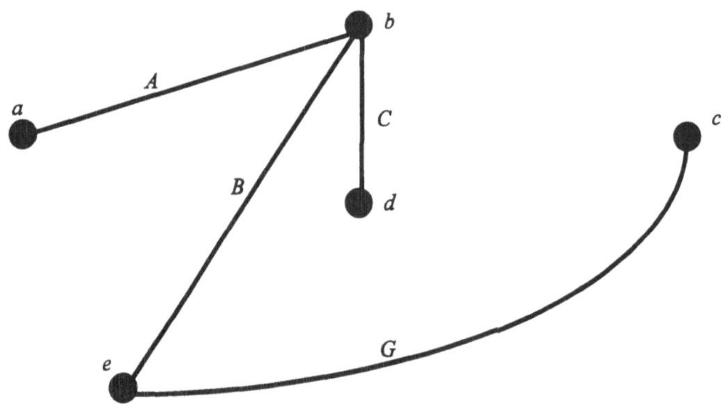

***Abb. A.3:*** *Beispiel für einen Baum*

---

2)     Der untergeordnete Graph eines Digraphen $D$ ergibt sich durch Weglassen der Orientierung der Bögen von $D$.

3)     Der Graph enthält keinen Kreis.

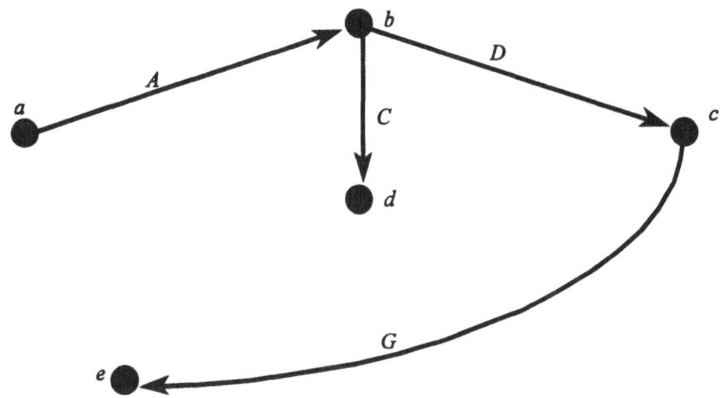


***Abb. A.4:*** *Beispiel für einen orientierten Baum*

Hinweis: Graphen bzw. Digraphen, die nur aus einer Ecke bestehen und keine Kanten bzw. Bögen besitzen, sind Bäume bzw. orientierte Bäume.

Für den Umgang mit diesem Buch ist die knappe Zusammenfassung einiger Grundlagen aus der Graphentheorie ausreichend. Für tiefergehende und ausführlichere Darstellungen sei auf die Spezialliteratur zur Graphentheorie verwiesen. Als Einstieg in dieses Gebiet kann z.B. *Graphen und Digraphen - Eine Einführung in die Graphentheorie* von L. Volkmann (Springer, 1991) empfohlen werden.

# Anhang B: Modula-2

Modula-2 ist eine modulare Programmiersprache, die von N. Wirth an der ETH Zürich entwickelt wurde. Die Syntax im Abschnitt B.1 ist aus seinem Buch *Algorithmen und Datenstrukturen mit Modula-2*, erschienen im Teubner-Verlag, entlehnt. In B.2 sind diverse Quellen im Internet angegeben, über die frei erhältliche Compiler für Modula-2 bezogen werden können.

## B.1 Syntax

Die Grammatik (synonym: Syntax) ist in EBNF-Notation angegeben, die in Kapitel 1.2 eingeführt ist.

ident = letter {letter I digit}.
number = integer I real.
integer = digit {didgit} [“D”] I octalDigit {octalDigit} (“B” I “C”) I
    digit {hexDigit} “H”.
real = digit {didgit} “.” {didgit} [ScaleFactor].
ScaleFactor = “E” [”+”] didgit {didgit}.
hexDigit = digit I “A” I “B” I “C” I “D” I “E” I “F”.
digit = octalDigit I “8" I “9".
octalDigit = “0" I “1" I “2" I “3" I “4" I “5" I “6" I “7".
string = “””” {character} “””” I “”” {character} “””.
qualident = ident {”.” ident}.
ConstantDeclaration = ident “=” ConstExpression.
ConstExpression = expression.
TypeDeclaration = ident “= “ type.
type = SimpleType I ArrayType I RecordType I SetType I
    PointerType I ProcedureType.
SimpleType = qualident I enumeration I SubrangeType.
enumeration = “(“ IdentList “)”.
IdentList = ident {”,” ident}.
SubrangeType = [qualident] “[“ ConstExpression “..” ConstExpression “]”.
ArrayType = ARRAY SimpleType {”,” SimpleTypeI} OF type.
RecordType = <u>RECORD</u> FieldListSequence <u>END</u>.
FieldListSequence = FieldList { FieldList }.
FieldList = [IdentList “:” type I
    <u>CASE</u> [ident] “:” qualident <u>OF</u> variant {”I” variant}
    [<u>ELSE</u> FieldListSequence] <u>END</u>].
variant = [CaseLabelList “:” FieldListSequence].

CaseLabelList = CaseLabels {"," CaseLabels}.
CaseLabels = ConstExpression [".." ConstExpression].
SetType = <u>SET OF</u> SimpleType.
PointerType = <u>POINTER TO</u> type.
ProcedureType = <u>PROCEDURE</u> [FormalTypeList].
FormalTypeList =
    "(" [[<u>VAR</u>] FormalType {"," [<u>VAR</u>] FormalType}] ")" [":" qualident].
VariableDeclaration = IdentList ":" type.
designator = qualident {"." Ident | "[" ExpList "]" | "^".
ExpList = expression {"," expression}.
expression = SimpleExpression [relation SimpleExpression].
relation = "=" | "#" | "<" | "<=" | ">" | ">=" | IN.
SimpleExpression = ["+" | "-"] term {AddOperator term}.
AddOperator = " +" | "-" | OR .
term = factor {MulOperator factor}.
MulOperator = "*" | "/" | DIV | REM | MOD | AND | "&".
factor = number | string | set | designator [ActualParameters] |
    "(" expression ")" | <u>NOT</u> factor | "~" factor.
set = [qualident] "{" [element {"," elementl}] "}".
element = ConstExpression [".." ConstExpression].
ActualParameters = "(" [ExpList] ")".
statement = [assignment | ProcedureCall | IfStatement |
    CaseStatement | WhileStatement | RepeatStatement |
    LoopStatement | ForStatement | WithStatement | <u>EXIT</u> |
    <u>RETURN</u> [expression]].
assignment = designator ":=" expression.
ProcedureCall = designator [ActualParameters].
StatementSequence = statement {";" statement}.
IfStatement = <u>IF</u> expression <u>THEN</u> StatementSequence
    {<u>ELSIF</u> expression <u>THEN</u> StatementSequence}
    [ELSE StatementSequence] <u>END</u>.
CaseStatement = <u>CASE</u> expression <u>OF</u> case {"|" case}
    [ELSE StatementSequence] <u>END</u>.
case = [CaseLabelList ":" StatementSequence].
WhileStatement = <u>WHILE</u> expression <u>DO</u> StatementSequence <u>END</u>.
RepeatStatement = <u>REPEAT</u> StatementSequence <u>UNTIL</u> expression.
ForStatement = <u>FOR</u> ident ":=" expression <u>TO</u> expression
    [<u>BY</u> ConstExpression] <u>DO</u> StatementSequence <u>END</u>.
LoopStatement = <u>LOOP</u> StatementSequence <u>END</u>.
WithStatement = <u>WITH</u> designator <u>DO</u> StatementSequence <u>END</u>.

PrοοedureDeclaration = ProcedureHeading ";" (block ident I <u>FORWARD</u>).
ProcedureHeading = <u>PROCEDURE</u> Ident [FormalParameters].
block = {declaration} [<u>BEGIN</u> StatementSequence] <u>END</u>.
declaration = <u>CONST</u> {ConstantDeclaration ";"} I <u>TYPE</u> {TypeDeclaration ";" } I
    <u>VAR</u> {VariableDeclaration ";"} I ProcedureDeclaration ";" I
    ModuleDeclaration ";".
FormalParameters = "(" [FPSection {";" FPSection}] ")" [":" qualident].
FPSection = [<u>VAR</u>] IdentList ":" FormalType.
FormalType = [<u>ARRAY OF</u>] qualident.
ModuleDοclaration = <u>MODULE</u> Ident [priority] ";" {import} [export] block ident.
piriority = "[" ConstExpression "]".
export = <u>EXPORT</u> [<u>QUALIFIED</u>] IdentList ";".
import = [<u>FROM</u> ident] <u>IMPORT</u> IdentList ";".
DefinitionModule =
    <u>DEFINITION MODULE</u> ident {import} {definition} <u>END</u> ident ".".
definition = CONST {ConstantDeclaration " ;"} I <u>TYPE</u> {ident ["=" type] ";"} I
    <u>VAR</u> {VariableDeclaration ";"} I ProcedureHeading ";".
ProgramModule = <u>MODULE</u> ident [priority] ";" {import} block ident ".".
CompilationUnit = DeflnitionModule I [<u>IMPLEMENTATION</u>] ProgramModule.


**Tabelle der Schlüsselsymbole**

| | | | |
|---|---|---|---|
| AND | ARRAY | BEGIN | BY |
| CASE | CONST | DEFINITION | DIV |
| DO | ELSE | ELSIF | END |
| EXIT | EXPORT | FOR | FORWARD |
| FROM | IF | IMPLEMENTATION | |
| IMPORT | IN | LOOP | MOD |
| MODULE | NOT | OF | OR |
| POINTER | PROCEDURE | QUALIFIED | RECORD |
| REM | REPEAT | RETURN | SET |
| THEN | TO | TYPE | UNTIL |
| VAR | WHILE | WITH | |


**Vordefinierte Standard-Bezeichner**

| | | | |
|---|---|---|---|
| BITSET | BOOLEAN | CARDINAL | CHAR |
| INTEGER | LONGINT | LONGREAL | PROC |
| REAL | | | |

| FALSE | NIL | TRUE | |
|-------|-----|------|--|
| ABS | CAP | CHR | DEC |
| EXCL | FLOAT | FLDATD | HALT |
| IHOH | INC | INCL | LONG |
| MIN | MAX | ODD | ORD |
| SHORT | SIZE | TRUNC | TRUNCD |

## B.2 Modula-2 Internet Ressourcen

An dieser Stelle geben wir eine (unvollstädige) Liste frei erhältlicher bzw. Share-ware-Compiler für MODULA-2, geordnet nach Plattformen an. Kopien dieser Compiler können über ftp bezogen werden. Bitte lesen Sie dabei unbedingt die jeweils mitgelieferten Anleitungen, und beachten Sie die jeweiligen Lizenzhinweise. Der Stand unserer Informationen ist Mai 1998.

PC DOS
> Fitted Software Tools Modula-2 für DOS Version 4.0
> ftp://ftp.psg.com/pub/modula-2/fst

PC Linux / BSD
> MOCKA - Modula Compiler Karlsruhe (Non ISO)
> ftp://ftp.rz.uni-karlsruhe.de/disk/2/linux/mirror.sunsite/devel/lang/modula-2

PC Windows
> GPM PC Compiler
> ftp://ftp.psg.com/pub/modula-2/gpm/gpmpc

Apple Macintosh
> MacMETH Modula-2 für Macintosh
> ftp://ftp.uni-paderborn.de/ftp/disk1/mac/development/languages

Amiga
> Turbo Modula-2 für Amiga
> ftp://ftp.tu-clausthal.de/pub/amiga/Newitems

Atari ST
> Modula-2-System des Lehrstuhls für Prozeßrechner der TU München
> ftp://ftp.germany.aminet.org/atari.lang.modula

Weitere Informationen zu MODULA-2, den Compilern und auch kommerziell erhältlichen Compilern finden Sie in einer Newsgroup, die sich ausschließlich mit Modula-2 befaßt: comp.lang.modula2

# Index

Luderer/Nollau/
Vetters
## Mathematische Formeln für Wirtschaftswissenschaftler

Von Prof. Dr. **Bernd Luderer**
Technische Universität Chemnitz
Prof. Dr. **Volker Nollau**
Technische Universität Dresden
und Dr. **Klaus Vetters**
Technische Universität Dresden

Die vorliegende Formelsammlung ist gezielt auf die Bedürfnisse des Studiums der Wirtschaftswissenschaften an Universitäten und Fachhochschulen zugeschnitten. Sie enthält in komprimierter, übersichtlicher Form das wesentliche Grundwissen der Mathematik, Finanzmathematik und Statistik, das in den Lehrveranstaltungen des Grundstudiums wirtschaftswissenschaftlicher Studiengänge benötigt wird. Der Band eignet sich auch bestens als Nachschlagewerk für Berufsakademien, Weiterbildungseinrichtungen und in der Praxis tätige Wirtschaftswissenschaftler.

Preisänderungen vorbehalten.

1998. 140 Seiten mit 48 Bildern.
14,5 x 20 cm.
Geb. DM 19,80
ÖS 145,– / SFr 18,–
ISBN 3-8154-2131-4

# B.G.Teubner Stuttgart · Leipzig

# Luderer
# Klausurtraining Mathematik für Wirtschaftswissenschaftler

**Aufgaben – Hinweise –
Lösungen**

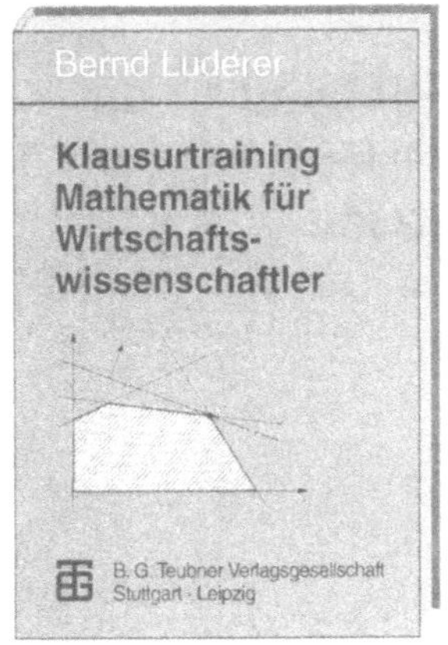


Von Prof. Dr. **Bernd Luderer**
Technische Universität
Chemnitz

1997. 176 Seiten
mit 33 Bildern und
191 Aufgaben.
16,2 x 22,9 cm.
Kart. DM 29,80
ÖS 218,– / SFr 27,–
ISBN 3-8154-2130-6

Dieses Buch wendet sich an Studierende der Wirtschaftswissenschaften, die sich im Grundstudium gezielt und effektiv auf Mathematikklausuren vorbereiten wollen. Klausuraufgaben besitzen ihre eigene Spezifik: sie sind nicht zu leicht, aber auch nicht zu arbeitsaufwendig.

Dem oft von Studenten geäußerten Wunsch nach solchen Aufgaben kommt das vorliegende Buch mit einer Vielzahl von gestellten Problemen, zugehörigen Lösungshinweisen sowie komplett durchgerechneten Lösungen in umfassender Weise nach.

Preisänderungen vorbehalten.

# B.G. Teubner Stuttgart · Leipzig

# Corsten
## Grundlagen der Wettbewerbsstrategie

Von Prof. Dr. **Hans Corsten**
Universität Kaiserslautern

1998. VIII, 235 Seiten mit
69 Bildern und 14 Tabellen.
13,7 x 20,5 cm.
(Teubner Studienbücher)
Kart. DM 42,80
ÖS 312,– / SFr 39,–
ISBN 3-519-00230-2

Der Aufbau strategischer Wettbewerbsvorteile zielt auf einen nachhaltigen und überdurchschnittlichen Unternehmenserfolg im Vergleich zur Konkurrenz ab. Zur Erklärung von Wettbewerbsvorteilen werden dabei unterschiedliche, aber miteinander kompatible Sichtweisen in der Literatur diskutiert. Das vorliegende Lehrbuch zeigt diese unterschiedlichen Ansätze in verständlicher Form auf und stellt darüber hinaus konkrete Anwendungsbedingungen und Instrumente vor, die für die Erreichung strategischer Wettbewerbsvorteile geeignet sind. Das Buch wendet sich sowohl an Hochschullehrer und Studenten der Wirtschaftswissenschaften als auch an den interessierten Praktiker, der im Bereich des strategischen Managements, der Planung sowie dem Marketing tätig ist.

Preisänderungen vorbehalten.

# B. G. Teubner Stuttgart · Leipzig